全国高等院校计算机基础教育"十三五"规划教材

Access 2010 数据库应用

刘瑞军　吴发辉　主　编

龙群兵　副主编

U0316988

中国铁道出版社有限公司

CHINA RAILWAY PUBLISHING HOUSE CO., LTD.

内 容 简 介

本书以应用型本科院校人才培养方案为指导，参考教育部考试中心发布的计算机等级考试二级 Access 考试大纲，结合多年教学经验编写而成。

本书内容以销售管理系统为主线，将 Access 2010 知识点贯穿系统实现全过程。语言组织精炼、结构清晰、理论实践结合、通俗易懂，全书内容分为 8 章，内容包括数据库基础知识、Access 2010 基本操作、数据表、数据查询、窗体设计、报表、宏、模块与 VBA 程序设计等。

本书适合作为各级各类院校相关专业的 Access 数据库课程的教学用书，也可作为全国计算机等级考试（二级 Access）的教材，还可作为计算机应用人员和计算机爱好者的参考书。

图书在版编目（CIP）数据

Access 2010 数据库应用/刘瑞军，吴发辉主编. —北京：中国
铁道出版社，2019.3（2020.7重印）
全国高等院校计算机基础教育"十三五"规划教材
ISBN 978-7-113-24626-6

Ⅰ.①A… Ⅱ.①刘… ②吴… Ⅲ.①关系数据库系统-高等
学校-教材 Ⅳ.①TP311.132.3

中国版本图书馆 CIP 数据核字（2019）第 025894 号

书　　名：Access 2010 数据库应用
作　　者：刘瑞军　吴发辉

策　　划：李露露	读者热线：（010）63549458

责任编辑：李露露　冯彩茹
封面设计：刘　颖
责任校对：张玉华
责任印制：樊启鹏

出版发行：中国铁道出版社有限公司（100054，北京市西城区右安门西街 8 号）
网　　址：http://www.tdpress.com/51eds/
印　　刷：三河市兴博印务有限公司
版　　次：2019 年 3 月第 1 版　2020 年 7 月第 4 次印刷
开　　本：787 mm×1 092 mm　1/16　印张：16　字数：386 千
书　　号：ISBN 978-7-113-24626-6
定　　价：45.00 元

前 言

    数据库应用技术是计算机应用的重要组成部分，掌握数据库技术及其应用已成为高等学校非计算机专业学生信息技术素质培养不可缺少的重要一环，并成为高等学校非计算机专业继"大学计算机基础"课程之后的重点课程。

    根据教育部高等学校文科计算机基础教学指导委员会编写的《高等学校文科类专业大学计算机教学基本要求（第6版——2011年版）》以及教育部考试中心2016年推出的全国计算机等级考试新大纲，我们组织编写了本书。本书针对高等院校计算机课程教学的基本要求以及非计算机专业学生的特点，从数据库的基本概念开始，由浅入深、循序渐进地介绍Access 2010各种对象的功能及创建方法。全书共分为8章，分别为数据库基础知识、Access 2010基本操作、数据表、数据查询、窗体设计、报表、宏、模块与VBA程序设计等内容。

    本书由刘瑞军、吴发辉任主编，龙群兵任副主编。参与本书编写的人员均有多年从事计算机教学的宝贵经验，对计算机专业知识有深刻的认识，并根据学生特点，因材施教，帮助学生更好地学习和掌握数据库的相关知识。

    本书语言精练、结构清晰、理论与实践结合、通俗易懂，注重实用性和操作性，适合作为各类院校相关专业的Access数据库课程的教学用书，也可作为全国计算机等级考试（二级Access）的教材，还可作为计算机应用人员和计算机爱好者的参考用书。

    本书在编写过程中，参考了大量的文献资料和互联网资料，在此向相关文献资料和互联网资料的作者深表谢意。

    由于编者水平有限，加之时间仓促，书中难免存在疏漏和不足之处，恳请读者批评指正。

编 者

2019年1月

目 录

第 1 章 ┃ 数据库基础知识

在目前我国的信息管理工作中，应用最多也最广泛的技术是计算机数据库技术。例如，火车（飞机）的售票系统、图书馆图书管理系统、超市信息管理系统、学籍管理系统、各门户网站的用户管理系统等，可以说数据库技术已渗透到人们生活的方方面面。

本章主要介绍数据库系统的基本概念、数据管理技术的发展、数据库设计的步骤、常用的数据模型及关系运算等。

1.1 数据与数据处理

1.1.1 信息与数据

数据是指对客观事件进行记录并可以鉴别的符号，是对客观事物的性质、状态以及相互关系等进行记载的物理符号或这些物理符号的组合。

数据不仅指狭义上的数字，还可以是具有一定意义的文字、字母、数字符号的组合、图形、图像、视频、音频等，也是客观事物的属性、数量、位置及其相互关系的抽象表示。例如，"0、1、2..." "阴、雨、下降、气温" "学生的档案记录、货物的运输情况" 等都是数据。数据经过加工后就成为信息。

在计算机科学中，数据是指所有能输入计算机并被计算机程序处理的符号的介质的总称，是用于输入电子计算机进行处理，具有一定意义的数字、字母、符号和模拟量等的通称。现在计算机存储和处理的对象十分广泛，表示这些对象的数据也随之变得越来越复杂。

信息是已被处理成某种形式的数据，这种形式对接受信息具有意义，并在当前或未来的行动和决策中具有实际的和可觉察到的价值。数据即信息的原始材料，其定义是许多非随机的符号组，它们代表数量、行动和客体等。数据与信息的关系就是原料与成品的关系，数据只有经过加工和解释，才能具有意义并深化为信息。

信息与数据既有联系，又有区别。数据是信息的表现形式和载体，可以是符号、文字、数字、语音、图像、视频等；而信息是数据的内涵，加载于数据之上。数据和信息是不可分离的，数据是信息的表现形式，数据只有经过处理具有一定意义后才成为信息。所以，数据和信息的辩证关系是：数据是信息的载体，信息是数据的内涵。

1.1.2 数据库技术的发展

数据管理是指利用计算机对各种类型的数据进行加工处理。它包括对数据的采集、整理、存储、分类、排序、检索、维护、加工、统计和传输等一系列操作过程。

数据处理的核心问题是数据管理，随着计算机硬件、软件的发展，数据库技术经历了人工管理、文件系统和数据库系统 3 个发展阶段。

1. 人工管理阶段

在 20 世纪 50 年代中期，计算机主要用于科学计算。当时没有磁盘等直接存取设备，只有纸带、卡片、磁带等外部存储设备（简称外存），也没有操作系统和管理数据的专门软件。数据管理任务包括存储结构、存取方法、输入/输出方式等，都是针对每个具体应用，由编程人员单独设计解决的。该阶段人工管理数据的特点如下：

（1）数据不保存。由于当时计算机主要应用于科学计算，一般不需要将数据长期保存。

（2）系统没有专用的软件对数据进行管理，数据需要由应用程序自己进行管理。应用程序不仅要规定数据的逻辑结构，而且还要设计物理结构，包括存储结构、存取方法、输入/输出方式等。

（3）数据无法共享。数据是面向程序的，一组数据只能对应一个程序。

（4）数据不具有独立性。程序依赖于数据，如果数据的类型、格式或输入/输出方式等逻辑结构或物理结构发生变化，则必须对应用程序做出相应的修改。数据与程序是一个整体，数据只为该程序所使用。

在人工管理阶段程序与数据之间的关系是一对一的关系，如图 1-1 所示。

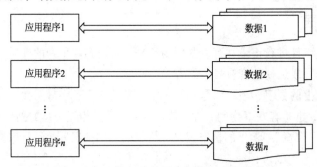

图 1-1　人工管理阶段程序和数据之间的关系

2. 文件系统阶段

20 世纪 50 年代中期到 60 年代中期，随着计算机硬件和软件的发展，磁盘、磁鼓等直接存取设备开始作为主要的外部存储设备进行数据存储，推动了软件技术的发展，而操作系统的出现标志着数据管理步入一个新的阶段。在文件系统阶段，数据以文件为单位存储在外存，且由操作系统统一管理。操作系统为用户使用文件提供了友好界面。文件的逻辑结构与物理结构脱钩，程序和数据分离，使数据与程序有了一定的独立性。用户的程序与数据可分别存放在外存储器上，各个应用程序可以共享一组数据，实现了以文件为单位的数据共享。

文件系统对计算机数据管理能力的提高起到了很大的作用，但存在许多根本性问题，此阶段具有如下特点：

（1）数据可以长期保存。数据可以文件的形式保存在外部存储设备上。

（2）程序和数据之间具有设备独立性，即通过操作系统提供的文件管理功能实现对数据的访问，程序只需要文件名存取数据文件，但文件的建立、存取、查询、更新等操作，都通过程序实现。

（3）数据共享性差，冗余度大。由于数据文件之间缺乏联系，且如果数据文件的存取方式不同，每个应用程序对应的数据文件就不同。

（4）数据独立性差。数据之间的联系需要程序构造实现。

（5）数据不一致性。数据冗余往往易造成数据不一致。

文件系统阶段程序和数据之间的关系如图 1-2 所示。

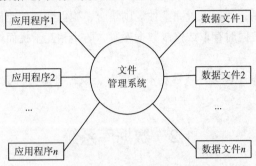

图 1-2　文件系统阶段程序和数据之间的关系

3. 数据库系统阶段

20 世纪 60 年代后期至今，计算机软硬件技术迅猛发展，特别是磁盘技术日益成熟，出现了大容量磁盘，存储容量大大增加且价格下降，为联机存取的数据库技术的实现提供了有力的支持。为了克服前两个阶段管理数据时的不足，满足和解决实际应用中多个用户、多个应用程序共享数据的要求，使数据能为尽可能多的应用程序服务，产生了数据库这样的数据管理技术。

在数据库系统阶段，借助数据库管理系统（DBMS）来统一管理和控制数据。程序和数据之间的关系如图 1-3 所示。

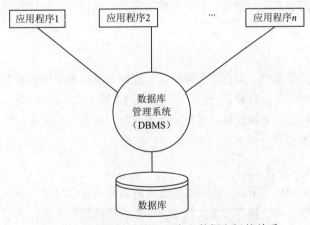

图 1-3　数据库系统阶段程序和数据之间的关系

数据库系统阶段的数据管理具有如下特点：

（1）数据结构化。通过数据模型来表示复杂的数据结构，数据模型不仅要描述数据本身，还要描述数据之间的联系。

（2）数据共享性高、冗余少。数据不再针对某一个应用，而是面向整个系统，数据可被多个用户和多个应用共享使用。数据共享可大大减少数据冗余。

（3）数据独立性高。数据与应用程序之间不存在依赖关系，彼此相互独立。

（4）提供完备的数据控制功能。为确保数据库数据的正确有效和数据库系统的有效运行，提供以下 4 方面的数据控制功能：

① 数据安全性控制。防止因非法使用数据而造成的数据丢失、泄露和破坏，保证数据的安全和机密。

② 数据的完整性控制。通过设置完整性规则集合，确保数据的正确性、有效性和相容性。

③ 并发控制。多用户同时存取或修改数据库时，防止相互干扰而给用户提供不正确的数据，从而使数据库受到破坏。

④ 数据恢复。当数据库被破坏或数据不可靠时，系统有能力将数据库从错误状态恢复到最近某个正确状态。

1.2 数据库系统

数据库系统（Database System，DBS）是应数据处理的需要而发展起来的一种数据处理系统，也是一个为实际可运行的存储、维护和应用系统提供数据的软件系统，是存储介质、处理对象和管理系统的集合体。

1.2.1 数据库系统的组成

数据库系统的组成需要计算机软、硬件的支撑和协作，需要存储数据的数据库、管理数据的数据库管理系统以及相关人员。

1. 计算机硬件

构成计算机系统的各种物理设备，包括存储所需的外围设备。硬件的配置应满足整个数据库系统的需求。

2. 计算机软件

计算机软件包括操作系统、数据库管理系统、应用系统以及应用开发工具等。其中，数据库管理系统是数据库系统的核心软件，它是在操作系统的支持下去解决如何科学地组织和存储数据，如何高效获取和维护数据的系统软件。其主要功能包括：数据定义功能、数据操纵功能、数据库的运行管理和数据库的建立与维护。

3. 数据库

数据库（Database，DB）是以一定的组织方式将相关的数据组织在一起、长期存放在计算机内、可为多个用户共享、与应用程序彼此独立、统一管理的数据集合。

数据库是数据库系统组成的核心要素。

4. 人员

人员主要有 4 类：

（1）系统分析员和数据库设计人员。系统分析员负责应用系统的需求分析和规范说明，确定系统的硬件配置，并参与数据库系统的概要设计。数据库设计人员负责数据库中数据的确定、数据库各级模式的设计。

（2）应用开发人员。负责编写使用数据库的应用程序。

（3）最终用户。是数据库系统的客户，他们利用系统的接口或查询语言访问数据库。

（4）数据库管理员（Database Administrator，DBA）。全面负责数据库系统的管理和控制。DBA的主要职责包括：参与确定数据库中的信息内容和结构，决定数据库的存储结构和存取策略，定义数据库的安全性要求和完整性约束条件，监控数据库的使用和运行，负责数据库的性能改进、重组和重构，以提高整个数据库系统的性能。

图 1-4 所示为数据库系统组成示意图。

图 1-4　数据库系统组成示意图

1.2.2　数据库系统的模式结构

数据库系统的结构可以从不同的角度来划分，从数据库管理系统角度分，数据库系统通常采用三级模式结构：外模式、模式和内模式，如图 1-5 所示。这是数据库系统内部的系统结构。

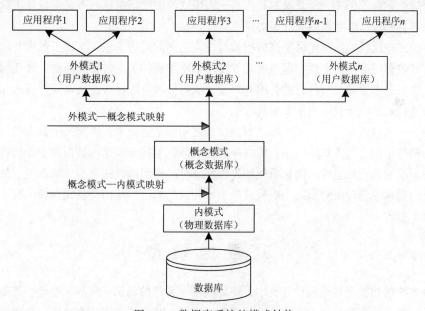

图 1-5　数据库系统的模式结构

1. 数据库中的三级模式结构

（1）内模式（Internal Schema）。也称存储模式或物理模式，是对数据的物理结构和存储方式的描述，是数据在数据库内部的表示方式。一个数据库只有一个内模式。

（2）模式（Conceptual Schema）。也称逻辑模式或概念模式，是数据库中全体数据的逻辑结构和特征的描述，是所有用户的公共数据视图。它是数据库系统模式结构的中间层，不涉及数据的物理存储细节和硬件环境，与具体的应用程序、所使用的应用开发工具及高级程序设计语言无关。

数据库模式以某一种数据模型为基础，统一综合地考虑了所有用户的需求，并将这些需求有机地结合成一个逻辑整体。

（3）外模式（External Schema）。也称子模式或用户模式，是数据库用户能够看见和使用的局部数据的逻辑结构和特征的描述，是数据库用户的数据视图，是与某一应用有关的数据的逻辑表示。

外模式通常是模式的子集。一个数据库可以有多个外模式。由于它是各个用户的数据视图，如果不同用户在应用需求、看待数据的方式、对数据保密的要求等方面存在差异，则他们的外模式描述就是不同的。即使是对模式中的同一数据，在外模式中的结构、类型、长度、保密级别等都可以不同。另外，同一外模式也可以为某一用户的多个应用系统所使用，但一个应用程序只能使用一个外模式。

外模式是保证数据库安全性的一个有力措施。每个用户只能看见和访问所对应的外模式中的数据，数据库中的其余数据对他们来说是不可见的。

2．数据库中的两级映射

数据库系统的三级模式是对数据的 3 个抽象级别。它把数据的具体组织留给数据库管理系统（DBMS）管理，使用户能逻辑地、抽象地处理数据，而不必关心数据在计算机中的具体表示方式与存储方式。而为了能够在内部实现这 3 个抽象层次的联系和转换，数据库系统在这三级模式之间提供了两层映射：外模式—模式映射和模式—内模式映射。正是这两级映射保证了数据库系统中的数据能够具有较高的逻辑独立性和物理独立性。

（1）外模式—模式映射。定义了该外模式与模式之间的对应关系，实现了数据与程序的逻辑独立性，简称数据的逻辑独立性。即当模式改变（如增加新的关系、新的属性，改变属性的数据类型）时，由数据库管理员对各自的外模式—模式映射做相应的修改，从而使外模式保持不变，进而依附于外模式的应用程序也不需要修改。

（2）模式—内模式映射。定义了模式与内模式之间的对应关系，即定义了数据的全体逻辑结构和数据的物理结构之间的对应关系。模式—内模式的映射使全局逻辑数据独立于物理数据，保证了数据与程序的物理独立性，简称数据的物理独立性。即当内模式改变（如改变了数据的存储结构）时，由数据库管理员对模式—内模式映射做相应的修改，从而使模式保持不变，进而应用程序也不需要修改。

1.3　数据模型

现实世界中的数据要存储到计算机中，需要经过一系列的认识、理解、整理、规范和加工的过程，然后才能存放到数据库中。即数据从现实世界存入数据库中实质上经历了 3 个数据范畴：现实世界、信息世界和计算机世界，如图 1-6 所示。

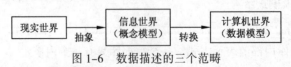

图 1-6　数据描述的三个范畴

数据在转换过程中，其实也是在构建数据模型的过程，数据模型按不同的应用层次分成 3 种类型：概念数据模型、逻辑数据模型、物理数据模型。

1.3.1　现实世界

现实世界又称客观世界，事物可以是具体的，也可以是抽象的。例如，要实现教学管理的功能，就必须对现实世界进行分析，在现实中真实存在的有学生、老师、课程、院系、老师授课、学生学习等客观存在的事务。数据库设计者接触到的是最原始的数据，数据库设计者对这些原始数据进行整理、抽象成为数据库技术所能接收处理的数据，就进入信息世界。

1.3.2　信息世界——概念数据模型

信息世界又称概念世界，是人们把现实世界的信息和联系，通过"符号"记录下来，是对现实世界的一种抽象描述。在信息世界中，不是简单地对现实世界进行符号化，而是要通过筛选、归纳、总结、命名等抽象过程产生出概念模型，用以表示对现实世界的抽象与描述。例如，学生是客观世界的个体，可以用一组数据（学号、姓名、性别、出生日期）来抽象描述，通过这组数据可以了解该学生的基本信息，而不需要看见学生本人。

概念数据模型是面向用户、面向现实世界的数据模型，是与数据库管理系统无关的，所以概念模型应该能够方便、准确地表示客观世界中常用的概念。概念模型也是用户和应用系统设计员互相交流的桥梁，以确保数据模型能够正确地描述客观世界。

1．基本概念

1）实体（Entity）

客观存在并相互区别的事物称为实体。实体可以是现实世界中看得见的事物，也可以是抽象的概念或联系，如产品、客户、雇员是属于实际存在的事务，客户购物就是比较抽象的事务，是由客户、雇员和产品之间的联系产生的，它们都是实体。

2）属性（Attribute）

描述实体的特性称为实体的属性，一个实体可以用属性进行描述。例如，客户实体可以由客户编号、客户姓名、公司名称、地址、邮政编码，电话，传真等属性组成，如（ANATR、王先生、东南实业、承德西路 80 号、234575，(030)35554729，(030)35553744）就是一个客户实体。属性有属性名和属性值之分，如"ANATR"是"客户编号"属性的属性值。

3）域

属性的取值范围称为该属性的域（Domain）。例如，邮政编码是由 6 位数字构成的。

4）实体型

具有相同属性的实体必然具有共同的特征和性质。用实体名及描述它的各属性名，可以刻画出全部同质实体的共同特征和性质，称为实体型。例如，客户（客户编号、客户姓名、公司名称、地址、邮政编码，电话，传真）就是一个实体型。表示实体型的格式如下：

实体名（属性 1，属性 2，…，属性 n）

5）实体集

实体集（Entity Set）是具有相同类型及相同属性的实体的集合。例如，某个公司（或某个部门）的全体员工就是一个实体集。

6）关键字

如果某个属性或属性集（多个属性）的值能够唯一地标识出实体集中的唯一一个实体，那么该属性或属性集就称为关键字（Key）或码。作为关键字的属性或属性集又称主属性，反之称为非主属性。例如，雇员实体集的雇员编号属性是肯定不重复的，且可以标识出唯一的一名教师，所以雇员编号可作为雇员实体集的关键字。

7）联系

联系（Relationship）是对实体集间的关联关系的描述。以两个实体集为例，联系的类型分为 3 类：一对一联系、一对多联系、多对多联系。

（1）一对一联系：设有实体集 A 与实体集 B，如果 A 中的一个实体与 B 中的一个实体关联，反过来，B 中的一个实体与 A 中的一个实体关联，则称 A 与 B 是"一对一"联系类型，记作（1：1）。

例如，公司实体集和董事长实体集，一个公司只能有一个董事长，一个董事长也只能在一个公司当董事长，所以董事长实体集和公司实体集之间存在一对一联系。

（2）一对多联系：设有实体集 A 与实体集 B，如果 A 中的一个实体可以与 B 中多个实体关联，但 B 中的一个实体与 A 中的一个实体关联，则称 A 与 B 是"一对多"联系类型，记作（1：n）。

例如，部门实体集和员工实体集，每个部门有若干名雇员，而每个雇员只属于一个部门。部门实体集和雇员实体集之间存在一对多联系。

（3）多对多联系：设有实体集 A 与实体集 B，如果 A 中的一个实体可以与 B 中多个实体关联，而 B 中的一个实体也可以与 A 中多个实体关联，则称 A 与 B 是"多对多"联系类型，记作（m：n）。

例如，雇员实体集和客户实体集，每位雇员可以服务多个客户，每个客户也可以被若干名雇员服务。雇员实体集和客户实体集之间存在多对多联系。

2. 实体-联系模型

概念模型的常用表示方法是 P.P.Chen 于 1976 年提出的"实体-联系模型（Entity-Relationship Model）"，简称 E-R 模型。E-R 模型用 E-R 图的方式直观地表示概念模型中的实体集、联系、属性 3 个概念。

在 E-R 图中，包括下列图例要素：

（1）实体集。用"矩形"框表示，框内标注实体名称。

（2）实体或联系的属性。用"椭圆形"框表示，在椭圆内部标注属性名称。

（3）实体集之间的联系。用"菱形"框表示，并在连线的两端标明联系类型。

【例 1-1】将上述联系的 3 种类型用 E-R 图的方式表示出来（省略了实体集的属性），如图 1-7 所示。

【例 1-2】某学校要开发一个数据库应用系统，通过需求分析阶段获取其中的学生管理子系统的信息如下：学院的学院编号、学院名称、负责人、电话、地址等信息；系的系编号、系名称、系主任、班级个数等信息；班级的班级编号、班级名称、班级人数、专业等信息；学生的学号、姓名、性别、出生日期、是否党员、入学成绩等信息；社团的社团编号、社团名称、创建日期等信息。每个学院会设置若干个系，每个系只属于一个学院；每个系拥有若干个班级，每个班级只属于一个系；每个班级有若干名学生，每位学生只属于一个班级；每个学生可以参加若干个社团，每个社团可以有若干名学生参加，参加社团记录其入团时间。设计 E-R 图，如图 1-8 所示。

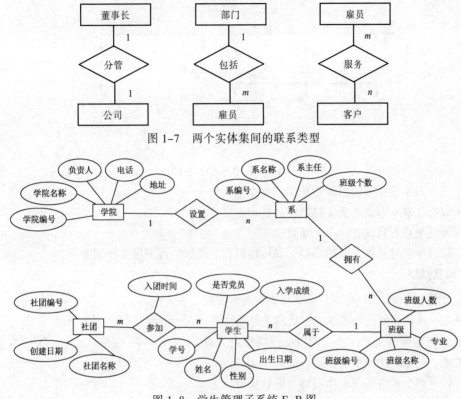

图 1-7　两个实体集间的联系类型

图 1-8　学生管理子系统 E-R 图

　　一个数据库应用系统是由若干个子系统构成的，在进行概念结构设计时，通常采用的设计思想是：化全局为局部，然后再做局部集成。

1.3.3　逻辑数据模型

　　逻辑数据模型也称数据模型，是从计算机系统的角度对数据进行建模。数据库的类型是根据数据模型来划分的，而任何一个 DBMS 也是根据数据模型有针对性地设计出来的，这就意味着必须把数据库组织成符合 DBMS 规定的数据模型。目前，成熟地应用在数据库系统中的数据模型有层次模型、网状模型、关系模型和面向对象模型。它们之间的根本区别在于数据之间联系的表示方式不同。层次模型以"树结构"表示数据之间的联系。网状模型是以"图结构"来表示数据之间的联系。关系模型是用"二维表"（或称为关系）来表示数据之间的联系。面向对象模型以对象为单位，可以给类或对象类型定义任何有用的数据结构。

　　数据模型的称谓是以数据结构来命名的。

1. 层次模型

　　层次模型（Hierarchical Model）是最早出现的数据模型，它是采用层次数据结构来组织数据的数据模型，其示意图如图 1-9 所示。层次模型可以简单、直观地表示信息世界中实体、实体的属性以及实体之间的一对多联系。它使用记录类型来描述实体；使用字段描述属性；使用结点之间的连线表示实体之间的联系。

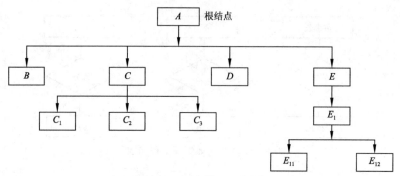

图 1-9　层次模型示意图

满足以下两个条件的数据模型称为层次模型：

（1）有且仅有一个结点无父结点，称其为根结点。

（2）其他结点有且仅有一个父结点。

现实世界中具有从属关系的事物，如行政机构、族谱均可以层次模型表示。

2．网状模型

网状模型（Network Model）以"图结构"表示数据之间的联系。网状模型可以表示多个从属关系的联系，也可以表示数据间的交叉关系，即数据间的横向关系与纵向关系，它是层次模型的扩展，如图 1-10 所示。

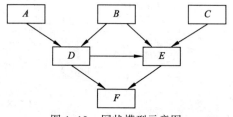

图 1-10　网状模型示意图

满足以下两个条件的数据模型称为网状模型：

（1）允许结点有多于一个的父结点。

（2）可以有一个以上的结点没有父结点。

3．关系模型

关系模型（Relational Model）以"二维表"结构来表示数据之间的联系，每个二维表又可称为关系。关系模型建立在严谨的数学理论基础之上，是目前最流行的一种数据模型。支持关系模型的数据库管理系统称为关系数据库管理系统，Access 就是一种关系数据库管理系统。表 1-1 所示为一个简单的关系模型二维表数据结构。

表 1-1　关系模型二维表数据结构

客户编号	公司名称	客户称呼	地　址	城　市	地　区	邮政编码	电　话
ALFKI	三川公司	刘小姐	大崇明路 50 号	天津	华北	343567	(030) 3007 × × × ×
ANATR	东南实业	王先生	承德西路 80 号	天津	华北	234575	(030) 3555 × × × ×
ANTON	坦森行贸易	王炫皓	黄台北路 780 号	石家庄	华北	985060	(0321) 555 × × × ×
AROUT	国顶公司	方先生	天府东街 30 号	深圳	华南	890879	(0571) 455 × × × ×
BERGS	通恒机械	黄小姐	东园西甲 30 号	南京	华东	798089	(0921) 912 × × × ×
BLAUS	森通	王先生	常保阁东 80 号	天津	华北	787045	(030) 3005 × × × ×

4．面向对象模型

面向对象模型是一种新兴的数据模型，它采用面向对象的方法来设计数据库。面向对象的数据库是以对象为单位，每个对象包含对象的属性和方法，具有类和继承等特点。面向对象模型可以给类或对象类型定义任何有用的数据结构。

1.3.4　计算机世界——物理数据模型

信息世界中的数据在计算机世界中的存储，即称为计算机的数据。计算机世界是信息世界的数据化。在现实世界中的客观事物及其相互联系，在计算机世界中以数据模型来表示。

从客观世界到信息世界不是简单的数据描述，而是从客观世界中抽象出适合数据库技术研究的数据。同时，要求这些数据能够很好地反映客观世界的事物；从信息世界到计算机世界也不再是简单的数据对应存储，而是设计计算机能处理的数据的逻辑结构和物理存储结构。数据的逻辑结构是指呈现在用户面前的数据形式，是数据本身所具有的特性，是现实世界的抽象；数据的物理结构是指数据在计算机存储设备上的实际存储结构。

数据模型是用于表达数据的工具。在计算机中表示数据的数据模型既要能够精确地描述数据的静态特性，也要能够描述数据的动态特性，以及数据间的完整性约束条件。即数据模型的组成要素是数据结构、数据操作、数据的完整性约束条件。

数据结构主要描述数据的类型、内容、性质以及数据间的联系等，是数据模型的基础。数据操作和完整性约束条件都建立在数据结构之上。不同的数据结构具有不同的操作和完整性约束条件。

数据操作主要描述在相应的数据结构上的操作类型和操作方式。数据操作主要有检索和修改（包括插入、删除、更新）两大类操作。

数据的完整性约束条件主要描述数据结构内数据间的语法、词义联系以及制约和依存关系，是一组完整性规则的集合，用以确保数据的正确、有效和相容。

1.3.5　组成要素

数据模型（Data Model）是数据特征的抽象。数据（Data）是描述事物的符号记录，模型（Model）是现实世界的抽象。数据模型从抽象层次上描述了系统的静态特征、动态行为和约束条件，为数据库系统的信息表示与操作提供了一个抽象的框架。数据模型所描述的内容有 3 部分：数据结构、数据操作和数据约束。

（1）数据结构。主要描述数据的类型、内容、性质以及数据间的联系等，是目标类型的集合。目标类型是数据库的组成成分，一般可分为两类：数据类型、数据类型之间的联系。

（2）数据操作。数据模型中数据操作主要描述在相应的数据结构上的操作类型和操作方式。它是操作运算符的集合，包括若干操作和推理规则，用以对目标类型的有效实例所组成的数据库进行操作。

（3）数据约束。数据模型中的数据约束主要描述数据结构内数据间的语法、词义联系、它们之间的制约和依存关系，以及数据动态变化的规则，以保证数据的正确、有效和相容。它是完整性规则的集合，用以限定符合数据模型的数据库状态以及状态的变化。约束条件可以按不同的原则划分为数据值的约束和数据间联系的约束、静态约束和动态约束、实体约束和实体间的参照约束等。

1.4　关系数据库

1.4.1　常用术语

关系模型是用二维表形式来表示实体集和实体集间联系的数据模型。其数据结构就是二维表结构。

1. 关系

关系（Relation）即是一张二维表，其通过关系名来标识。

2. 属性

在一个关系中，每一竖列称为一个属性（Attribute），其通过属性名来标识。

3. 分量

在一个关系中，每一个数据都可看成独立的分量（Component）。

4. 元组

在一个关系中，每一横行称为一个元组（Tuple）。

5. 域

在一个关系中，每一个属性的取值范围称为该属性的域（Domain）。域是相同数据类型的值的集合。

6. 关系模式

在一个关系中，通常将用于描述关系结构的关系名和属性名的集合称为关系模式（Schema）。其一般格式为：

关系名（属性名 1，属性名 2，...，属性名 n）

例如，客户（客户编号、客户姓名、公司名称、地址、邮政编码，电话，传真）。

图 1-11 所示为二维表、关系模型及概念模型之间的对应术语。

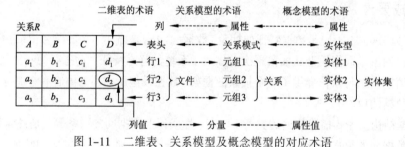

图 1-11　二维表、关系模型及概念模型的对应术语

7. 关键字

（1）候选关键字。在一个关系中，如果某个属性或某个属性集能唯一标识元组，且又不含有多余的属性或属性集，那么这个属性或属性集称为该关系的候选关键字（Candidate Key），也称候选键。

例如，客户关系以关系模式表示：客户（客户编号、客户姓名、公司名称、地址、邮政编码，身份证号，电话，传真），其中，客户编号、身份证号分别是候选键。

（2）主关键字。在一个关系中，正在使用的候选键或由用户特别指定的某一候选键，称为该关系的主键（Primary Key），又称主键或主码。

例如，上例客户关系中，可以指定"客户编号"候选键为主键。

（3）外部关键字。如果关系 R 中某个属性或属性集是其他关系的主键，那么该属性或属性集是关系 R 的外部关键字（Foreign Key），或称外键、外码。

例如，订单关系中，"客户编号"属性在客户关系中做主键，所以"客户编号"属性在订单关系中是外部关键字。

如果雇员关系以关系模式表示为雇员（雇员编号，姓名，职务，尊称，出生日期，雇佣日期，地址，城市，地区，邮政编码），雇员编号是唯一候选键，所以指定为主键。那么在订单关系中，"雇员编号"属性是外部关键字。

8. 关系数据库

关系数据库是在关系模型的基础上创建的数据库，它借助于集合代数等数学概念和方法来处理数据库中的数据。现实世界中的各种实体以及实体之间的各种联系均用关系模型来表示。

在关系数据库中，将一个关系视为一张二维表，又称其为数据表（简称表），表中的行称为记录，列称为字段。关系模型的关系与关系数据库的表中相关概念的对应关系如表 1-2 所示。

9. 关系的特点

（1）关系中的每一个分量都是不可再分的、最基本的数据单位。

（2）关系中每一列的分量都是同一类型的数据，且都取值于同一个域。关系中列的顺序是任意的。

（3）关系中各行的顺序可以是任意的。

（4）一个关系是一张二维表，不允许有相同的属性名，也不允许有相同的元组。

表 1-2　关系与表中相关概念的对应关系

关　系	表
元组	记录
属性	字段
分量	数据项

1.4.2　关系操作与关系的完整性约束

1. 关系操作

关系模型常用的关系操作是查询、插入、删除和修改。

关系模型的关系操作是集合操作性质的，即数据操作的对象和操作结果均为集合。

2. 关系的完整性约束

关系完整性是为了保证数据库中数据的正确性和相容性，而对关系模型提出的某种约束条件或规则。关系完整性通常包括实体完整性、参照完整性和用户定义完整性。

1）实体完整性

实体完整性（Entity Integrity）规定关系的主关键字不能取空值（NULL）。

一个关系对应现实世界中的一个实体集。现实世界中的实体是可以相互区分、识别的，因为它们具有某种唯一性标识。在关系中，以主关键字作为唯一性标识，而主关键字中的属性不能取空值，否则，表明该关系中存在不可标识的实体（因空值代表"不确定"），这与现实世界的实际情况相矛盾，这样的实体就不是一个完整实体。按实体完整性规则要求，主关键字不得取空值，若主关键字是由多个属性组合而成，则其中的所有属性均不得取空值。例如，订单明细关系：订单明细（订单编号，产品编号，单价，数量，折扣），主关键字是（订单编号，产品编号），那么"订单编号"属性不能取空值，同样"产品编号"属性也不能取空值。

2）参照完整性

参照完整性（Referential Integrity）规定关系的外部关键字要么引用其对应的主关键字的有效值，要么取空值（NULL）。

关系数据库中通常都包含若干个存在相互联系的关系，关系与关系之间的联系是通过关联属性来实现的。所谓关联属性是指一个关系 R 的主关键字，同时又是另一关系 S 的外部关键字。要求相关联的两个关系之间必须遵循参照完整性，以确保数据的一致性。

例如，有产品类别和产品两个关系，以关系模式表示如下，其中主键用下画线标注，外部关键字用下画波浪线标注。

产品类别（<u>类别编号</u>，类别名称，说明，图片）

产品（<u>产品编号</u>，产品名称，供应商编号，类别编号，单位，数量，单价，库存量，订购量，再订购量，中止）

"产品"关系中的"类别编号"属性是外部关键字，其取值要么是"产品类别"关系中主键"类别编号"的有效值，要么取空值，这样，在这两个关系之间就建立了相关联的主键和外部关键字的引用，符合参照完整性规则要求。

3）用户定义完整性

用户定义完整性（User-defined Integrity）是根据应用环境的要求和实际的需要，对某一具体应用所涉及的数据提出约束性条件。例如，百分制成绩属性的取值范围约束在[0,100]区间，性别的取值范围为"男"或者"女"。

1.4.3　关系运算

关系代数是关系数据库系统查询语言的理论基础，是一种抽象的查询语言，通过对关系的运算来表达查询。

关系代数的运算对象是关系，运算结果仍为关系。关系代数的运算按运算符的不同主要分为传统的集合运算和专门的关系运算两类。

1．传统的集合运算

传统的集合运算是二目运算（即两个操作数），包括并、差、交、广义笛卡儿积 4 种运算。

1）并运算

设关系 R 和关系 S 具有相同的属性个数，且对应的属性取自同一个域，则关系 R 与关系 S 的并将产生一个包含 R、S 中所有不同元组组成的新关系，记作 $R \cup S$。

【例 1-3】已知喜欢唱歌的雇员关系 R 和喜欢跳舞的雇员关系 S，求喜欢唱歌或跳舞的雇员，即求 $R \cup S$，如图 1-12 所示。

R

雇员编号	姓　名	性　别
A0001	张颖	女
A0002	王伟	男
A0003	李芳	女

S

雇员编号	姓　名	性　别
A0003	李芳	女
B0002	孙琳	女
B0003	刘石鹏	男

$R \cup S$

$R \cup S$

雇员编号	姓　名	性　别
A0001	张颖	女
A0002	王伟	男
A0003	李芳	女
B0002	孙琳	女
B0003	刘石鹏	男

图 1-12　$R \cup S$ 示例

2）差运算

设关系 R 和关系 S 具有相同的属性个数，且对应的属性取自同一个域，则两个已知关系 R 和 S 的差，是所有属于 R 但不属于 S 的元组组成的新关系，记作 $R-S$。

【例 1-4】已知喜欢唱歌的雇员关系 R 和喜欢跳舞的雇员关系 S，求喜欢唱歌但不喜欢跳舞的雇员，即求 $R-S$；求喜欢跳舞但不喜欢唱歌的雇员，即求 $S-R$，如图 1-13 所示。

R

雇员编号	姓　名	性　别
A0001	张颖	女
A0002	王伟	男
A0003	李芳	女

$R-S$ →

R–S

雇员编号	姓　名	性　别
A0001	张颖	女
A0002	王伟	男

S

雇员编号	姓　名	性　别
A0003	李芳	女
B0002	孙琳	女
B0003	刘石鹏	男

$S-R$ →

S–R

雇员编号	姓　名	性　别
B0002	孙琳	女
B0003	刘石鹏	男

图 1-13　$R-S$、$S-R$ 示例

注意：$R-S$ 和 $S-R$ 的结果是不同的。

3）交运算

设关系 R 和关系 S 具有相同的属性个数，且对应的属性取自同一个域，则两个已知关系 R 和 S 的交，是属于 R 而且也属于 S 的元组组成的新关系，记作 $R\cap S$。

【例 1-5】已知喜欢唱歌的雇员关系 R 和喜欢跳舞的雇员关系 S，求既喜欢唱歌又喜欢跳舞的雇员，即求 $R\cap S$，如图 1-14 所示。

R

雇员编号	姓　名	性　别
A0001	张颖	女
A0002	王伟	男
A0003	李芳	女

S

雇员编号	姓　名	性　别
A0003	李芳	女
B0002	孙琳	女
B0003	刘石鹏	男

$R\cap S$ →

R∩S

雇员编号	姓　名	性　别
A0003	李芳	女

图 1-14　$R\cap S$ 示例

4）广义笛卡儿积运算

两个已知关系 R 和 S 的广义笛卡儿积，是 R 中每个元组与 S 中每个元组连接组成的新关系，记作 $R\times S$。

【例 1-6】已知雇员关系、客户关系，求雇员服务客户的情况，即雇员 × 客户，如图 1-15 所示。

雇员

雇员编号	雇员姓名
A0003	李芳
B0002	孙琳

客户

客户编号	客户姓名
k0001	方先生
k0002	张小姐
k0003	高先生

雇员 × 客户

雇员编号	雇员姓名	客户编号	客户姓名
A0003	李芳	k0001	方先生
A0003	李芳	k0002	张小姐
A0003	李芳	k0003	高先生
B0002	孙琳	k0001	方先生
B0002	孙琳	k0002	张小姐
B0002	孙琳	k0003	高先生

图 1-15　雇员 × 客户示例

假设关系 R 有 r 个属性个数、m 个元组，关系 S 有 s 个属性个数、n 个元组，则 $R \times S$ 的结果有 $r+s$ 个属性个数，$m \times n$ 个元组。

2. 专门的关系运算

专门的关系运算包括投影、选择、连接等。

1）投影运算

投影是选择关系 R 中的若干属性组成新的关系，并去掉了重复元组，是对关系的属性进行筛选。记作 $\pi_A(R)$，其中，A 为关系 R 的属性列表，各属性间用逗号分隔，既可以是属性名也可以是属性序号。

投影运算结果的属性个数往往比原关系的属性个数少，而且还取消重复元组。投影运算可以改变原关系的属性顺序。

【例 1-7】客户关系如表 1-3 所示。写出下列各题的关系代数表达式。

表 1-3　客户关系

客户编号	公司名称	客户称呼	地　址	城　市	地　区	邮政编码	电　话
ALFKI	三川公司	刘小姐	大崇明路 50 号	天津	华北	343567	(030) 3007 × × × ×
ANATR	东南实业	王先生	承德西路 80 号	天津	华北	234575	(030) 3555 × × × ×
ANTON	坦森行贸易	王炫皓	黄台北路 780 号	石家庄	华北	985060	(0321) 555 × × × ×
AROUT	国顶公司	方先生	天府东街 30 号	深圳	华南	890879	(0571) 455 × × × ×
BERGS	通恒机械	黄小姐	东园西甲 30 号	南京	华东	798089	(0921) 912 × × × ×
BLAUS	森通	王先生	常保阁东 80 号	天津	华北	787045	(030) 3005 × × × ×

（1）查询客户的客户编号、公司名称、客户称呼、电话。

关系代数表达式为：

$\pi_{客户编号、公司名称、客户称呼、电话}(客户)$　　或者　　$\pi_{1,2,3,8}(客户)$

查询结果如表 1-4 所示。

（2）查询客户的城市。

关系代数表达式为：

$\pi_{城市}(客户)$　　或者　　$\pi_{5}(客户)$

查询结果如表 1-5 所示。

表 1-4　客户关系对客户编号、公司名称、客户称呼、电话投影后的结果

客 户 编 号	公 司 名 称	客 户 称 呼	电　话
ALFKI	三川公司	刘小姐	(030) 3007 × × × ×
ANATR	东南实业	王先生	(030) 3555 × × × ×
ANTON	坦森行贸易	王炫皓	(0321) 555 × × × ×
AROUT	国顶公司	方先生	(0571) 455 × × × ×
BERGS	通恒机械	黄小姐	(0921) 912 × × × ×
BLAUS	森通	王先生	(030) 3005 × × × ×

表 1-5　客户关系对城市进行投影后的结果

城市
天津
天津
石家庄
深圳
南京
天津

2）选择运算

选择是根据给定的条件选取关系 R 中的若干元组组成新的关系，是对关系的元组进行筛选，记作 $\sigma_{条件}(R)$。其中，"条件"是一个逻辑表达式，表示选取的条件，用到比较运算符（$>$、$\geqslant$、$<$、$\leqslant$、$=$ 或 $<>$）、逻辑运算符（非 $\neg$、与 $\wedge$、或 $\vee$）。

选择运算结果的元组个数往往比原关系的元组个数少，它是原关系的子集，但关系模式不变。

【例 1-8】有客户关系（见表 1-3），写出下列各题的关系代数表达式。

（1）查询所有华北地区的客户信息。

关系代数表达式为：

$\sigma_{地区='华北'}(客户)$　　或者　　$\sigma_{6='华北'}(客户)$

查询结果如表 1-6 所示。

表 1-6　查询华北地区的客户信息的结果

客户编号	公司名称	客户称呼	地　址	城　市	地　区	邮政编码	电　话
ALFKI	三川公司	刘小姐	大崇明路 50 号	天津	华北	343567	(030) 3007 × × × ×
ANATR	东南实业	王先生	承德西路 80 号	天津	华北	234575	(030) 3555 × × × ×
ANTON	坦森行贸易	王炫皓	黄台北路 780 号	石家庄	华北	985060	(0321) 555 × × × ×
BLAUS	森通	王先生	常保阁东 80 号	天津	华北	787045	(030) 3005 × × × ×

（2）查询地区是"华南"或"华东"的客户编号和公司名称。

关系代数表达式为：

$\pi_{客户编号,公司名称}(\sigma_{地区='华南'\vee 地区='华东'}(客户))$　　或者　　$\pi_{客户编号,公司名称}(\sigma_{地区='华南'}(客户))\bigcup\pi_{客户编号,公司名称}(\sigma_{地区='华东'}(客户))$

查询结果如表 1-7 所示。

表 1-7 查询地区是"华南"或"华东"的客户编号和公司名称的查询结果

客 户 编 号	公 司 名 称
AROUT	国顶公司
BERGS	通恒机械

3）连接运算

连接也称 θ 连接，是根据给定的条件，从两个已知关系 R 和 S 的广义笛卡儿积中，选取属性之间满足连接条件的若干元组组成新的关系，记作 $R \underset{i\theta j}{\bowtie} S$。其中，θ 是比较运算符。

【例 1-9】设有关系 R 和 S：

	R	
A	B	
a	b	
c	b	

	S	
B	C	
b	c	
e	a	
b	d	

计算 $R \underset{B<C}{\bowtie} S$。

（1）先计算 $R \times S$。

R.A	R.B	S.B	S.C
a	b	b	c
a	b	e	a
a	b	b	d
c	b	b	c
c	b	e	a
c	b	b	d

（2）在广义笛卡儿积中选取 $R.B$ 的值小于 $S.C$ 的值的行：

$R \underset{B<C}{\bowtie} S$

R.A	R.B	S.B	S.C
a	b	b	c
a	b	b	d
c	b	b	c
c	b	b	d

自然连接是一种特殊的等值连接，它是从两个关系的广义笛卡儿积中，选取公共属性满足等值条件的元组，但新关系不包含重复的属性，记作 $R \bowtie S$。

【例 1-10】根据例 1-9 中的关系 R 和关系 S，计算 $R \bowtie S$。

分析：关系 R 和关系 S 的公共属性是 B，所以首先在 $R \times S$ 的基础上选取 $R.B$ 等于 $S.B$ 的行，然后去掉重复的一列 B。计算过程如图 1-16 所示。

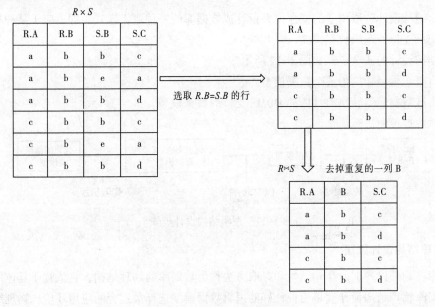

图 1-16 计算 $R\bowtie S$ 的过程

如果两个关系没有公共属性，那么其自然连接操作表现为广义笛卡儿积。

1.5 数据库设计的基本步骤

数据库设计是指对于一个给定的应用环境，构造最优的数据库模式，建立数据库及其应用系统，使之能够有效地存储数据，满足各类用户的应用需求（信息要求和处理要求）。

数据库设计是综合应用计算机软、硬件技术，结合应用领域的知识和管理技术的系统工程。根据规范设计方法，将数据库设计归纳为以下 6 个阶段：

1. 需求分析阶段

需求分析阶段是整个数据库设计的基础，在这个阶段必须准确地理解、分析用户的各种需求，主要获取用户的如下要求：

（1）信息要求。用户需要从数据库中获取信息的内容与性质，确定在数据库中需要存储的数据。

（2）处理要求。确定用户对处理功能、响应时间、处理方式的要求（批处理/联机处理）。

（3）安全性和完整性要求。确定用户对数据库中存放的信息的安全保密要求，确定数据的约束条件。

需求分析阶段是对用户需求进行认识、理解、分析、整理、归纳、提炼的阶段，它决定着整个数据库系统设计的成败。

2. 概念结构设计阶段

在需求分析的基础上，将用户需求进行抽象和模拟，构造信息世界的概念模型。概念结构设计是数据库设计的关键。

设计概念模型的常用方法是实体-联系模型（简称 E-R 模型）。

3．逻辑结构设计阶段

将概念结构设计阶段构造的概念模型设计成数据库的一种逻辑模式，即适应于某种特定数据库管理系统所支持的逻辑数据模式。

逻辑结构设计的 3 个步骤如图 1-17 所示。

（1）将概念模型转换为某个数据模型。

（2）将该数据模型转换为具体的 DBMS 支持的数据模型。

（3）对数据模型进行优化。

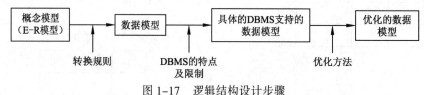

图 1-17　逻辑结构设计步骤

4．物理结构设计阶段

数据库在物理设备上的存储结构和存取方法称为数据库的物理结构，它依赖于具体的计算机系统。数据库物理结构设计就是为设计好的逻辑数据模型选择最适合的应用环境。物理结构设计主要完成两方面的工作：

（1）确定数据库的物理结构，主要是确定存取方法和存储结构。

（2）对物理结构进行评价，主要评价时间和空间效率。

5．实施阶段

设计人员使用 DBMS 提供的数据定义语言及其他实用程序将上述阶段设计的结果描述出来，组织数据入库，编写并调试应用程序，然后试运行。

6．使用与维护阶段

当数据库试运行成功后，即可投入正常使用，在使用过程中，由数据库管理员负责整个数据库应用系统的日常维护工作，主要包括：数据库存储和恢复；数据库安全性和完整性控制；数据库性能的监督、分析和改进；数据库的重新组织和重新建构。

习　题

一、单项选择题

1．数据是信息的载体，信息是数据的（　　）。

    A．符号化表示　　　B．载体　　　　　　C．内涵　　　　　　D．抽象

2．以下有关对数据的解释，错误的是（　　）。

    A．数据是信息的载体　　　　　　　　　B．数据是信息的表现形式

    C．数据是 0～9 组成的符号序列　　　　D．数据与信息在概念上是有区别的

3．下面说法错误的是（　　）。

    A．数据本质上是对信息的一种符号化表示

    B．数据表现信息的形式是多种多样的

C. 数据经过加工处理后，使其具有知识性并对人类活动产生作用，从而形成了信息

D. 数据库中存放的数据可以毫无意义

4. 下列说法正确的是（　　）。

A. 信息是指现实世界中各种具体事物的存在方式、运动形态以及它们之间的相互联系等诸要素在人脑中的反映

B. 信息是指现实世界中各种事物的存在方式、运动形态以及它们之间的相互联系等诸要素在人脑中的反映

C. 信息是指现实世界中各种抽象事物的存在方式、运动形态以及它们之间的相互联系等诸要素在人脑中的反映

D. 上述说法均不对

5. 数据管理技术的发展阶段不包括（　　）。

A. 操作系统管理阶段　　　　　　　　B. 人工管理阶段

C. 文件系统阶段　　　　　　　　　　D. 数据库系统阶段

6. 在数据管理技术的发展过程中，经历了人工管理阶段、文件系统阶段和数据库系统阶段。在这几个阶段中，数据独立性最高的是（　　）阶段。

A. 数据库系统　　B. 文件系统　　　C. 人工管理　　　D. 数据项管理

7. 数据库系统与文件系统的主要区别是（　　）。

A. 数据库系统复杂，而文件系统简单

B. 文件系统不能解决数据冗余和数据独立性问题，而数据库系统可以解决

C. 文件系统只能管理程序文件，而数据库系统能够管理各种类型的文件

D. 文件系统管理的数据量较少，而数据库系统可以管理庞大的数据量

8. 数据库的基本特点是（　　）。

A. 数据结构化，数据独立性，数据冗余大、易移植，统一管理和控制

B. 数据结构化，数据独立性，数据冗余小、易扩充，统一管理和控制

C. 数据结构化，数据互换性，数据冗余小、易扩充，统一管理和控制

D. 数据非结构化，数据独立性，数据冗余小、易扩充，统一管理和控制

9. 数据库系统的特点是（　　）、数据独立、减少数据冗余、避免数据不一致和加强了数据保护。

A. 数据共享　　　　B. 数据存储　　　C. 数据应用　　　D. 数据保密

10. 在数据库方式下，信息处理中占据中心位置的是（　　）。

A. 磁盘　　　　　　B. 程序　　　　　C. 数据　　　　　D. 内存

11. 通常所说的数据库系统（DBS）、数据库管理系统（DBMS）和数据库（DB）三者之间的关系是（　　）。

A. DBMS 包含 DB 和 DBS　　　　　B. DB 包含 DBS 和 DBMS

C. DBS 包含 DB 和 DBMS　　　　　D. 三者无关

12. 数据库系统组成的核心要素是（　　）。

A. 数据库　　　　　B. 用户　　　　　C. 软件　　　　　D. 硬件

13. 数据库管理系统是（　　　）。
 A. 操作系统的一部分　　　　　　 B. 在操作系统支持下的系统软件
 C. 一种编译程序　　　　　　　　 D. 应用程序系统

14. Access 系统是（　　　）。
 A. 操作系统的一部分　　　　　　 B. 操作系统支持下的系统软件
 C. 一种编译程序　　　　　　　　 D. 一种操作系统

15. 数据库管理系统能实现对数据库中数据的查询、插入、修改和删除，这类功能称为（　　　）。
 A. 数据定义功能　　 B. 数据管理功能　　 C. 数据操纵功能　　 D. 数据控制功能

16. 能够实现对数据库中数据操纵的软件是（　　　）。
 A. 操作系统　　　　 B. 解释系统　　　　 C. 编译系统　　　　 D. 数据库管理系统

17. 以下不是数据库管理系统的子语言的是（　　　）。
 A. 数据定义语言　　 B. C 语言　　　　　 C. 数据控制语言　　 D. 数据操纵语言

18. 数据库管理系统提供授权功能来控制不同用户访问数据的权限，这主要是为了实现数据库的（　　　）。
 A. 可靠性　　　　　 B. 一致性　　　　　 C. 完整性　　　　　 D. 安全性

19. 存储在计算机外部存储介质上的结构化的数据集合的英文名称是（　　　）。
 A. Data Dictionary（DD）　　　　 B. Database System（DBS）
 C. Database（DB）　　　　　　　 D. Database Management System（DBMS）

20. 数据库是（　　　）。
 A. 以一定的组织结构保存在辅助存储器中的数据的集合
 B. 一些数据的集合
 C. 辅助存储器上的一个文件
 D. 磁盘上的一个数据文件

21. 数据库的三级模式结构是对（　　　）抽象的 3 个级别。
 A. 存储器　　　　　 B. 数据　　　　　　 C. 程序　　　　　　 D. 外存

22. 数据库的三级模式结构中最接近外部存储器的是（　　　）。
 A. 子模式　　　　　 B. 外模式　　　　　 C. 模式　　　　　　 D. 内模式

23. 在数据库的三级模式结构中，描述数据库全局逻辑结构和特性的是（　　　）。
 A. 外模式　　　　　 B. 内模式　　　　　 C. 存储模式　　　　 D. 模式

24. 一般来说，在数据库系统的模式结构中，一个数据库系统的外模式（　　　）。
 A. 只能有一个　　 B. 最多只能有一个　C. 至少两个　　　　 D. 可以有多个

25. 在数据库系统的模式结构中，模式和内模式（　　　）。
 A. 有且只有一个　 B. 最多只能有一个　C. 至少两个　　　　 D. 可以有多个

26. 在数据库系统的模式结构中，存在的正确的映射关系是（　　　）。
 A. 外模式/内模式　 B. 外模式/模式　　 C. 外模式/外模式　　 D. 模式/模式

27. 数据库三级模式体系结构的划分，有利于保持数据库的（　　　）。
 A. 数据独立性　　　 B. 数据安全性　　　 C. 结构规范化　　　 D. 操作可行性

28. 数据库系统的数据独立性是指（　　　）。

　　A. 不会因为数据的数值变化而影响应用程序

　　B. 不会因为系统数据存储结构与数据逻辑结构的变化而影响应用程序

　　C. 不会因为存储策略的变化而影响存储结构

　　D. 不会因为某些存储结构的变化而影响其他的存储结构

29. 在数据库的模式结构中，数据库存储的改变会引起内模式的改变。为使数据库的模式保持不变，从而不必修改应用程序，必须通过改变模式与内模式之间的映射来实现。这使数据库具有（　　　）。

　　A. 数据独立性　　　B. 逻辑独立性　　　C. 物理独立性　　　D. 操作独立性

30. 在数据库的模式结构中，数据库模式的改变会引起外模式的改变。为使数据库的外模式保持不变，从而不必修改应用程序，必须通过改变模式与外模式之间的映射来实现。这使数据库具有（　　　）。

　　A. 数据独立性　　　B. 逻辑独立性　　　C. 物理独立性　　　D. 操作独立性

31. 数据模型是（　　　）。

　　A. 文件的集合　　　　　　　　　　B. 记录的集合

　　C. 数据的集合　　　　　　　　　　D. 数据及其联系的集合

32. 数据模型的三要素是（　　　）。

　　A. 外模式、模式和内模式　　　　　B. 关系模型、层次模型、网状模型

　　C. 实体、属性和联系　　　　　　　D. 数据结构、数据操作和完整性约束

33. 层次模型的上一层记录类型和下一层记录类型之间的联系是（　　　）。

　　A. 一对一联系　　　B. 一对多联系　　　C. 多对一联系　　　D. 多对多联系

34. 层次模型必须满足的一个条件是（　　　）。

　　A. 可以有一个以上的结点无父结点　　　B. 有且仅有一个结点无父结点

　　C. 不能有结点无父结点　　　　　　　　D. 每个结点均可以有一个以上的父结点

35. 关系模型是（　　　）的数据模型。

　　A. 用关系表示实体　　　　　　　　B. 用关系表示联系

　　C. 用关系表示实体及其联系　　　　D. 用关系表示属性

36. 下列（　　　）数据模型是以数据表为基础结构。

　　A. 层次模型　　　B. 网状模型　　　C. 关系模型　　　D. 面向对象模型

37. 具有联系的相关数据按一定的方式组织排列，并构成一定的结构，这种结构即（　　　）。

　　A. 数据模型　　　B. 数据库　　　C. 关系模型　　　D. 数据库管理系统

38. 按照传统的数据模型分类，数据库可分为 3 种类型（　　　）。

　　A. 大型、中型和小型　　　　　　　B. 西文、中文和兼容

　　C. 层次、网状和关系　　　　　　　D. 数据、图形和多媒体

39. 下列关于层次模型的说法，不正确的是（　　　）。

　　A. 用树形结构来表示实体集及实体集间的联系

　　B. 有且仅有一个结点无双亲

　　C. 其他结点有且仅有一个双亲

　　　　D. 用二维表结构表示实体集与实体集之间的联系的模型

40. 在数据库设计中用关系模型来表示实体集与实体集之间的联系，关系模型的数据结构是
（　　　）。
　　　　A. 层次结构　　　　B. 网状结构　　　　C. 二维表结构　　　　D. 封装结构

41. 层次型、网状型和关系型数据库划分原则是（　　　）。
　　　　A. 记录长度　　　　　　　　　　　　B. 文件的大小
　　　　C. 联系的复杂程度　　　　　　　　　D. 数据之间的联系方式

42. 在数据库的概念设计中，最常用的模型是（　　　）。
　　　　A. 形象模型　　　　B. 物理模型　　　　C. 逻辑模型　　　　D. 实体-联系模型

43. 不同实体是根据（　　　）区分的。
　　　　A. 代表的对象　　　B. 名字　　　　C. 属性多少　　　　D. 属性的不同

44. 如果把学生的自然情况看成是实体，某个学生的姓名叫"张三"，则"张三"是实体的
（　　　）。
　　　　A. 属性型　　　　B. 属性值　　　　C. 记录型　　　　D. 记录值

45. 一个数据库系统必须能表示实体集和联系，与联系有关的实体集有（　　　）。
　　　　A. 0 个　　　　B. 1 个　　　　C. 2 个　　　　D. 1 个或 1 个以上

46. 概念结构设计的主要目标是产生数据库的概念结构，该结构主要反映（　　　）。
　　　　A. 应用程序员的编程需求　　　　　B. DBA 的管理信息需求
　　　　C. 数据库系统的维护需求　　　　　D. 企业组织的信息需求

47. 在关系数据库设计中，设计关系模式是（　　　）的任务。
　　　　A. 需求分析阶段　　　　　　　　　B. 概念结构设计阶段
　　　　C. 逻辑结构设计阶段　　　　　　　D. 物理结构设计阶段

48. 在数据库设计中，用 E-R 图来描述信息结构但不涉及信息在计算机中的表示，它属于数据库设计的（　　　）阶段。
　　　　A. 需求分析　　　B. 概念结构设计　　C. 逻辑结构设计　　D. 物理结构设计

49. E-R 模型是数据库设计的工具之一，它一般适用于建立数据库的（　　　）。
　　　　A. 概念模型　　　　B. 结构模型　　　　C. 物理模型　　　　D. 逻辑模型

50. 在 E-R 模型中，实体集、属性、联系分别用（　　　）表示。
　　　　A. 矩形框、椭圆形框、菱形框　　　　B. 椭圆形框、矩形框、菱形框
　　　　C. 矩形框、菱形框、椭圆形框　　　　D. 菱形框、椭圆形框、矩形框

51. 实体集与实体集之间的联系有一对一、一对多和多对多 3 种，不能描述多对多联系的是
（　　　）。
　　　　A. 网状模型　　　　　　　　　　　　B. 层次模型
　　　　C. 关系模型　　　　　　　　　　　　D. 网状模型和关系模型

52. 关于实体描述错误的是（　　　）。
　　　　A. 实体是客观存在并相互区别的事物
　　　　B. 不能用来表示抽象的事物
　　　　C. 即可以表示具体的事物，也可以表示抽象的事物

　　D.　能用来表示抽象的事物

53.　对于现实世界中某一事物的某一特征，在 E-R 模型中使用（　　）。

　　A.　模型描述　　　　B.　关键字描述　　　C.　关系描述　　　　D.　属性描述

54.　概念模型只能表示（　　）。

　　A.　实体间 1∶1 联系　　　　　　　　B.　实体间 1∶n 联系

　　C.　实体间 m∶n 联系　　　　　　　　D.　实体间的上述 3 种关系

55.　如果"学生表"和"学生成绩表"通过"学号"字段建立了一对多的关系，在"一"方的表是（　　）。

　　A.　学生表　　　　B.　学生成绩表　　　C.　都是　　　　　D.　都不是

56.　设有"学生"和"班级"两个实体集，每个学生只能属于一个班级，一个班级可以有多个学生，"学生"和"班级"实体集之间的联系是（　　）。

　　A.　多对多　　　　B.　一对多　　　　C.　多对一　　　　D.　一对一

57.　将"名单"实体集中的"姓名"与"工资标准"实体集中的"姓名"建立关系，且两个实体集中的实体都是唯一的，则这两个实体集之间的联系是（　　）。

　　A.　一对一　　　　B.　一对多　　　　C.　多对一　　　　D.　多对多

58.　如果一个工人可管理多个设备，而一个设备只被一个工人管理，则实体集"工人"与实体集"设备"之间存在的联系是（　　）。

　　A.　一对一　　　　B.　一对多　　　　C.　多对一　　　　D.　多对多

二、填空题

1.　数据管理技术经历了_____、_____、_____ 3 个阶段。

2.　数据库系统由_____、_____、_____、_____组成。

3.　_____是以一定的组织方式将相关的数据组织在一起，长期存放在计算机内，可为多个用户共享，与应用程序彼此独立，统一管理的数据的集合。

4.　由计算机硬件、DBMS、数据库、应用程序及用户等组成的一个整体称为_____。

5.　硬件环境是数据库系统的物理支撑，它包括相当速率的 CPU、足够大的内存空间、足够大的_____，以及配套的输入/输出设备。

6.　数据库系统的三级模式结构从内到外分别为_____、_____、_____。

7.　数据库系统的三级模式结构中，保证数据的逻辑独立性的映射称为_____。

8.　数据库系统的三级模式结构中，保证数据的物理独立性的映射称为_____。

9.　数据的存储结构与数据逻辑结构之间的独立性称为数据的_____。

10.　数据的逻辑结构与用户视图之间的独立性称为数据的_____。

11.　在数据库系统中，模式/内模式映射用于解决数据的_____独立性。

12.　在数据库系统中，外模式/模式映射用于解决数据的_____独立性。

13.　在数据库系统的三级模式结构中，数据按_____的描述提供给用户，按_____的描述存储在磁盘中，而_____提供了连接这两级的相对稳定的中间点，并使得两级中的任何一级的改变都不受另一级的牵制。

14.　数据库设计包括需求分析阶段、_____设计阶段、_____设计阶段、物理结构设计阶段、实施阶段、使用与维护阶段。

15. 联系的类型分为一对一联系、_____联系和_____联系。

16. 设有"班级"实体集与"班长"实体集，如果每个班只有一个班长，每个班长只能在一个班级任职，则"班级"与"班长"实体集之间存在_____联系。

17. 设有"班级"实体集与"学生"实体集，如果每个班有几十名学生，每个学生只能在一个班级学习，则"班级"与"学生"实体集之间存在_____联系。

18. 设有"教师"实体集与"课程"实体集，如果每位教师可以讲授多门课程，每门课程可以由多位教师讲授，则"教师"与"课程"实体集之间存在_____联系。

19. 常见的数据模型有层次模型、网状模型、_____、面向对象模型。

20. 用二维表的形式来表示实体之间联系的数据模型称为_____。

21. 实体可以是实际的事物，也可以是_____的事物。

22. 具有相同类型及相同属性的实体的集合，称为_____。

23. 数据库概念结构设计的核心内容是构造_____模型。

三、简答题

1. 设某商业集团数据库中有 3 个实体集：一是"商店"实体集，属性有商店编号、商店名、地址等；二是"商品"实体集，属性有商品号、商品名、规格、单价等；三是"职工"实体集，属性有职工编号、姓名、性别、业绩等。

"商店"实体集与"商品"实体集之间存在"销售"联系，每个商店可以销售多种商品，每种商品可以在多个商店销售，每个商店销售的每种商品，有月销售量；"商店"实体集与"职工"实体集之间存在"聘用"联系，每个商店聘用多位职工，每个职工只能在一个商店工作，商店聘用职工有聘期和月薪。试画出 E-R 图，并在图上注明属性、联系的类型。

2. 设某商业集团数据库中有 3 个实体集：一是"公司"实体集，属性有公司编号、公司名、电话、地址等；二是"仓库"实体集，属性有仓库编号、仓库名、电话、地址等；三是"职工"实体集，属性有职工编号、姓名、性别等。

"公司"实体集与"仓库"实体集之间存在"隶属"联系，每个公司管辖若干仓库，每个仓库只能划归一个公司管辖；"仓库"实体集与"职工"实体集之间存在"聘用"联系，每个仓库可以聘用多个职工，每个职工只能在一个仓库工作，仓库聘用职工有聘期和工资属性。"职工"实体集本身具有"领导"联系，同一个仓库的若干名职工由一个经理领导。试画出 E-R 图，并在图上注明属性、联系的类型。

3. 设某商业集团数据库有 3 个实体集：一是"商品"实体集，属性有商品号、商品名、规格、单价等；二是"商店"实体集，属性有商店号、商店名、电话、地址等；三是"供应商"实体集，属性有供应商编号、供应商名、电话、地址、联系人等。

"供应商"实体集、"商店"实体集与"商品"实体集三者之间存在"供应"联系，每个供应商可以供应多种商品，每种商品可以由多个供应商供货，每个供应商可以向多个商店供货，每个商店可以由多个供应商供货，每个商店可以供应多种商品，每种商品可以在多个商店供应，每个供应商向每个商店供应每种商品有月供应量；"商店"实体集与"商品"实体集之间存在"销售"联系，每个商店可以销售多种商品，每种商品可以在多个商店销售，每个商店销售每种商品有月计划数。试画出 E-R 图，并在图上注明属性、联系的类型。

4. 某货运公司车队数据库中有 4 个实体集：一是"车队"实体集，属性有车队号、名称、地址等；二是"司机"实体集，属性有司机号、姓名、执照号、电话、工资等；三是"车辆"实体集，属性有车牌号、车型、颜色、载重等；四是"保险公司"实体集，属性有保险公司号、名称、地址等。

"车队"实体集与"车辆"实体集之间存在"拥有"联系，一个车队拥有多辆车，一辆车只属于一个车队；"车队"实体集与"司机"实体集之间存在"聘用"联系，一个车队可以聘用多位司机，一位司机只能在一个车队工作；"司机"实体集与"保险公司"实体集之间存在"保险1"联系，一个司机只与一个保险公司签署保险合同，一个保险公司可以与多位司机签合同，每签署一份保险合同，就有投保日期、保险种类、费用等属性；"车辆"实体集与"保险公司"实体集之间存在"保险2"联系，一辆车只在一个保险公司投保，一个保险公司可以负责多辆汽车的投保，每签署一份保险合同，就有投保日期、保险种类、费用等属性。试画出 E-R 图，并在图上注明属性、联系的类型。

5. 某人事数据库有职工、部门、岗位 3 个实体集："职工"实体集有工号、姓名、性别、年龄、学历等属性；"部门"实体集有部门号、部门名称、职能等属性；"岗位"实体集有岗位编号、岗位名称、岗位等级等属性。

"部门"实体集与"职工"实体集之间存在"属于"联系，每个部门有多名职工，每个职工只属于一个部门；"部门"实体集与"岗位"实体集之间存在"设置"联系，每个部门可以设置多种岗位，每种岗位可以设置在多个部门，每种岗位设置都有人数属性；"职工"实体集与"岗位"实体集之间存在"聘任"联系，每种岗位可以聘任多位职工，每位职工只能受聘于一种岗位。试画出 E-R 图，并在图上注明属性、联系的类型。

6. 设某数据库有 4 个实体集：班级、学生、课程、教师。"班级"实体集的属性有班级号、班级名、专业、人数等；"学生"实体集的属性有学号、姓名、性别、出生年月等；"课程"实体集的属性有课程号、课程名、课时、学分等；"教师"实体集的属性有工号、姓名、性别、出生年月、职称等。

"班级"实体集和"学生"实体集之间存在"属于"联系，每个班级有若干名学生，每个学生只属于 1 个班级；"学生"实体集和"课程"实体集之间存在"选课"联系，每个学生可以选修多门课程，每门课程可以被多个学生选修，学生每选修 1 门课程，就有一个成绩；"课程"实体集和"教师"实体集之间存在"授课"联系，每个教师可以讲授多门课程，每门课程可以由多位教师讲授，每个教师每讲授 1 门课程就有一个授课时间。试画出 E-R 图，并在图上注明属性、联系的类型。

7. 某体育运动锦标赛有来自世界各国运动员组成的体育代表团参加各类比赛项目。为其设计一个数据库，该数据库有 4 个实体集：一是"代表团"实体集，属性有团编号、地区、住所；二是"运动员"实体集，属性有运动员编号、姓名、年龄、性别；三是"比赛类别"实体集，属性有类别编号、类别名、主管；四是"比赛项目"实体集，属性有项目编号、项目名、级别。

"代表团"实体集与"运动员"实体集之间存在"成员"联系，每个代表团有多个运动员，每个运动员只属于一个代表团；"比赛类别"实体集和"比赛项目"实体集之间存在"属于"联系，每种比赛类别有多个比赛项目，每个比赛项目只属于一种比赛类别；"运动员"实体集和"比赛项目"实体集之间存在"参加"联系，每个运动员可以参加多项比赛项目，每个比赛项目有若干位运动员参加比赛。运动员参加比赛项目有比赛时间和得分。试为该锦标赛设计一个 E-R 模型，并在图上注明属性、联系的类型。

8．某工程管理系统有 4 个实体集：单位、职工、工程、设备，其中"单位"实体集有单位名、地址、电话等属性；"职工"实体集有职工号、姓名、性别等属性；"工程"实体集有工程号、工程名、地点属性；"设备"实体集有设备号、设备名、产地等属性。

"单位"实体集和"职工"实体集之间存在"拥有"联系，每一单位有多个职工，每个职工仅隶属于一个单位；"职工"实体集和"工程"实体集之间存在"参加"联系，一个职工仅在一个工程中工作，但一个工程中可以有很多职工参加工作；"工程"实体集与"设备"实体集之间存在"供应"联系，每种设备可以供应多个工程，每个工程需要多种设备，每个工程需要供应的每种设备有数量属性。试画出 E-R 图，并在图上注明属性、联系的类型。

9．某大型企业的进销存管理信息子系统包含商品、仓库、采购单、采购员 4 个实体集，其中"商品"实体集有商品代码、型号、名称、单价等属性；"仓库"实体集有仓库号、负责人、地址、电话等属性；"采购单"实体集有采购单号、日期、总价值等属性；"采购员"实体集有采购员号、姓名、性别、业绩等属性。

"仓库"实体集与"商品"实体集之间存在"存放"联系，每种商品可以存放在多个仓库，每个仓库可以存放多种商品，商品存放在仓库有存储量、日期属性；"商品"实体集与"采购单"实体集之间存在"采购明细"联系，每种商品可以有多张采购单，每张采购单可以含有多种商品，采购明细具有数量、价格等属性；"采购单"实体集与"采购员"实体集之间存在"采购"联系，每位采购员可以采购多张采购单，每张采购单只能由一位采购员负责采购。试画出 E-R 图，并在图上注明属性、联系的类型。

第 2 章 | Access 2010 基本操作

Access 是 Microsoft Office 的组成部分之一，历经多次升级改版，其功能越来越强大，操作反而越来越简单，与 Office 风格统一的操作界面使得初学者更容易学习。

Access 是一个集数据库管理与应用程序设计和部署一体的软件工具，既可以通过 Access 开发一个独立的小型数据库应用系统，也可以将其视为纯粹的数据库管理系统，为其他应用程序提供数据服务功能。

2.1　Access 的发展简介

Access 数据库系统既是一个关系数据库系统，也是设计作为 Windows 图形用户界面的应用程序生成器。它经历了一个长期的发展过程。Microsoft 公司在 1990 年 5 月推出 Windows 3.0 以来，该程序立刻受到了用户的欢迎和喜爱，1992 年 11 月 Microsoft 公司发行了 Windows 数据库关系系统 Access 1.0 版本。从此，Access 不断改进和再设计，自 1995 年起，Access 成为办公软件 Office 95 的一部分。多年来，Microsoft 先后推出过的 Access 版本有 2.0、7.0/95、8.0/97、9.0/2000、10.0/2002，直到今天的 Access 2003、2007、2010 和 2016 版。本书以 Access 2010 版为教学背景。

2.2　Access 2010 的特点

Access 是一种关系型的桌面数据库管理系统，是 Microsoft Office 套件产品之一。Access 主要适用于中小型应用系统，或作为客户机/服务器系统中的客户端数据库。Access 从 1991 年诞生至今经历过多次版本升级，每一个 Access 版本都得到了广泛的应用。本书以中文版 Access 2010 为操作平台来学习 Access 的使用。为了行文的简洁，在后文中如果不做特殊说明，所有 Access 2010 均简写为 Access。

Access 经过多次版本升级，功能越来越强大，操作越来越简单。Access 具有界面友好、易学易用、开发简单、接口灵活的特点，是典型的新一代桌面数据库管理系统。除此以外，Access 还具有以下主要特征：

（1）存储方式简单。Access 管理的对象有表、查询、窗体、报表、宏和模块，这些对象都存放在扩展名为.accdb 的数据库文件中，便于用户的操作和管理。

（2）界面友好、易于操作。Access 是一个可视化工具，其风格与 Windows 完全一样，用户想要生成对象并应用，使用鼠标进行拖放即可，非常方便直观。系统还提供了各种向导、设计器和图例等工具，能够快速地创建和设计各类对象。

（3）支持 ODBC。ODBC（Open Data Base Connectivity，开放数据库互连）利用 Access 强大的 DDE（动态数据交换）和 OLE（对象的链接和嵌入）特性，可以在一个数据表中嵌入位图、声音、Excel 表格、Word 文档，方便地创建和编辑多媒体数据库。

（4）方便地生成各种数据对象。利用存储的数据建立窗体和报表，可视性好，操作简便快捷。同时支持 VBA 编程，提供了断点设置、单步执行等调试功能。

（5）Access 数据与实时 Web 内容集成，能够构建 Internet/Intranet 应用。

Access 与其他数据库开发系统相比，另外一个显著的区别是：用户不用编写代码，就可以在很短的时间内开发出一个功能强大而且相当专业的数据库应用程序，而且这一开发过程是完全可视的。

2.3 Access 数据库的对象组成

Access 数据库管理系统是关于一个特定主题的信息集合，它通过各种数据库对象来组织管理数据。Access 2010 数据库有 6 种对象：表、查询、窗体、报表、宏和模块。这些对象都存放在同一个数据库文件（扩展名为.accdb）中，而不是像某些数据库系统那样分别存放在不同的文件中，这样方便数据库对象的管理，下面介绍这些数据对象的类型及其特点。

2.3.1 表

表是数据库的基础对象，是实际存储数据的地方，是数据库的基础。表，即为关系，是一个实体的数据集合，即每个表只包含实体对象的集合，例如，员工表中只包含与员工情况有关的数据，商品表中只包含与商品有关的数据等。每个主题只使用单个的表，意味着原始数据只需要存储一次，这样可以提高数据的重用率，降低数据的冗余，从而使数据库的使用更加有效率，同时减少数据输入错误。

一个表由若干行组成，每行称为一条记录，每一条记录都是一个独立对象，每条记录由若干列组成，每列称为一个字段，字段是数据信息的最基本载体，是一条信息在某一方面的属性。图 2-1 所示是一张客户表。

客户ID	公司名称	联系人姓名	联系人头衔	地址	城市	地[	邮政编码
ALFKI	三川实业有限公司	刘小姐	销售代表	大崇明路 50 号	天津	华北	343567
ANATR	东南实业	王先生	物主	承德西路 80 号	天津	华北	234575
ANTON	坦森行贸易	王炫皓	物主	黄台北路 780 号	石家庄	华北	985060
AROUT	国顶有限公司	方先生	销售代表	天府东街 30 号	深圳	华南	890879
BERGS	通恒机械	黄小姐	采购员	东园西甲 30 号	南京	华东	798089
BLAUS	森通	王先生	销售代表	常保阁东 80 号	天津	华北	787045
BLONP	国皓	黄雅玲	市场经理	广发北路 10 号	大连	东北	565479
BOLID	迈多贸易	陈先生	物主	临翠大街 80 号	西安	西北	907987
BONAP	祥通	刘先生	物主	花园东街 90 号	重庆	西南	567690
BOTTM	广通	王先生	结算经理	平谷嘉石大街 38 号	重庆	西南	808059
BSBEV	光明杂志	谢丽秋	销售代表	黄石路 50 号	深圳	华南	760908
CACTU	威航货运有限公司	刘先生	销售代理	经七纬二路 13 号	大连	东北	120412
CENTC	三捷实业	王先生	市场经理	英雄山路 84 号	大连	东北	130083
CHOPS	浩天旅行社	方先生	物主	白广路 314 号	天津	华北	234254
COMMI	同恒	刘先生	销售员	七一路 37 号	天津	华北	453466
CONSH	万海	林小姐	销售代表	劳动路 23 号	厦门	华南	353467
DRACD	世邦	黎先生	采购员	光明东路 395 号	海口	华南	454748
DUMON	迈策船舶	王俊元	物主	沉香街 329 号	常州	华东	565474

图 2-1　客户表

2.3.2 查询

查询的作用是从表中提取符合要求的数据，是数据库设计目的的体现，数据只有被使用者查询，才能体现出它的价值。利用查询可以从一个或多个表中按照一定的条件或准则筛选出需要的记录和字段，形成一个动态数据集。这些动态数据集显示在一个虚拟的表窗口中。用户可以浏览、查看、分析、打印，甚至修改这个动态数据集中的数据，Access 会自动将在查询中所做的任何修改反映到对应的原始表中。

查询到的数据记录集合称为查询的结果集，以二维表的形式显示出来，从外观上看，查询的结果与表的显示外观一样，但查询不是基本表，它们只是表的投影。当运行查询时，其结果集显示的都是基本表中当前存储的实际数据，它反映的是查询执行的那个时刻数据表的存储情况。

可以将查询作为窗体、报表的数据源。查询的结果还可进一步地加以分析和利用，即某个查询可以另一个查询作为数据源。

查询有两种状态，即设计状态与结果状态如图 2-2 所示。

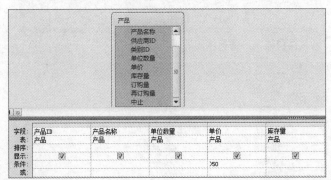

图 2-2　查询的设计模式与查询结果集

2.3.3　窗体

窗体是用户和数据库之间联系的界面。窗体是以表或查询为数据源创建的对象，主要用于数据的输入/输出、界面提示、程序逻辑控制等。

由于可在窗体上使用各种各样的控件，从而使窗体具有很强的交互性，利用窗体可以方便地输入、显示、编辑原始数据，还可以实现应用程序的逻辑控制功能。

窗体分为数据窗体和界面窗体，数据窗体用于将数据输入表中或者显示表中的数据。界面窗体和具体的某个数据源没有关系，主要用于数据库系统的一些提示窗口或应用逻辑控制。通过控件及其相应的事件过程或宏，可为终端用户提供简单实用的操作数据的方式。数据窗体和界面窗体的外观如图 2-3 所示。

2.3.4　报表

如果数据库需要打印输出数据，使用报表则是最有效的方法。报表是以表或查询为数据源，将数据库中需要的数据提取并加以分析、整理和计算，最终将数据以格式化的方式发送到打印机。用户可以在一个表或查询的基础上创建一个报表，也可以在多个表或查询的基础上创建报表。利用报表不仅可以创建计算字段，还可以对记录进行分组以便计算出数据的汇总结果等。在报表中，可以控制显示的字段、每个对象的大小和显示方式，并可以按照所需要的方式来显示相应的内容。图 2-4 所示的是一张产品明细情况报表。

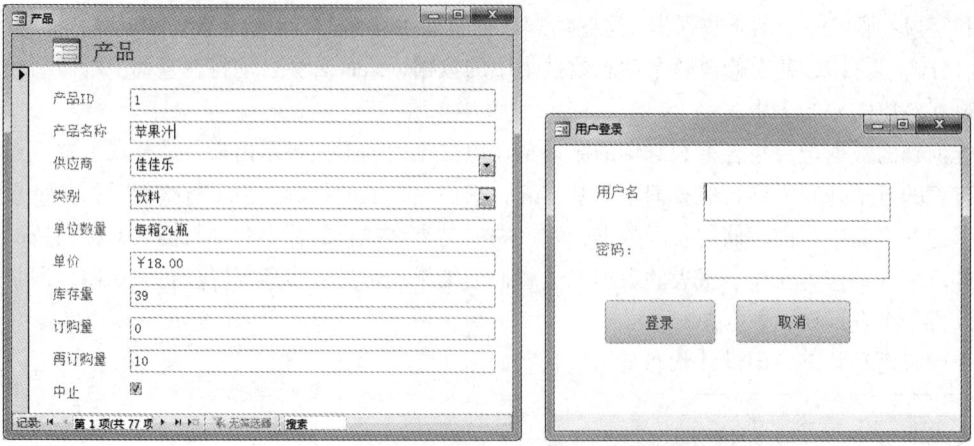

图 2-3　数据窗体及界面窗体的外观

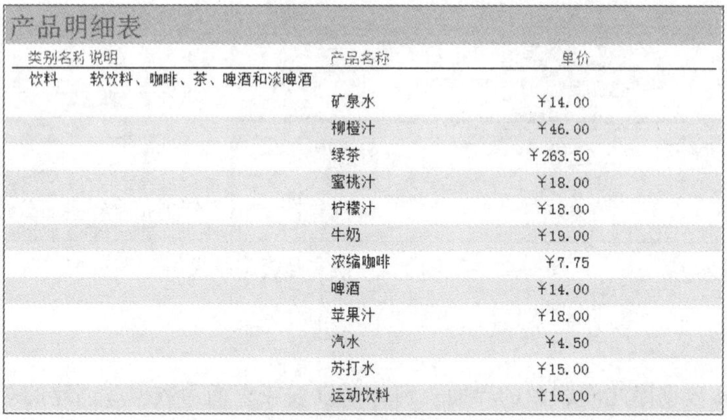

图 2-4　产品明细情况报表

2.3.5　宏

宏是一个或多个特定操作指令的集合，其中每个操作指令用来完成某个特定的任务。触发某个宏之后，可以自动完成一系列操作，如打开某个窗体后马上打开一个报表等。利用宏可以简化数据库中的许多操作，使数据库的维护和管理更为轻松，利用宏还可以实现一些较简单的应用逻辑控制。图 2-5 所示的宏可实现用户身份验证的逻辑功能，如果密码正确，将执行对应的操作，如果密码不正确，也会执行相对应的操作。

图 2-5　宏示例

2.3.6　模块

模块是指将 Visual Basic for Application（VBA）程序设计语言的声明、语句和过程作为一个命名单位来保存的集合，如图 2-6 所示。模块中的每一个过程都是一个函数过程或子程序。通过将模块与窗体报表等 Access 对象相联系，可以建立完整的数据库应用程序。原则上说，使用 Access 的用户不需要编程就可以创建功能强大的数据库应用程序，但通过在 Access 中编写 VBA 代码程序，用户可以编写出复杂的、运行效率更高的数据库应用程序。

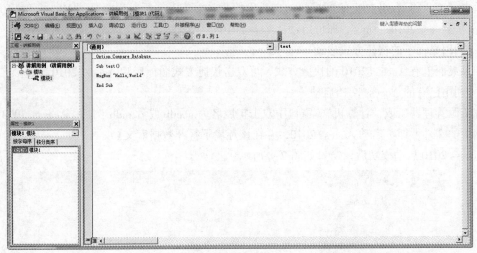

图 2-6　模块

创建宏和模块的主要目的是进一步扩展数据库的功能，增加数据库管理的自动化程度，提高数据库管理的效率。模块比宏有着更强的编程能力，所有的宏都可以转化为模块来实现，但并不是所有的模块都能用宏来实现。

2.3.7　数据库对象之间的关系

在 Access 数据库中，不同类型的数据库对象的作用不同，例如表用来存储数据，查询用来检索符合条件的数据，窗体用来浏览或更新表中的数据，报表用来分析和打印数据。在这些对象中，表是数据库的基础，存放着数据库中的全部数据。查询、窗体、报表都是从表中获取数据信息并加以处理，以实现用户的某一特定需求，这些特定需求包括查找、计算、打印、编辑、修改等。在某些时候，查询、窗体、报表等数据库对象还可以使用查询的结果作为数据的来源。总之，数据库中数据的来源是表对象以及由表生成的查询对象，表及查询一起构成了所有对象的基础数据来源。报表对数据源一般只有读取功能，没有修改、编辑功能。

在 6 个对象中，窗体、报表的共同点较多，它们可以提供不同应用层面的界面表达。宏和模块相似点也较多，两者均可提供程序逻辑方面的控制功能，为数据库应用系统的实现提供支持。Access 的各个对象之间的关系如图 2-7 所示。

图 2-7　Access 各对象之间的关系

2.4　Access 2010 的基本操作

2.4.1　Access 2010 的启动

Access 是运行于 Windows 操作系统平台上的一种系统软件，其使用方法类似于大多数微软公司程序的使用。Access 2010 的启动有如下几种方法：

1）利用"开始"菜单启动

单击 Windows 任务栏上的 按钮，在弹出的菜单中单击"所有程序"｜"Microsoft Office"｜"Microsoft Access 2010"命令，即可启动 Access 2010。

2）利用桌面上的快捷方式启动

如果桌面上有 Access 2010 的快捷方式，可双击快捷方式图标启动 Access 2010。

3）利用已有的 Access 文档启动

在资源管理器（或"计算机"）窗口中双击扩展名为.accdb 或者.mdb（使用 Access 2003 创建的文档）的文件，即可启动 Access 2010，并在该环境下打开数据库文档。

Access 2010 启动成功后，窗口如图 2-8 所示。

图 2-8　Access 2010 启动后的窗口

2.4.2　Access 2010 的退出

退出 Access 2010 的方法有多种，以下是常用的退出方法：

（1）单击标题栏右上角的"关闭"按钮 。

（2）单击工作界面左上角的"文件"选项卡，选择"退出"命令。

（3）双击 Access 2010 标题栏左上角的控制菜单图标 。

（4）右击系统任务栏中的 Access 2010 缩略图，选择"关闭窗口"命令。

2.4.3　创建数据库

Access 2010 提供了两种创建数据库的方法：创建空数据库和使用样本模板创建数据库，无论使用哪种方法，在数据库创建完成后，都可以随时根据需要修改或扩展数据库。Access 2010 数据库以文件的形式进行存储，其扩展名为 ".accdb"。

1．建空数据库

空数据库，顾名思义，建立的数据库没有任何对象，创建完成后，需要向其中添加表、查询、窗体、报表以及其他对象。这种方法比较灵活，可以创建出用户所需要的各种数据库。创建空数据库是一种自定义数据库方法，工作量相对较大。

【例 2-1】创建一个名为"销售管理"的空数据库，操作步骤如下：

（1）在打开的 Access 2010 窗口中，单击"文件"→"新建"命令，打开图 2-9 所示的界面，在"可用模板"区选中"空数据库"选项。

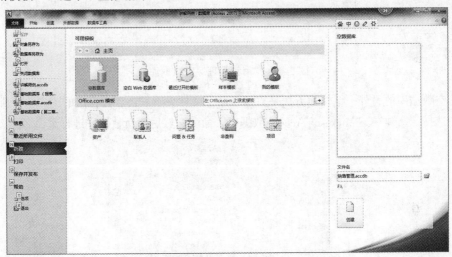

图 2-9　新建空数据库的 Access 界面

（2）在"文件名"文本框中输入文件名，再单击其右侧的 📁 按钮，在弹出的图 2-10 所示的"文件新建数据库"对话框中选择保存位置，单击"确定"按钮。

图 2-10　"文件新建数据库"对话框

（3）返回新建空数据库的 Access 窗口，单击右下方的"创建"按钮，则会在指定位置创建一个空数据库文件，文件名为"销售管理.accdb"，Access 会自动打开该数据库。新建的空数据库如图 2-11 所示。

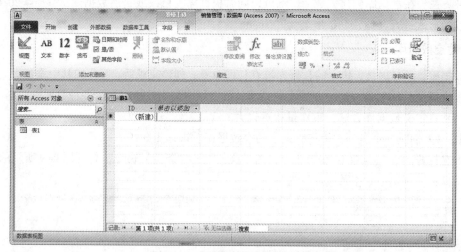

图 2-11　"销售管理"空数据库

创建空数据库的另外一个快速方法是直接在某个文件夹下右击，在弹出的图 2-12 所示的快捷菜单中选择"新建" | "Microsoft Access 数据库"命令，然后对新数据库进行重命名。

图 2-12　创建空数据库的快捷菜单

2. 使用样本模板创建数据库

Access 2010 提供了一些基本的数据库模板，如教职员模板、罗斯文模板等。利用这些模板可以方便、快捷地创建数据库。一般情况下，先要确定创建的数据库与哪一个模板比较接近。假设需要创建营销项目数据库，则可以利用"营销项目"模板。如果所选的数据模板不能满足要求，可根据模板建立数据库之后，再对它进行必要的修改和补充。

【例 2-2】使用模板创建罗斯文数据库，操作步骤如下：

（1）单击"文件"→"新建"命令，在图 2-9 所示的 Access 界面中选中"样本模板"选项，则显示图 2-13 所示的样本模板列表，在列表中选中"罗斯文"选项。

图 2-13　样本模板列表

（2）在"文件名"文本框中输入文件名（默认名为罗斯文），再单击其右侧的█按钮，在弹出的"文件新建数据库"对话框中选择保存位置，单击"确定"按钮。

（3）返回样本模板列表的 Access 界面，单击右下方的"创建"按钮，弹出图 2-14 所示的提示对话框，表示系统正在创建数据库。

图 2-14　数据库的创建过程

（4）根据模板创建了数据库之后，会在指定位置生成一个数据库文件，且 Access 会自动打开该数据库，如图 2-15 所示。大家会发现，在新生成的数据库中已经创建了一些列的对象，如数据表、窗体等。

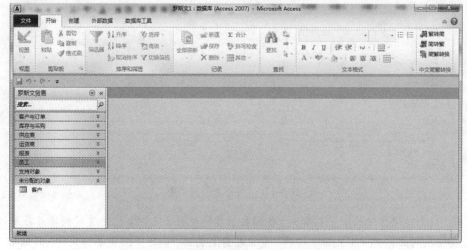

图 2-15　根据模板创建的"罗斯文"数据库

2.4.4 备份数据库

数据库是数据库应用程序的核心，为了数据的保障性和安全性，用户应定时备份数据库。备份文件将保存在默认的备份目录或当前文件夹中。备份的操作步骤如下：

（1）打开要备份的数据库。

（2）单击"文件"→"保存并发布"命令，然后选择"数据库另存为"，接着选择"备份数据库"，最后单击"另存为"按钮，如图 2-16 所示。

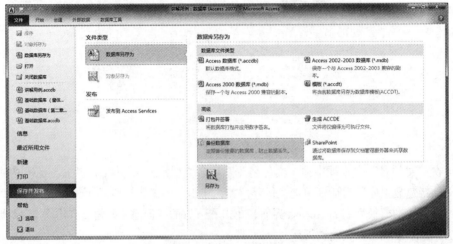

图 2-16　备份数据库

（3）在"另存为"对话框中，在指定的位置输入备份文件的名称（默认文件名为"数据库名称+备份日期"），单击"保存"按钮，即可完成对数据库的备份，如图 2-17 所示。

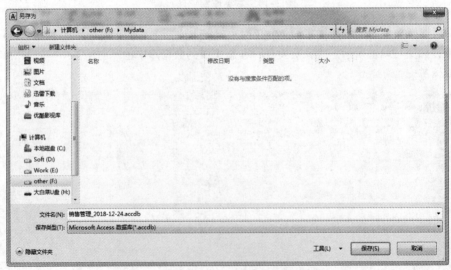

图 2-17　"另存为"对话框

注意：从上述操作过程中可以看出，备份数据库的过程，实际上就是将数据库另存为的过程。因为 Access 数据库以文件形式独立保存，所以备份数据库，实际上就是备份文件，将数据"复制""粘贴"也可以完成对数据库的备份。

2.4.5　压缩数据库

在日常对数据库的操作中，包括往数据库中添加和删除数据库对象或数据，这些操作会使数据库存储不能在磁盘上连续存储，不但降低磁盘的存储效率，同时也降低了对数据库操作的效率。通过压缩数据库，可以重新组织数据库文件在磁盘上的存储，同时也可以优化 Access 数据库的性能。

在打开 Access 数据库文件时，Access 会自动检测文件是否损坏，如果文件损坏，就会提供修复数据库的提示选项。如果在日常操作过程中，感觉数据库会出现一些非正常错误，也可以主动进行修复，Access 提供的修复工具，一般可以修复以下内容：

（1）Access 中数据表的损坏。

（2）VBA 工程信息丢失的问题。

（3）窗体、报表或模块的损坏。

压缩和修复数据库一般有两种方法：一种为手动压缩和修复；另一种为自动压缩。

1．手动压缩和修复

（1）打开要压缩和修复的数据库。

（2）单击"文件"→"信息"命令，然后单击"压缩和修复数据库"按钮，即可完成对数据库的压缩和修复，如图 2-18 所示。

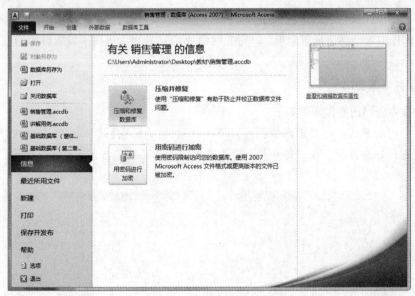

图 2-18　手动压缩和修复数据库

2．自动压缩

设置自动压缩的操作步骤如下：

（1）单击"文件"→"选项"命令。

（2）弹出"Access 选项"对话框，选择"当前数据库"选项。

（3）在"应用程序选项"下，选中"关闭时压缩"复选框，如图 2-19 所示，则每次关闭数据库时，Access 都会自动压缩数据库。

图 2-19　自动压缩数据库

2.4.6　加密数据库

Access 数据库以文件形式进行保存、管理，只要打开数据库文件，就可以操作数据库中的数据，这给数据库的安全性造成了隐患，针对此问题 Access 数据库提供了设置密码的方式，以提高数据库的安全性。

1．设置数据库密码

设置数据库密码的操作步骤如下：

（1）以独占的方式打开要加密数据库。单击"文件"→"打开"命令，在弹出的"打开"对话框中，选择好文件后，在"打开"下拉列表框中选择"以独占方式打开"选项，如图 2-20 所示。

图 2-20　独占方式打开数据库

（2）单击"文件"→"信息"命令，再单击"用密码进行加密"按钮，弹出"设置数据库密码"对话框，如图 2-21 所示。

图 2-21　"设置数据库密码"对话框

（3）在"密码"文本框和"验证"文本框中输入同样的密码后，单击"确定"按钮，就完成了数据库密码的设置。

（4）密码设置完后，下次打开数据库时，就需要输入密码才能打开数据库。

2. 撤销数据库密码

数据库可以设置密码，同样也提供了撤销密码的功能，其操作步骤如下：

（1）以独占方式打开数据库。

（2）单击"文件"→"信息"命令，再单击"解密数据库"按钮，弹出"撤销数据库密码"对话框，如图 2-22 示。

（3）在"密码"文本框中输入已经设置的密码。

图 2-22　"撤销数据库密码"对话框

（4）单击"确定"按钮，如果输入的密码是正确的，则完成撤销数据库密码，否则提示密码无效，不能撤销数据库密码。

习　　题

一、填空题

1. Access 具有强大的数据库管理能力，而且可以将数据从 Access 中导出到＿＿＿＿＿、＿＿＿＿＿和＿＿＿＿＿中。

2. 查询不仅是一个或多个表的＿＿＿＿＿，还是其他数据库对象的数据来源。

3. 表是整个数据库系统的＿＿＿＿＿。

4. 窗体是＿＿＿＿＿窗口。

5. 报表可用于屏幕预览和＿＿＿＿＿输出。

二、单选题

1. 以下叙述中正确的是（　　）。

A. Access 只能使用系统菜单创建数据库应用系统

B. Access 不具备程序设计能力

C. Access 只具备了模块化程序设计能力

D. Access 具有面向对象的程序设计能力，并能创建复杂的数据库应用系统

2. Access 2010 数据库存储在扩展名为（　　）的文件中。

    A. .accdb   B. .adp   C. .txt   D. .exe

3. 若不想修改数据库文件中的数据库对象，打开数据库文件时要选择（　　）。

    A. 以只读方式打开   B. 以独占方式打开

    C. 以独占只读方式打开   D. 打开

4. Access 数据库中包含（　　）对象。

    A. 表   B. 查询   C. 窗体   D. 以上都包含

5. Access 中表和数据库的关系是（　　）。

    A. 一个数据库中包含多个表   B. 一个表只能包含两个数据库

    C. 一个表可以包含多个数据库   D. 一个数据库只能包含一个表

6. 数据库系统的核心是（　　）。

    A. 数据库   B. 文件   C. 数据库管理系统   D. 操作系统

7. 有关创建数据库的方法叙述不正确的是（　　）。

    A. 单击"文件"|"打开"命令，在弹出的对话框中选择 Access 文件

    B. 单击"文件"|"新建"命令，选择"空数据库"选项，单击"创建"按钮

    C. 在桌面上右击，选择"新建"|"Microsoft Access 数据库"命令

    D. 利用模板创建数据库

8. 下面（　　）方法不能关闭数据库。

    A. 单击 Microsoft Access 应用程序窗口右上角的"关闭"按钮

    B. 双击 Microsoft Access 应用程序窗口左上角的控制菜单图标

    C. 单击 Microsoft Access 应用程序窗口左上角的控制菜单图标，从弹出的菜单中选择 "关闭"命令

    D. 单击 Microsoft Access 应用程序窗口右上角的"最小化"按钮

9. 一个 Access 数据库包含 3 个表、5 个查询、2 个窗体和 2 个宏，则该数据库一共需要 （　　）个文件进行存储。

    A. 12   B. 10   C. 3   D. 1

10. 下列关于 Access 数据库描述错误的是（　　）。

    A. 数据库扩展名为 .accdb

    B. 数据库对象包括表、查询、窗体、报表、宏、模块

    C. 数据库对象放在不同的文件中

    D. 是关系数据库

三、简答题

Access 中有哪几类数据库对象？简述各个对象的功能。

第3章 数 据 表

表是数据库的基础，是存储和管理数据的基础对象，也是数据库其他对象的操作依据。在数据库建好之后，要先建立表对象，并建立各表之间的关系，以提供数据的存储结构，然后逐步创建数据库其他对象，最终形成功能完善的数据库应用系统。

3.1 表的基本知识

表是与特定主题（如产品或订单）有关的数据的集合，一个数据库中包括一个或多个表。

在 Access 中，表将数据组织成列（称为字段）和行（称为记录）的形式。

表由表结构和表内容两部分组成。表结构就是每个字段的字段名、字段的数据类型和字段属性，表内容就是表的记录。

1. 字段的命名规则

每个字段均具有唯一的名字，称为字段名称。在 Access 中，字段名称的命名规则如下：

（1）长度为 1～64 个字符。

（2）可以包含字母、汉字、数字、空格和其他符号，但不能以空格开头。

（3）不能包含句号（.）、叹号（!）、方括号（[]）和单引号（'）。

（4）不能使用 ASCII 码值为 0～32 的 ASCII 字符。

2. 字段的数据类型

在设计表的过程中，相应的字段必须使用明确的数据类型。

1）数值型

数值型常量包括整数和实数。整数是指具有一定取值范围的数学上的整数，如 123、6700。实数是用来表示包含小数的数或超过整数取值范围的数，实数既可以定点数形式表示，也可以用科学计数法形式表示，如 56.78 或 1.23E5（表示数学上的 1.23×10^5）。

2）文本型

文本型常量是由字母、汉字和数字等符号构成的字符串。文本型常量的定界符有两种形式：单引号（''）、双引号（""），如'北京'、"男"。

3）日期型

日期型常量用来表示日期型数据。日期型常量用"#"作为定界符，如 2016 年 10 月 1 日，表示成常量即为#2016-10-1#或#2016/10/1#。

4）逻辑型

逻辑型常量有两个值：真和假，用 True（或-1）表示真值，用 False（或 0）表示假值。系统不区分 True 和 False 的字母大小写。

5）自动编号

自动编号数据类型用来存储递增数据和随机数据，该类型数据无须输入，每增加一个新记录，Access 系统将自动编号型字段数据加 1 或随机编号，用户不能输入也不能对其进行编辑。

6）OLE 对象

OLE 对象类型用于链接和嵌入其他应用程序所创建的对象。其他应用程序所创建的对象可以是电子表格、文档、图片等。

7）超链接

超链接用于存放超链接地址。

8）附件

附件支持任何文件类型，可以将图像、电子表格、文档图表和其他类型文件放入附件字段中。

在“销售管理”数据库中共有 8 张表：“产品”“订单”“订单明细”“供应商”“雇员”“客户”“类别”“运货商”。每个表都有多种数据类型。“产品”表如图 3-1 所示。

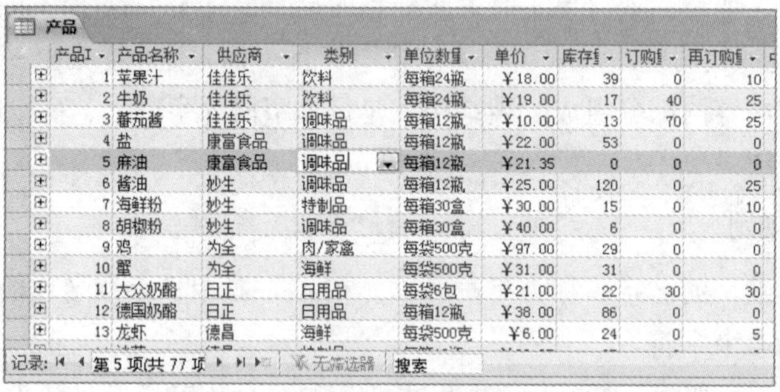

产品

产品I	产品名称	供应商	类别	单位数量	单价	库存量	订购量	再订购量
1	苹果汁	佳佳乐	饮料	每箱24瓶	￥18.00	39	0	10
2	牛奶	佳佳乐	饮料	每箱24瓶	￥19.00	17	40	25
3	蕃茄酱	佳佳乐	调味品	每箱12瓶	￥10.00	13	70	25
4	盐	康富食品	调味品	每箱12瓶	￥22.00	53	0	0
5	麻油	康富食品	调味品	每箱12瓶	￥21.35	0	0	0
6	酱油	妙生	调味品	每箱12瓶	￥25.00	120	0	25
7	海鲜粉	妙生	特制品	每箱30盒	￥30.00	15	0	10
8	胡椒粉	妙生	调味品	每箱30盒	￥40.00	6	0	0
9	鸡	为全	肉/家禽	每袋500克	￥97.00	29	0	0
10	蟹	为全	海鲜	每袋500克	￥31.00	31	0	0
11	大众奶酪	日正	日用品	每袋6包	￥21.00	22	30	30
12	德国奶酪	日正	日用品	每箱12瓶	￥38.00	86	0	0
13	龙虾	德昌	海鲜	每袋500克	￥6.00	24	0	5

记录：第 5 项(共 77 项 无筛选器 搜索

图 3-1 “产品”表

3.2 数据表的创建

在 Access 数据库中，大量的数据要存储在表中，如果用户完成了数据的收集及二维表的设计，便可以进行创建表的操作。

在 Access 中，创建表的方法有以下几种：

（1）使用“数据表视图”创建表。

（2）使用“设计视图”创建表。

3.2.1 使用“数据表视图”创建表

使用“数据表视图”创建表的操作步骤如下：

（1）单击“创建”选项卡→“表格”选项组→“表”按钮。

（2）Access 将创建表，然后将光标放在“单击以添加”列中的第一个空单元格中。

（3）若要添加数据，则在第一个空单元格中开始输入，也可以从另一个数据源粘贴数据。若要重命名列（字段），则双击对应的列标题，然后输入新名称。若要移动列，则单击列标题将列选

中，然后将它拖到所需位置。还可以选择若干连续列，并将它们全部一起拖到新位置。若要向表中添加更多字段，可以在数据表视图的"单击以添加"列中开始输入，也可以使用"表格工具 | 字段"选项卡"添加和删除"选项组中的命令来添加新字段。

【例 3-1】用"数据表视图"方式创建"客户"表，结构如表 3-1 所示。

表 3-1 "客户"表结构

字 段 名 称	数 据 类 型	字 段 大 小	是否是主键
客户 ID	文本	5	主键
公司名称	文本	40	
联系人姓名	文本	30	
联系人职务	文本	10	
地址	文本	10	
城市	文本	15	
地区	文本	60	
邮政编码	文本	10	
国家	文本	15	
电话	文本	24	
传真	文本	24	

操作步骤如下：

（1）打开"销售管理"数据库。

（2）单击"创建"选项卡→"表格"选项组→"表"按钮，将显示一个空数据表。

（3）选择"ID"字段列，单击"表格工具 | 字段"选项卡→"属性"选项组→"名称和标题"按钮，如图 3-2 所示。

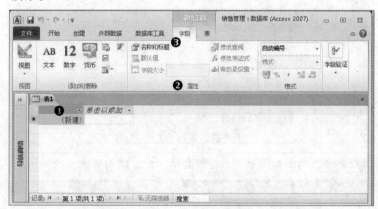

图 3-2 单击"名称和标题"按钮

（4）弹出"输入字段属性"对话框，在"名称"文本框中输入"客户 ID"，如图 3-3 所示，单击"确定"按钮。

（5）选择"客户 ID"字段列，单击"表格工具 | 字段"选项卡→"格式"选项组→"数据类型"下拉按钮，从弹出的下拉列表中选择"文本"；在"属性"选项组中的"字段大小"文本框中

输入字段大小值 5，如图 3-4 所示。

图 3-3　"输入字段属性"对话框

图 3-4　设置数据类型和字段大小

（6）单击"单击以添加"列的下拉按钮，从弹出的下拉列表中选择"文本"，这时 Access 自动为该新字段命名为"字段 1"，如图 3-5 所示。在"字段 1"文本框中输入"公司名称"，在"属性"选项组的"字段大小"文本框中输入 40。

图 3-5　添加新字段

（7）按照"客户"表结构，参照上一步添加其他字段，结果如图 3-6 所示。

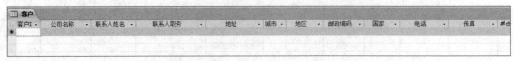

图 3-6　使用"数据表视图"建表结果

（8）单击快速访问工具栏中的"保存"按钮，以"客户"为名称保存数据表。

使用数据表视图建立表结构时无法进行更详细的属性设置。对于比较复杂的表结构，可以在创建完毕后使用设计视图进行修改。

3.2.2 使用"设计视图"创建表

在"设计视图"中，首先创建新表的结构，然后切换到"数据表视图"。既可以手动输入数据，也可以使用某些其他方法（如通过窗体）来输入数据。

使用"设计视图"创建表的操作步骤如下：

（1）单击"创建"选项卡→"表格"选项组→"表设计"按钮。

（2）对于表中的每个字段，在"字段名称"列中输入名称，然后从"数据类型"列表中选择数据类型。

（3）可以在"说明"列中输入每个字段的附加信息。当插入点位于该字段中时，所输入的说明将显示在状态栏中。

（4）添加完所有字段之后，单击"文件"选项卡→"保存"按钮，保存该表。

（5）可以通过以下方式随时开始在表中输入数据：切换到数据表视图，单击第一个空单元格，然后开始输入。

【例 3-2】使用"设计视图"创建"产品"表，其结构如表 3-2 所示。

表 3-2 "产品"表结构

字 段 名 称	数 据 类 型	字 段 大 小	是否是主键
产品 ID	自动编号		主键
产品名称	文本	40	
供应商 ID	数字	1	
类别 ID	数字		
单位数量	文本	20	
单价	货币		
库存量	数字		
订购量	数字		
再订购量	数字		
中止	是/否		

操作步骤如下：

（1）单击"创建"选项卡→"表格"选项组→"表设计"按钮，打开表的"设计视图"。

（2）单击"设计视图"的第 1 行"字段名称"列，并在其中输入"产品 ID"；单击"数据类型"列的下拉按钮，在弹出的下拉列表中选择"自动编号"数据类型，如图 3-7 所示。

（3）单击"设计视图"的第 2 行"字段名称"列，并在其中输入"产品名称"；单击"数据类型"列的下拉按钮，在弹出的下拉列表中选择"文本"数据类型。在字段属性区设置字段大小为40。

（4）按同样的方法，分别设计表中的其他字段。

（5）定义完全部字段后，单击第一个字段（"产品 ID"字段）的字段选定器，然后单击"表格工具 | 设计"选项卡→"工具"选项组→"主键"按钮，为所建表定义一个主键。

说明：在一个数据表中，若某一字段或几个字段的组合值能够唯一标识一个记录，则称其为关键字（或键），当一个数据表有多个关键字时，可从中选出一个作为主关键字（主键）。

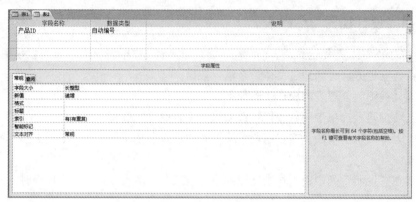

图 3-7　表的"设计视图"

（6）单击快速访问工具栏中的"保存"按钮，弹出"另存为"对话框，在对话框中输入表名
"产品"，保存该表。

【例 3-3】利用表的"设计视图"，设计"订单"表、"订单明细"表、"供应商"表、"雇员"
表、"类别"表和"运货商"表，具体结构如表 3-3～表 3-8 所示。

表 3-3　"订单"表结构

序　号	字 段 名 称	数 据 类 型	字 段 大 小	是否是主键
1	订单 ID	自动编号（长整型）		主键
2	客户 ID	文本	5	
3	雇员 ID	数字（长整型）		
4	订购日期	日期/时间		
5	到货日期	日期/时间		
6	发货日期	日期/时间		
7	运货商	数字（长整型）		
8	运货费	货币		
9	货主名称	文本	40	
10	货主地址	文本	60	
11	货主城市	文本	15	
12	货主地区	文本	15	
13	货主邮政编码	文本	10	
14	货主国家	文本	15	

表 3-4　"订单明细"表结构

字 段 名 称	数 据 类 型	字 段 大 小	是否是主键
订单 ID	数字（长整型）		主键
产品 ID	数字（长整型）		
单价	货币		
数量	数字（整型）		
折扣	数字（单精度）		

表 3-5 "供应商"表结构

字 段 名 称	数 据 类 型	字 段 大 小	是否是主键
供应商 ID	自动编号（长整型）		主键
公司名称	文本	40	
联系人姓名	文本	30	
联系人职务	文本	30	
地址	文本	60	
城市	文本	15	
地区	文本	15	
邮政编码	文本	10	
国家	文本	15	
电话	文本	24	
传真	文本	24	
主页	超链接		

表 3-6 "雇员"表结构

字 段 名 称	数 据 类 型	字 段 大 小	是否是主键
雇员 ID	自动编号（长整型）		主键
姓氏	文本	20	
名字	文本	10	
职务	文本	30	
尊称	文本	25	
出生日期	日期/时间		
雇用日期	日期/时间		
地址	文本	60	
城市	文本	15	
地区	文本	15	
邮政编码	文本	10	
国家	文本	15	
家庭电话	文本	24	
分机	文本	4	
照片	文本	255	
备注	备注		
上级	数字（长整型）		

表 3-7 "类别"表结构

字 段 名 称	数 据 类 型	字 段 大 小	是否是主键
类别 ID	自动编号（长整型）		主键

字 段 名 称	数 据 类 型	字 段 大 小	是否是主键
类别名称	文本	15	
说明	备注		
图片	其他		

表 3-8　"运货商"表结构

字 段 名 称	数 据 类 型	字 段 大 小	是否是主键
运货商 ID	自动编号（长整型）		主键
公司名称	文本	40	
电话	文本	24	

操作过程请参照"产品"表的创建过程，这里不再赘述。

3.3　设置字段属性

在表的"设计视图"中，可对字段进行属性设置，如设置字段类型、字段大小、格式、输入掩码、有效性规则、有效性文本、标题等。

3.3.1　字段大小

使用"字段大小"属性可以设置"文本""数字"或"自动编号"类型的字段中可保存数据的最大容量。

如果"字段类型"属性设为"文本"，则可输入 0~255 之间的一个数字（不包括小数）。

如果"字段类型"属性设为"自动编号"，字段大小属性则可设为"长整型"或"同步复制 ID"。

如果"字段类型"属性设为"数字"，则字段大小属性的设置及其值将按表 3-9 所列的方式关联。

表 3-9　数字类型字段大小的设置及说明

设 置	说 明	小 数 位 数	存储量大小
字节	存储 0~255 之间的数字（不包括小数）	无	1 个字节
小数	存储-1038-1~1038-1 之间的数字（.adp）； 存储-1028-1~1028-1 之间的数字（.mdb、.accdb）	28	2 个字节
整型	存储-32 768~32 767 之间的数字（不包括小数）	无	2 个字节
长整型	（默认）存储-2 147 483 648~2 147 483 647 之间的数字（不包括小数）	无	4 个字节
单精度	存储-3.402823E38 ~ -1.401298E-45 之间的负数和 1.401298E-45~3.402823E38 之间的正数	7	4 个字节
双精度	存储-1.79769313486231E308~-4.94065645841247E-324 之间的负数和 4.94065645841247E-324~1.79769313486231E308 之间的正数	15	8 个字节
同步复制 ID	全局唯一标识符（GUID）	不适用	16 个字节

3.3.2　格式

格式只影响数据的显示格式。可以使用预定义的格式，也可以使用格式符号创建自定义格式。有关特定数据类型的信息可参见帮助中的以下主题：

（1）"时间/日期"数据类型。

（2）"数字"和"货币"数据类型。

（3）"文本"和"备注"数据类型。

（4）"是/否"数据类型。

【例 3-4】将"雇员"表中的"出生日期"字段的格式设置为短日期格式。

操作步骤如下：

（1）打开"销售管理"数据库。

（2）在"导航窗格"中选中"雇员"表，然后右击，在弹出的快捷菜单中选择"设计视图"命令，如图 3-8 所示，打开表的"设计视图"。

（3）单击"出生日期"字段，再选中其下面字段属性中的"格式"，在右侧的下拉列表中选择"短日期"，如图 3-9 所示。

（4）单击快速访问工具栏中的"保存"按钮，保存该表的修改。

属性设置完后，可查看效果。方法是：单击"表格工具｜设计"选项卡→"视图"选项组→"视图"下拉列表中的"数据表视图"按钮，如图 3-10 所示，切换到"数据表视图"。在"出生日期"列中输入一个日期，如"1970-12-26"，查看效果。

图 3-8　导航窗格

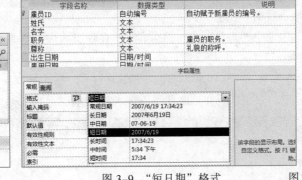

图 3-9　"短日期"格式　　　　图 3-10　选择"数据表视图"

3.3.3　输入掩码

在输入数据时，如果希望输入的格式标准保持一致，或希望检查输入时的错误，则可以使用输入掩码。定义输入掩码属性所使用的字符及其说明如表 3-10 所示。

表 3-10　输入掩码字符及其说明

字　　符	说　　明
0	数字（0~9，必选项；不允许使用加号"+"和减号"−"）
9	数字或空格（非必选项；不允许使用加号和减号）
#	数字或空格（非必选项；空白将转换为空格，允许使用加号和减号）
L	字母（A~Z，必选项）

续表

字符	说　明
?	字母（A～Z，可选项）
A	字母或数字（必选项）
a	字母或数字（可选项）
&	任意一个字符或空格（必选项）
C	任意一个字符或空格（可选项）
. , : ; – /	十进制占位符和千位、日期和时间分隔符（实际使用的字符取决于 Windows 控制面板中指定的区域设置）
<	使其后所有的字符转换为小写
>	使其后所有的字符转换为大写
!	使输入掩码从右到左显示，而不是从左到右显示。输入掩码中的字符始终都是从左到右输入。可以在输入掩码中的任何地方包括感叹号
\	使其后的字符显示为原义字符可用于将该表中的任何字符显示为原义字符（如\A 显示为 A）
密码	将"输入掩码"属性设置为"密码"，以创建密码项文本框。文本框中输入的任何字符都按字面字符保存，但显示为"*"

【例 3-5】将"雇员"表中的"家庭电话"字段的输入掩码设置为"010-********"形式。其中，"010-"部分自动输出，后 8 位为 0～9 的数字显示。

操作步骤如下：

（1）打开"销售管理"数据库。

（2）在"导航窗格"中选中"雇员"表，然后右击，在弹出的快捷菜单中选择"设计视图"命令，打开表的"设计视图"。

（3）单击"家庭电话"字段，再选中其下面的字段属性中的"输入掩码"，在右侧的文本框中输入"010-"00000000（这里的双引号要在英文状态下输入），如图 3-11 所示。

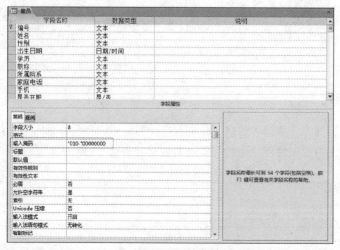

图 3-11　"输入掩码"属性设置

（4）单击快速访问工具栏中的"保存"按钮，保存该表的修改。

属性设置完后，可切换到数据表视图查看效果。方法是单击"表格工具｜设计"选项卡→"视图"选项组→"视图"下拉列表中的"数据表视图"按钮，切换到表的"数据表视图"。在"家庭电话"列中输入数字或字母，查看效果。

3.3.4　默认值

使用默认值属性可以指定一个值，该值在新建记录时会自动输入字段中。例如，在"客户"表中可以将"国家"字段的默认值设为"中国"。当用户在表中添加记录时，既可以接受该默认值，也可以输入其他内容。

【例 3-6】将"雇员"表中"城市"字段的"默认值"属性设置为"北京"。

操作步骤如下：

（1）打开"销售管理"数据库。

（2）在"导航窗格"中选中"雇员"表，然后右击，在弹出的快捷菜单中选择"设计视图"命令，打开表的"设计视图"。

（3）单击"城市"字段，在"默认值"属性框中输入北京，结果如图 3-12 所示。

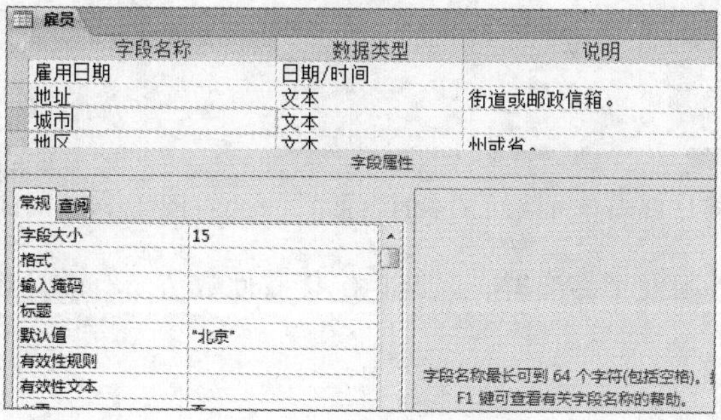

图 3-12　设置默认值属性

（4）单击快速访问工具栏中的"保存"按钮，保存该表的修改。

输入文本值时，也可以不加双引号，系统会自动加上双引号。设置默认值后，在生成新记录时，将这个默认值插入相应的字段中。默认值只能更新新记录，不会自动应用于已有记录。

也可以使用 Access 表达式来定义默认值。例如，若在输入某"日期/时间"型字段值时插入当前系统日期，可以在该字段的"默认值"属性框中输入表达式 Date()。

设置默认值属性时，必须与字段中所设置的数据类型相匹配，否则会出现错误。

3.3.5　有效性规则和有效性文本

定义字段的有效性规则是给表输入数据时设置字段值的约束条件，即用户自定义完整性约束。

在给表输入数据时，若输入的数据不符合字段的有效性规则，系统将显示提示信息，但往往给出的提示信息并不是很明确。因此，可以通过定义有效性文本来解决。

【例 3-7】将"产品"表中"单价"字段的"有效性规则"属性设置为价格要大于等于 0，有效性文本设置为"您必须输入一个正数。"。

操作步骤如下：

（1）打开"销售管理"数据库。

（2）在"导航窗格"中选中"产品"表，然后右击，在弹出的快捷菜单中选择"设计视图"

命令，打开表的"设计视图"。

（3）单击"单价"字段，在"有效性规则"属性框中输入">=0"，在"有效性文本"属性框中输入"您必须输入一个正数。"，结果如图 3-13 所示。

（4）单击快速访问工具栏中的"保存"按钮，保存该表的修改。

属性设置完后，可对其进行检验。方法是单击"表格工具｜设计"选项卡→"视图"选项组→"视图"下拉列表中的"数据表视图"按钮，切换到表的"数据表视图"。在单价列中输入一个不在合法范围内的文字，例如"-1"，按【Enter】键，这时屏幕上会立即显示提示对话框，如图 3-14 所示。

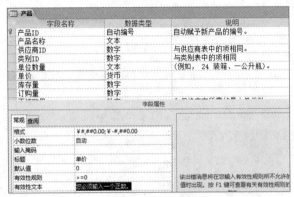

图 3-13　有效性规则和有效性文本的设置　　　图 3-14　测试有效性规则及有效性文本

输入的值与有效性规则发生冲突时，系统拒绝接收此数值。有效性规则能检查错误的输入或不符合逻辑的输入。

3.3.6　表的索引

1. 索引

索引是按索引字段或索引字段集的值使表中的记录有序排列的一种技术，在 Access 中，通常是借助于索引文件来实现记录的有序排列。索引技术除可以重新排列数据顺序外，还是建立同一数据库内各表间的关联关系的必要前提。换句话说，在 Access 中，对于同一个数据库中的多个表，若想建立多个表间的关联关系，必须以关联字段建立索引，从而建立数据库中多个表间的关联关系。

索引技术为 SQL 查询语言提供相应的技术支持，建立索引可以加快表中数据的查询，给表中数据的查找与排序带来很大的方便。

2. 索引类型

索引按功能可分为 3 种类型，如表 3-11 所示。

表 3-11　索引类型及功能

索引类型	功　能
唯一索引	索引字段的值不能相同，即没有重复值。若给该字段输入重复值，系统会提示操作错误，若已有重复值的字段要创建索引，则不能创建唯一索引
普通索引	索引字段的值可以相同，即有重复值
主索引	在 Access 中，同一个表可以创建多个唯一索引，其中一个可设置为主索引，且一个表只有一个主索引

3. 创建索引

创建索引的操作步骤如下：

（1）打开数据库。

（2）以"设计视图"方式打开确定要创建索引的表。

（3）在表的"设计视图"中，选定要建立索引的字段，在"索引"下拉列表中选择"索引"选项。

在 Access 中，索引属性选项有 3 个，具体说明如表 3-12 所示。

表 3-12　索引属性选项说明

索引属性值	说　　明
无	该字段不建立索引
有（有重复）	以该字段建立索引，且字段中的内容可以重复
有（无重复）	以该字段建立索引，且字段中的内容不能重复。这种字段适合做主键

注意：单击"表格工具 | 设计"选项卡→"显示/隐藏"选项组→"索引"按钮，弹出"索引"窗口，如图 3-15 所示。用户可以根据需求确定索引名称、字段名称、排序次序（升序、降序）。

（4）保存表，结束表的索引的建立。

【例 3-8】将"客户"表中的"联系人姓名"字段设置为"有（有重复）"索引。

操作步骤如下：

（1）打开"销售管理"数据库。

（2）在"导航窗格"中选中"客户"表，然后右击，在弹出的快捷菜单中选择"设计视图"命令，打开表的"设计视图"。

（3）单击"联系人姓名"字段，再选中其下面字段属性中的"索引"，在右侧的下拉列表中选择"有（有重复）"，如图 3-16 所示。

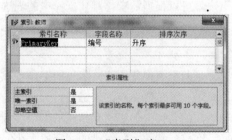

图 3-15　"索引"窗口

图 3-16　"索引"属性设置

（4）单击快速访问工具栏中的"保存"按钮，保存该表的修改。

3.4　建立表间关系

从理论上讲，在一个关系数据库中，若想将依赖于关系模式建立的多个表组织在一起，反映客观事物数据间的多种对应关系，通常将这些表存入同一个数据库中，并通过建立表间关联关系，使之保持相关性。从这个意义上理解，数据库就是由多个表（关系）依赖关系模型建立关联关系的表的集合，它可以反映客观事物数据间的多种对应关系。

3.4.1 表间关系的分类

在 Access 数据库中为每个主题都设置了不同的表后，必须告诉 Access 如何将这些信息组合到一起。该过程的第一步是定义表间的关系，然后可以创建查询、窗体及报表，以同时显示来自多个表中的信息。

一般情况下，在 Access 数据库中，相关联的数据表之间的关系有一对一、一对多和多对多的关系。

1．一对一关系

在一对一关系中，A 表中的每一记录仅能在 B 表中有一条匹配记录，并且 B 表中的每一记录仅能在 A 表中有一条匹配记录。此类型的关系并不常用，因为大多数以此方式相关的信息都在一个表中。

2．一对多关系

一对多关系是关系中最常用的类型。在一对多关系中，A 表中的一条记录能与 B 表中的多条记录匹配，但是在 B 表中的一条记录仅能与 A 表中的一条记录匹配。

3．多对多关系

在多对多关系中，A 表中的记录能与 B 表中的多条记录匹配，并且在 B 表中的记录也能与 A 表中的多条记录匹配。此类型的关系仅能通过定义第三个表（称为连接表）来达成，它的主键包含两个字段，即来源于 A 和 B 两个表的外键。多对多关系实际上是和第三个表的两个一对多关系。例如，"类别"表和"产品"表有一个多对多的关系，它是通过建立与"订单明细"表中两个一对多关系来创建的。

3.4.2 建立表间关系

有了数据库，而且数据库中也创建了一些表，用户就可以根据需求，对数据库中的表进行建立表间关联关系的操作。

1．创建表间关联的前提

关系通过匹配键字段中的数据来建立，键字段通常是两个表中使用相同名称的字段。在大多数情况下，两个匹配的字段中一个是所在表的主键，而另一个是所在表的外键。

创建表之间的关系时，相关联的字段不一定要有相同的名称，但必须有相同的字段类型，除非主键字段是个"自动编号"字段。仅当"自动编号"字段与"数字"字段的"字段大小"属性相同时，才可以将"自动编号"字段与"数字"字段进行匹配。例如，如果一个"自动编号"字段和一个"数字"字段的"字段大小"属性均为"长整型"，则它们是可以匹配的。即便两个字段都是"数字"字段，必须具有相同的"字段大小"属性设置，才是可以匹配的。

2．定义关系

Access 中创建关系的种类取决于相关字段是如何定义的。

（1）如果仅有一个相关字段是主键或具有唯一索引，则创建一对多关系。

（2）如果两个相关字段都是主键或唯一索引，则创建一对一关系。

（3）多对多关系实际上是某两个表与第三个表的两个一对多关系，第三个表的主键包含两个字段，分别是前两个表的外键。

3．创建表间关联

创建表间关联的操作步骤如下：

（1）关闭所有要创建关系的表。不能在已打开的表之间创建或修改关系。

（2）单击"数据库工具"选项卡→"关系"选项组→"关系"按钮。

（3）如果数据库中尚未定义任何关系，则会自动显示"显示表"对话框。如果需要添加要关联的表，而"显示表"对话框未显示，则可单击"数据库工具"选项卡→"关系"选项组→"显示表"按钮。

（4）双击要作为相关表的名称，然后关闭"显示表"对话框。若要在表及其本身之间建立关系，则可添加两次表。

（5）从某个表中将所要的相关字段拖动到其他表中的相关字段。若要拖动多个字段，则可按住【Ctrl】键并单击每一字段，然后拖动这些字段。多数情况下是将表中的主键字段（以粗体文本显示）拖动到其他表中名为外键的相似字段（经常具有相同的名称）。

（6）系统将显示"编辑关系"对话框，应检查显示在两个列中的字段名称以确保正确性。必要情况下可以进行更改。根据需要设置关系选项。

① 参照完整性：添加、更新或删除记录时，为维持表之间已定义的关系而必须遵循的规则。

② 级联更新：对于在表之间实施参照完整性的关系，当更改主表中的记录时，相关表（一个或多个）中的所有相关记录也随之更新。

③ 级联删除：对于在表之间实施参照完整性的关系，当删除主表中的记录时，相关表（一个或多个）中的所有相关记录也随之删除。

（7）单击"创建"按钮创建关系。

（8）对要进行关联的每对表都重复第（5）～（7）步。

（9）关闭"关系"窗口时，Microsoft Access 将询问是否保存该布局。不论是否保存该配置，所创建的关系都已保存在此数据库中。

【例 3-9】定义"销售管理"数据库中"类别"表、"产品"表和"订单明细"表之间的关系，效果如图 3-17 所示。

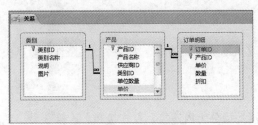

图 3-17　表间关系

操作步骤如下：

（1）打开"销售管理"数据库。

（2）单击"数据库工具"选项卡→"关系"选项组→"关系"按钮。

（3）在"显示表"对话框中，单击"类别"表，然后单击"添加"按钮，把"类别"表添加到"关系"窗口中，接着使用同样的方法将"产品"表和"订单明细"表添加到"关系"窗口中。

（4）单击"关闭"按钮，关闭"显示表"对话框，出现图 3-18 所示的"关系"窗口。

（5）选定"类别"表的"类别 ID"字段，然后按住鼠标左键并拖动到"产品"表中的"类别 ID"字段上，释放鼠标左键，此时屏幕上显示图 3-19 所示的"编辑关系"对话框。

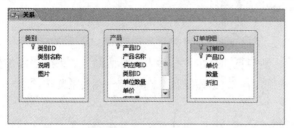
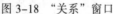

图 3-18　"关系"窗口　　　　　　　　图 3-19　"编辑关系"对话框

（6）选择"实施参照完整性"复选框，然后单击"创建"按钮。

（7）用同样的方法将"产品"表中的"产品 ID"拖动到"订单明细"表中的"产品 ID"字段上，同时实施参照完整性，具体效果如图 3-17 所示。

（8）单击"关闭"按钮，这时 Access 询问是否保存布局的更改，单击"是"按钮，关系设置完成。

【例 3-10】定义"销售管理"数据库中已存在表之间的关系，如图 3-20 所示。

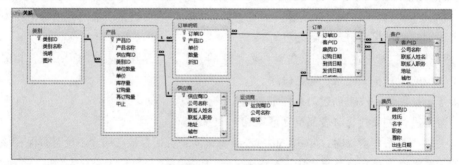

图 3-20　表间关系

操作步骤请参照例 3-9，这里不再赘述。

3.4.3　表关系的修改

表关系的修改是指修改关系的连接类型、实施参照完整性、级联更新和级联删除、修改关系和删除表间关系。

1．连接类型

在 Access 2010 中连接类型分为内连接、左连接和右连接 3 种，系统默认为内连接，不用修改，只在 SQL 查询语句中有效。

2．实施参照完整性

使用参照完整性时要遵循下列规则：

（1）不能在相关表的外键字段中输入不存在于主表的主键中的值。但是，可以在外键中输入一个 Null 值来指定这些记录之间并没有关系。

（2）如果在相关表中存在匹配的记录，则不能从主表中删除这个记录。

（3）如果某个记录有相关的记录，则不能在主表中更改主键值。

3．级联更新和级联删除

对实施参照完整性的关系，可以指定是否允许 Access 自动对相关记录进行级联更新和级联删除。如果设置了这些选项，通常为参照完整性所禁止的删除及更新操作就会获准进行。在删除记录或更改主表中的主键的值时，Access 将对相关表做必要的更改以保留参照完整性。

当定义一个关系时，如果选择了"级联更新相关字段"复选框，则不管何时更改主表中记录的主键，Access 都会自动在所有相关的记录中将主键更新为新值。

当定义一个关系时，如果选择了"级联删除相关记录"复选框，则不管何时删除主表中的记录，Access 都会自动删除相关表中的相关记录。

4．修改关系

要修改关系，可在"关系"窗口中右击关系连接线，在弹出的快捷菜单中选择"编辑关系"命令。

5．删除表间关系

要删除两个表的关系，可在"关系"窗口中右击两个表的连接线，在弹出的快捷菜单中选择"删除"命令。

3.5　编辑与维护数据表

3.5.1　修改表结构

在设计表结构时，用户要认真地设计表中每一个字段的属性，除字段名、字段类型、字段大小之外，还要考虑对字段显示格式、字段输入掩码、字段标题、字段默认值、字段有效性规则及有效性文本等属性进行定义。

另外，在设计表结构时，若考虑不周，或不能适应特殊情况的需求时，Access 系统允许对表结构进行修改。

1．修改字段名

操作步骤如下：

（1）打开要修改结构的表的"设计视图"。

（2）选定要修改的字段，更改字段名称。

（3）单击快速访问工具栏中的"保存"按钮，保存表的修改。

2．插入新字段

操作步骤如下：

（1）打开要修改结构的表的"设计视图"。

（2）选定插入字段的位置，单击"表格工具｜设计"选项卡→"工具"选项组→"插入行"按钮，插入一个空行，输入字段名称，设置字段类型及属性。

（3）单击快速访问工具栏中的"保存"按钮，保存表的修改。

3．删除已有的字段

操作步骤如下：

（1）打开要修改结构的表的"设计视图"。

（2）选定要删除的字段行，单击"表格工具｜设计"选项卡→"工具"选项组→"删除行"按钮，可以删除一个字段。

（3）单击快速访问工具栏中的"保存"按钮，保存表的修改。

4．更新字段类型

操作步骤如下：

（1）打开要修改结构的表的"设计视图"。

（2）选定要更新类型的字段，在右侧的"数据类型"下拉列表中选择所需的字段类型。

（3）单击快速访问工具栏中的"保存"按钮，保存表的修改。

5．修改字段大小

操作步骤如下：

（1）打开要修改结构的表的"设计视图"。

（2）选定修改字段长度的字段，在"常规"选项卡"字段大小"右侧的文本框中输入相应的大小或打开其"字段大小"对应的下拉列表，选择所需的字段类型并由系统确定字段长度。

（3）单击快速访问工具栏中的"保存"按钮，保存表的修改。

3.5.2　向表中输入数据

表结构设计完成后，便可以输入数据记录，但必须在"数据表视图"中打开表。

1．使用"数据表视图"

【例 3-11】为表对象"雇员"输入 2 条记录，输入内容如表 3-13 所示。

表 3-13　输入记录

姓　氏	名　字	职　务	尊　称	出生日期	雇用日期	地　　址	城　市	地　区
张	颖	销售代表	女士	1968/12/8	1992/05/01	复兴门 245 号	北京	华北
王	伟	副总裁	博士	1962/2/19	1992/08/14	罗马花园 890 号	北京	华北

操作步骤如下：

（1）在"数据表视图"中打开"雇员"表。

（2）从第一个空记录的第 1 个字段分别开始输入。

（3）全部记录输入完成后，单击快速访问工具栏中的"保存"按钮，保存表中的数据。

2．创建查阅列表字段

一般情况下，表中大部分字段值都来自直接输入的数据，或从其他数据源导入的数据。如果某个字段值是一组固定数据，如"雇员"表中的"尊称"字段值为"博士""先生""小姐""夫人""女士"，那么输入时，通过手工直接输入显然比较麻烦。此时可将这组固定值设置为一个列表，从列表中选择，既可以提高输入效率，又可以降低输入强度。

【例 3-12】为表对象"雇员"中的"尊称"字段创建查阅列表，列表中显示"博士""先生""小姐""夫人""女士"

操作步骤如下：

（1）打开"雇员"表的"设计视图"。

（2）选择"尊称"字段。

（3）在"数据类型"右侧的下拉列表中选择"查阅向导"，弹出"查阅向导"的第一个对话框，选择"自行键入所需的值"单选按钮，如图 3-21 所示。

（4）单击"下一步"按钮，弹出"查阅向导"的第二个对话框。在"第 1 列"的每行中依次输入"博士""先生""小姐""夫人""女士"，每输入完一个值按【Tab】键或向下箭头转到下一行，列表设置结果如图 3-22 所示。

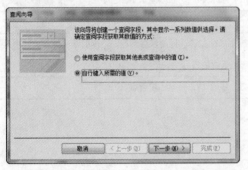
图 3-21 "查阅向导"的第一个对话框

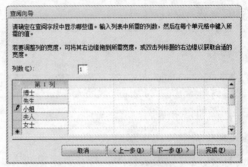
图 3-22 列表设置结果

（5）单击"下一步"按钮，弹出"查阅向导"的最后一个对话框。在该对话框中的"请为查阅列表指定标签"文本框中输入名称，本例使用默认值。单击"完成"按钮。

（6）这时"尊称"的查阅列表设置完成，切换到"数据表视图"，可以看到"尊称"字段值右侧出现向下箭头，单击此箭头，会弹出一个下拉列表，列表中列出了"博士""先生""小姐""夫人""女士"。

3.5.3 编辑表内容

编辑表中的内容是为了确保表中数据的准确，使所建表能够满足实际需要。编辑表中内容的操作主要包括定位记录、选择记录、添加记录、删除记录、修改数据以及复制数据等。

1. 定位记录

数据表中有了数据后，修改是经常要做的操作，其中定位和选择记录是首要工作。在 Access 中可以使用记录定位器来定位，如图 3-23 所示。

图 3-23 记录定位器

2．选择记录

在"数据表视图"中，选择数据或记录的操作方法如表 3-14 所示。

表 3-14　选择数据或记录的操作方法

数　据　范　围	操　作　方　法
字段中的部分数据	单击数据开始处，拖动鼠标到结尾处
字段中的全部数据	移动鼠标指针到字段左侧，待鼠标指针变成➡后单击
相邻多字段的数据	移动鼠标指针到第一个字段左侧，待鼠标指针变成➡后，拖动鼠标到最后一个字段的尾部
一列数据	单击该列的字段选定器
多列数据	移动鼠标指针到第一个字段左侧，待鼠标指针变为向下箭头后，拖动鼠标到选定范围的结尾列，或选中第一列，然后按住【Shift】键，再单击选定范围的结尾列
一条记录	单击该记录的记录选定器
多条记录	单击第一条记录的记录选定器，按住鼠标左键，拖动鼠标到选定范围的结尾处；或选中第一条记录，按住【Shift】键，再单击选定范围的最后一条记录
所有记录	单击数据表左上角的"全选"按钮；或按【Ctrl + A】组合键

3．添加记录

添加记录的操作步骤如下：

（1）使用"数据表视图"打开要编辑的表。

（2）可以将光标直接移动到表的最后一行，直接输入要添加的数据；或单击"开始"选项卡→"记录"选项组→"新建"按钮，待光标移到表的最后一行后输入要添加的数据；或单击"记录定位器"上的"新（空白）记录"按钮，待光标移到表的最后一行后输入要添加的数据。

4．删除记录

删除记录的操作步骤如下：

（1）使用"数据表视图"打开要编辑的表。

（2）选中要删除的记录（一条或多条）。

（3）单击"开始"选项卡→"记录"选项组→"删除"按钮，在弹出的"删除记录"提示对话框中单击"是"按钮。

注意：删除操作是不可恢复的操作，在删除记录前要确认该记录是否是要删除的记录。

5．修改数据

修改数据的操作步骤如下：

（1）使用"数据表视图"打开要编辑的表。

（2）将光标移到要修改数据的相应字段直接修改。

6．复制数据

在输入或编辑数据时，有些数据可能相同或相似，这时可以使用复制和粘贴操作将某字段中的部分或全部数据复制到另一个字段中。操作步骤如下：

（1）使用"数据表视图"打开要修改数据的表。

（2）选中要复制的数据或记录。

（3）单击"开始"选项卡→"剪贴板"选项组→"复制"按钮。

（4）找到要复制的位置，单击"开始"选项卡→"剪贴板"选项组→"粘贴"按钮。

3.5.4 表的导入或链接

Access 为使用外部数据源的数据提供了两种选择：导入和链接。

将数据导入新的 Access 表中，这是一种将数据从不同格式转换并复制到 Access 中的方法。也可以将数据库对象导入另一个 Access 数据库。

链接到数据是一种链接到其他应用程序中的数据但不将数据导入的方法，在原始应用程序和 Access 文件中都可以查看并编辑这些数据。

可以导入或链接来自于多种受到支持的数据库、程序和文件格式的数据。

在导入电子表格中的数据之前，要确保电子表格中的数据必须以适当的表格形式排列，并且电子表格每一字段（列）中都具有相同的数据类型，每一行中也都具有相同的字段。

操作步骤如下：

（1）打开数据库。

（2）单击"外部数据"选项卡→"导入并链接"选项组→Excel 按钮。

（3）在"获取外部数据-Excel 电子表格"对话框的"文件名"文本框中，指定要导入的数据所在的 Excel 文件的文件名。或单击"浏览"按钮，在弹出的对话框中找到想要导入的文件。

（4）指定所导入数据的存储方式。要将数据存储在新表中，则选择"将源数据导入当前数据库的新表中"单选按钮。稍后会提示命名该表。若要将数据追加到现有表中，则选择"向表中追加一份记录的副本"单选按钮，然后从下拉列表中选择表。如果数据库不包含任何表，则此选项不可用。

（5）单击"确定"按钮，将会启动导入电子表格向导，并引导用户完成整个导入过程。可以导入或链接电子表格中的全部数据，或者只是来自指定范围单元格中的数据。尽管用户通常是在 Access 中新建一个表来导入或链接，但只要电子表格的列标题与表字段名相匹配，就同样可以在已有表上追加数据。

Access 将试图对导入的字段赋予合适的数据类型，但是应该检查字段，确认它们是否要设置为所希望的数据类型。例如，在 Access 数据库中，电话号码或邮政编码字段可能以数字字段导入，但在 Access 中应该改为文本字段，因为这些类型的字段进行的任何计算都不是所希望的。必要时还应检查和设置字段属性（如设置格式）。

【例 3-13】将 Excel 文件"供应商.xlsx"导入"销售管理"数据库原有的"供应商"表中。

操作步骤如下：

（1）打开"销售管理"数据库。

（2）单击"外部数据"选项卡→"导入并链接"选项组→"Excel"按钮，弹出图 3-24 所示的对话框。

（3）在"获取外部数据-Excel 电子表格"对话框的"文件名"文本框中，指定要导入的数据所在的 Excel 文件的文件名，这里选择"供应商.xlsx"文件。

（4）选择"向表中追加一份记录的副本"单选按钮，并在右侧的下拉列表框中选择"供应商"，单击"确定"按钮，弹出"导入数据表向导"对话框，然后按照提示即可完成导入工作。

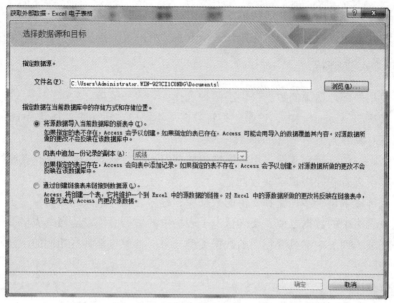

图 3-24 "获取外部数据–Excel 电子表格"对话框

注意："链接"操作和"导入"操作类似，只是在"获取外部数据–Excel 电子表格"对话框中选择的是"通过创建链接表来链接到数据源"单选按钮，其他操作和"导入"操作类似，这里不再赘述。

【例 3-14】 将 Excel 文件"产品.xlsx""订单.xlsx""订单明细.xlsx""雇员.xlsx""客户.xlsx""类别.xlsx""运货商.xlsx"导入"销售管理"数据库中。

操作过程不再赘述，请读者自行完成。

3.5.5 表的导出

导出是一种将数据和数据库对象输出到其他数据库、电子表格或其他格式文件中，以便其他数据库、应用程序或程序可以使用该数据或数据库对象。导出在功能上与复制和粘贴相似。可以将数据导出到各种支持的数据库、程序和文件中，也可以将数据库对象从 Access 数据库导出到其他 Access 数据库中。

【例 3-15】 将"供应商"表数据导出到 C 盘根目录下，文件格式为"Excel 工作簿（*.xlsx）"，命名为"供应商"。

操作步骤如下：

（1）打开"销售管理"数据库。

（2）在"导航窗格"窗口中选中"供应商"表。

（3）单击"外部数据"选项卡→"导出"选项组→"Excel"按钮。

（4）在弹出的"导出–Excel 电子表格"对话框中，设置文件名、文件格式以及指定导出选项，如图 3-25 所示。

（5）单击"确定"按钮，完成导出操作。

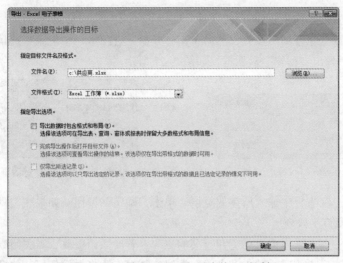

图 3-25 "导出-Excel 电子表格"对话框

3.6 调整表外观

调整表的结构和外观是为了使表看上去更清楚、美观。调整数据表外观的操作包括调整行高和列宽、改变字段显示次序、隐藏字段、冻结字段、调整表中网格线样式及背景颜色、设置字体等。

3.6.1 调整表的行高和列宽

根据需要,用户可以调整数据表的行高或字段宽度。调整行高和列宽有两种方法:鼠标和命令。

1. 调整行高

用鼠标调整行高的操作步骤如下:

(1)在"数据表视图"下打开表。

(2)将鼠标指针放在数据表左侧任意两个记录的选定器之间,此时,鼠标指针变成十字形并带有上下双向箭头形状,然后按住鼠标左键不放,一直拖动到所需行高后释放鼠标。

(3)单击快速访问工具栏中的"保存"按钮,保存表布局的修改。

用命令调整行高的操作步骤如下:

(1)单击"数据表"中任一单元格,然后单击"开始"选项卡→"记录"选项组→"其他"→"行高"按钮,弹出"行高"对话框,如图 3-26 所示。

(2)在"行高"文本框中输入所需的行高值,单击"确定"按钮。

2. 调整列宽

用鼠标调整列宽的操作步骤如下:

(1)在"数据表视图"下打开表。

(2)将鼠标指针指向要调整大小的列选定器的右边缘,此时,鼠标指针变成十字形并带有左右双向箭头形状,然后按住鼠标左键不放,一直拖动到所需列宽。或者,若要调整列宽以适合其中的数据,则双击列标题的右边缘。

(3)单击快速访问工具栏中的"保存"按钮,保存表布局的修改。

用命令调整列宽的操作步骤如下：

（1）先选择要改变宽度的字段列，然后单击"开始"选项卡→"记录"选项组→"其他"→"字段宽度"按钮，弹出"列宽"对话框，如图3-27所示。

图3-26 "行高"对话框

图3-27 "列宽"对话框

（2）在"列宽"文本框中输入所需的宽度，单击"确定"按钮。如果在"列宽"对话框中输入的值为0，则隐藏该字段列。

不能用"撤销"命令来撤销对列宽和行高的更改。若要撤销更改，需关闭数据表，然后在提示是否保存数据表布局更改时，单击"全否"按钮。该操作还将撤销任何其他已有的布局更改。

3.6.2 调整字段显示次序

当以"数据表视图"打开表时，Access显示的数据表中的字段次序与其在表设计中出现的次序相同。根据需要，可以进行字段次序重新设置，这里对字段次序重新设置仅改变显示的数据表的字段次序外观，并不会改变这些字段在原来的表设计中的次序。

【例3-16】将"雇员"表中的"职务"字段和"尊称"字段位置互换。

操作步骤如下：

（1）打开"雇员"表的"数据表视图"。

（2）将鼠标指针定位在"职务"列的字段上，单击，此时"职务"列被选中。

（3）将鼠标指针放在"职务"列的字段名上，然后按住鼠标左键并拖动到"尊称"字段后，释放鼠标左键，完成"职务"字段和"尊称"字段的位置互换。

3.6.3 隐藏和显示字段

在"数据表视图"中，为了便于查看表中的主要数据，可以将某些字段列暂时隐藏起来，需要时再将其显示出来。

1. 隐藏字段

隐藏字段的操作步骤如下：

（1）在"数据表视图"下打开表。

（2）选定需要隐藏的列，单击"开始"选项卡→"记录"选项组→"其他"→"隐藏字段"按钮。

2. 取消隐藏字段

取消隐藏字段的操作步骤如下：

（1）在"数据表视图"下打开表。

（2）单击"开始"选项卡→"记录"选项组→"其他"→"取消隐藏字段"按钮，弹出"取消隐藏列"对话框，如图3-28所示。

图3-28 "取消隐藏列"对话框

（3）在"取消隐藏列"对话框中，选中隐藏列的字段名，单击"关闭"按钮即取消隐藏列。

3.6.4　冻结字段/解除对所有字段的冻结

在对表中的数据进行浏览或编辑时，可以冻结数据表中的一列或多列，这些列都会成为最左侧的列，并且始终可见。

1．冻结字段

冻结字段的操作步骤如下：

（1）在"数据表视图"下打开表。

（2）选定要冻结的列。

① 若要选定一列，可单击该列的字段选定器。

② 若要选定多列，可单击列字段选定器，一直拖动到选定范围的末尾。

（3）单击"开始"选项卡→"记录"选项组→"其他"→"冻结字段"按钮。

2．解除对所有字段的冻结

解除对所有字段冻结的操作步骤如下：

（1）在"数据表视图"下打开表。

（2）单击"开始"选项卡→"记录"选项组→"其他"→"取消冻结所有字段"按钮。

3.6.5　设置数据表格式

在"数据表视图"中，一般在水平方向和垂直方向都显示网格线，网格线为银色，背景采用白色，如果需要，可以改变单元格的显示效果，也可以选择网格线的显示方式和颜色、表格的背景颜色。在"数据表视图"下，单击"开始"选项卡→"文本格式"选项组右下角的对话框启动器按钮，弹出"设置数据表格式"对话框，如图 3-29 所示，可以对数据表格式进行设置。

3.6.6　改变字体

为了使数据的显示美观清晰、醒目突出，可以改变数据表中数据的字体、字形和字号。在"数据表视图"下，单击"开始"选项卡→"文本格式"选项组中的相应按钮，可以对字体、字号等属性进行设置。"文本格式"选项组如图 3-30 所示。

图 3-29　"设置数据表格式"对话框

图 3-30　"文本格式"选项组

3.7　操　作　表

数据表建好后，常常会根据实际需求，对表中的数据进行查找、替换、排序和筛选等操作。

3.7.1　查找数据

在一个有多条记录的数据表中，要快速查看数据信息，可以通过数据查找操作来完成，为使修改数据方便及准确，也可以采用查找/替换的操作。

1. 查找指定内容

操作步骤如下：

（1）在"数据表视图"下打开表。

（2）单击"开始"选项卡→"查找"选项组→"查找"按钮，弹出"查找和替换"对话框，如图 3-31 所示。

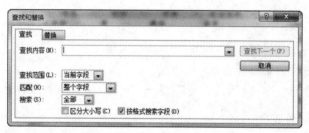

图 3-31　"查找和替换"对话框

（3）选择"查找"选项卡，在"查找内容"文本框中输入要查找的数据，再确定查找范围和匹配条件，单击"查找下一个"按钮，光标将定位到第一个与"查找内容"相"匹配"数据项的位置。

在查找内容时，如果希望在只知道部分内容的情况下对数据表进行查找，或者按照特定的要求查找记录，可以使用通配符作为其他字符的占位符。

在"查找和替换"对话框中，可以使用表 3-15 所示的通配符。

表 3-15　通配符

字符	说　　　明	示　　　例
*	与任何个数的字符匹配。在字符串中，它可以当作第一个或最后一个字符使用	wh*可以找到 what、white 和 why
?	与任何单个字母的字符匹配	b?ll 可以找到 ball、bell 和 bill
[ ]	与方括号内任何单个字符匹配	b[ae]ll 可以找到 ball 和 bell 但找不到 bill
!	匹配任何不在方括号内的字符	b[!ae]ll 可以找到 bill 和 bull 但找不到 ball 或 bell
–	与某个范围内的任一个字符匹配。必须按升序指定范围（A~Z，而不是 Z~A）	b[a-c]d 可以找到 bad、bbd 和 bcd
#	与任何单个数字字符匹配	1#3 可以找到 103、113、123

使用通配符搜索其他通配符，如星号（*）、问号（?）、数字符（#）、左方括号（[）或连字符（–）时，必须将要搜索的项括在方括号内；如果搜索感叹号（!）或右方括号（]），则不必将其括

在方括号内。

　　例如，若要搜索问号，请在"查找"对话框中输入[?]。如果要同时搜索连字符和其他字符，可将连字符放在方括号内所有其他字符之前或之后。但是，如果在左方括号之后有一个感叹号，则应将连字符放在感叹号之后。

　　必须将左、右方括号放在下一层方括号内（[[ ]]），才能同时搜索一对左、右方括号（[ ]），否则 Access 会将这种组合作为零长度字符串处理。

2．查找空值或零长度字符串

　　Access 允许区分两类空值：Null 值和零长度字符串。

　　（1）Null：一个值，可以在字段中输入或在表达式或查询中使用，以指示缺少或未知的数据。有些字段（如主键字段）不可以包含 Null 值。

　　（2）零长度字符串：不含字符的字符串。可以使用零长度字符串来表明该字段没有值。输入零长度字符串的方法是输入两个彼此之间没有空格的双引号（""）。

　　在某些情况下，空值表明信息可能存在但当前未知。在其他情况下，空值表明字段不适用于特定记录。例如，"教师"表中含有一个"办公电话"字段时，如果不知道教师的办公电话，或者不知道该教师是否有办公电话，则可将该字段留空。这种情况下，将字段留空可以输入 Null 值，意味着不知道值是什么。如果确定那位教师没有办公电话，则可以在该字段中输入一个零长度字符串，表明这里没有任何值。

　　【例 3-17】查找"学生"表中的"简历"字段为空值的记录。

　　操作步骤如下：

　　（1）在"数据表视图"下打开"学生"表。

　　（2）单击"简历"列。

　　（3）单击"开始"选项卡→"查找"选项组→"查找"按钮，弹出"查找和替换"对话框。

　　（4）在"查找内容"文本框中输入 Null，如图 3-32 所示。

图 3-32　查找空值

　　（5）单击"查找下一个"按钮。找到后，记录选定器指针将指向相应的记录。

　　如果要查找空字符串，只需将第（4）步中的输入内容改为没有空格的双引号（""）即可。

3.7.2　替换数据

　　表中数据的替换操作步骤如下：

　　（1）在"数据表视图"下打开表。

　　（2）单击"开始"选项卡→"查找"选项组→"替换"按钮，弹出"查找和替换"对话框，如图 3-33 所示。

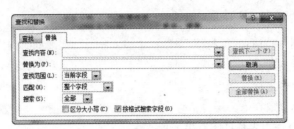

图 3-33 "查找和替换"对话框

（3）在"替换"选项卡的"查找内容"文本框中输入要查找的数据，在"替换为"文本框中输入要替换的数据，再确定查找范围和匹配条件，最后单击"替换"或"全部替换"按钮进行替换。

3.7.3 排序记录

在进行表中数据浏览过程中，通常记录的显示顺序是记录输入的先后顺序，或者是按主键值升序排列的顺序。

在数据库的实际应用中，数据表中记录的顺序是根据不同的需求而排列的，只有这样才能充分发挥数据库中数据信息的最大效能。

1．排序规则

排序时根据当前表中一个或多个字段的值对整个表中的所有记录进行重新排列。排序时可按升序，也可按降序。排序记录时，不同的字段类型其排序规则有所不同，具体规则如下：

（1）英文按字母顺序排序（字典顺序），大、小写视为相同，升序时按 A→Z 排序，降序时按Z→A 排序。

（2）中文按拼音字母的顺序排序。

（3）数字按数字的大小排序。

（4）日期/时间字段按日期的先后顺序排序，升序按从前到后的顺序排序，降序按从后到前的顺序排序。

在实际排序时，需要注意以下几点：

（1）顺序将和表一起保存。

（2）文本型字段中保存的数字将作为字符串而不是数值来排序，按照其 ASCII 码值的大小排序。

（3）数据类型为备注、超链接或 OLE 对象的字段不能排序。

2．单字段排序

所谓单字段排序，是指仅仅按照某一个字段值的大小进行排序。操作比较简单，在"数据表视图"中，先单击用于排序记录的字段列，再单击"开始"选项卡→"排序和筛选"选项组→"升序"或"降序"按钮进行排序。

3．多字段排序

如果对多个字段进行排序，则应该使用 Access 中的"高级筛选/排序"功能，可以设置多个排序字段。首先按照第一个字段的值进行排序，如果第一个字段值相同，再按照第二个字段的值进行排序，依此类推，直到排序完毕。

【例 3-18】在"产品"表中按"产品名称"和"价格"两个字段进行升序排序。

操作步骤如下：

（1）在"数据表视图"下打开"产品"表。

（2）单击"开始"选项卡→"排序和筛选"选项组→"高级"→"高级筛选/排序"按钮，弹出图 3-34 所示的窗口。

（3）单击设计网格中第一个字段右侧的下拉按钮，从弹出的列表中选择"产品名称"字段，在"排序"行上选择"升序"。用同样的方法设置"价格"字段的排序为"升序"，效果如图 3-34 所示。

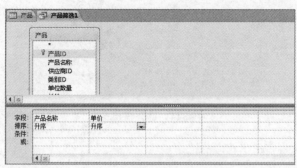

图 3-34 设置多字段排序

（4）单击"开始"选项卡→"排序和筛选"选项组→"高级"→"应用筛选/排序"按钮，Access 就会按上面的设置排序"产品"表中的所有字段。

在指定排序顺序以后，如果想取消设置的排序顺序，单击"开始"选项卡→"排序和筛选"选项组→"取消排序"按钮即可。

3.7.4 筛选记录

筛选也是查找表中数据的一种操作，但它与一般的"查找"有所不同，它所查找到的信息是一个或一组满足规定条件的记录而不是具体的数据项。经过筛选后的表，只显示满足条件的记录，不满足条件的记录将被隐藏。

Access 2010 提供了 3 种方法：使用筛选器筛选、按窗体筛选和高级筛选。

1. 使用筛选器筛选

使用筛选器筛选是一种最简单的筛选方法，使用它可以查找某一字段满足一定条件的数据记录。文本筛选器如图 3-35 所示，日期筛选器如图 3-36 所示，数字筛选器如图 3-37 所示。

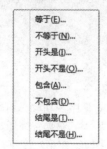 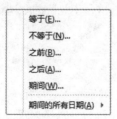

图 3-35 文本筛选器　　　图 3-36 日期筛选器　　　图 3-37 数字筛选器

【例 3-19】在"客户"表中筛选出"地区"字段为"华北"的客户信息。

操作步骤如下：

（1）在"数据表视图"下打开"客户"表。

（2）在"地区"列中，选中字段值"华北"，然后右击，在弹出的快捷菜单中选择"等于"华北""命令，如图 3-38 所示。

图 3-38　设置筛选条件

（3）这时，Access 将筛选出相应的记录。

2．按窗体筛选

按窗体筛选是一种快速的筛选方法，可以同时对两个以上的字段值进行筛选。

【例 3-20】在"客户"表中，筛选出"华北"地区的"销售代表"客户的所有信息。

操作步骤如下：

（1）在"数据表视图"下打开"客户"表。

（2）单击"开始"选项卡→"排序和筛选"选项组→"高级"→"按窗体筛选"按钮，弹出"按窗体筛选"窗口，输入相应的条件，如图 3-39 所示。

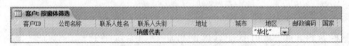

图 3-39　在"按窗体筛选"窗口中设置条件

（3）单击"开始"选项卡→"排序和筛选"选项组→"切换筛选"按钮，即可进行筛选。

3．高级筛选

高级筛选可进行复杂的筛选，筛选出符合多重条件的记录。

高级筛选与排序可以应用于一个或多个字段的排序或筛选。"高级筛选/排序"窗口分为上下两部分，上面是含有表的字段列表，下面是设计网格。

【例 3-21】在"客户"表中，筛选出"华北"的"销售代表"以及"华南"的"市场经理"客户的所有信息。

操作步骤如下：

（1）在"数据表视图"下打开"客户"表。

（2）单击"开始"选项卡→"排序和筛选"选项组→"高级"→"高级筛选/排序"按钮，弹出"高级筛选/排序"窗口，在第一个字段行中选择"联系人职务"字段，在第二个字段行中选择

"地区"字段，然后输入相应的条件，如图 3-40 所示。

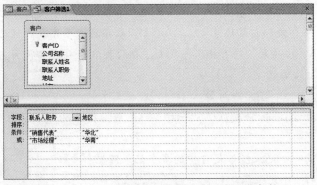

图 3-40　在"高级筛选/排序"窗口中设置条件

（3）单击"开始"选项卡→"排序和筛选"选项组→"切换筛选"按钮，即可进行筛选。

习　　题

选择题

1. Access 数据库最基础的对象是（　　　）。

A. 表　　　　　　　B. 宏　　　　　　　C. 报表　　　　　　D. 查询

2. 下列关于关系数据库中数据表的描述，正确的是（　　　）。

A. 数据表相互之间存在联系，但用独立的文件名保存

B. 数据表相互之间存在联系，但用表名表示相互间的联系

C. 数据表相互之间不存在联系，完全独立

D. 数据表既相对独立，又相互联系

3. 以下关于 Access 表的叙述中正确的是（　　　）。

A. 表一般包含一到两个主题的信息

B. 表的数据表视图只用于显示数据

C. 表设计视图的主要工作是设计表的结构

D. 在表的数据表视图中，不能修改字段名称

4. Access 中表和数据库的关系是（　　　）。

A. 一个数据库可以包含多个表　　　　B. 一个表只能包含两个数据库

C. 一个表可以包含多个数据库　　　　D. 一个数据库只能包含一个表

5. Access 数据库的结构层次是（　　　）。

A. 数据库管理系统→应用程序→表　　B. 数据库→数据表→记录→字段

C. 数据表→记录→数据项→数据　　　D. 数据表→记录→字段

6. Access 数据库中表的组成是（　　　）。

A. 字段和记录　　　B. 查询和字段　　　C. 记录和窗体　　　D. 报表和字段

7. 数据表中的"行"称为（　　　）。

A. 字段　　　　　　B. 数据　　　　　　C. 记录　　　　　　D. 数据视图

8. 在 Access 表中，可以定义 3 种主关键字，它们是（　　　）。

  A. 单字段、双字段和多字段   B. 单字段、双字段和自动编号

  C. 单字段、多字段和自动编号   D. 双字段、多字段和自动编号

9. 数据库中有 A、B 两表，均有相同字段 C，在两表中 C 字段都设为主键。当通过 C 字段建立两表关系时，则该关系为（　　　）。

  A. 一对一   B. 一对多   C. 多对多   D. 不能建立关系

10. 假设数据中表 A 与表 B 建立了"一对多"关系，表 B 为"多"的一方，则下述说法中正确的是（　　　）。

  A. 表 A 中的一个记录能与表 B 中的多个记录匹配

  B. 表 B 中的一个记录能与表 A 中的多个记录匹配

  C. 表 A 中的一个字段能与表 B 中的多个字段匹配

  D. 表 B 中的一个字段能与表 A 中的多个字段匹配

11. 下列关于字段属性的叙述中正确的是（　　　）。

  A. 可对任意类型的字段设置"默认值"属性

  B. 定义字段默认值的含义是该字段值不允许为空

  C. 只有"文本"型数据能够使用"输入掩码向导"

  D. "有效性规则"属性只允许定义一个条件表达式

12. 下列关于 OLE 对象的叙述中正确的是（　　　）。

  A. 用于输入文本数据   B. 用于处理超链接数据

  C. 用于生成自动编号数据   D. 用于链接或内嵌 Windows 支持的对象

13. 可以插入图片的字段类型是（　　　）。

  A. 文本   B. 备注   C. OLE 对象   D. 超链接

14. 可以改变"字段大小"属性的字段类型是（　　　）。

  A. 文本   B. OLE 对象   C. 备注   D. 日期/时间

15. 使用表设计器定义表中字段时，不是必须设置的内容是（　　　）。

  A. 字段名称   B. 数据类型   C. 说明   D. 字段属性

16. 在 Access 数据库的表设计视图中不能进行的操作是（　　　）。

  A. 修改字段类型   B. 设置索引   C. 增加字段   D. 删除记录

17. 下列关于输入掩码的叙述中错误的是（　　　）。

  A. 在定义字段的输入掩码时，既可以使用输入掩码向导，也可以直接使用字符

  B. 定义字段的输入掩码，是为了设置密码

  C. 输入掩码中的字符 0 表示可以选择输入数字 0～9 的一个数

  D. 直接使用字符定义输入掩码时，可以根据需要将字符组合起来

18. 在定义表中字段属性时，对要求输入相对固定格式的数据，如电话号码 010-12345678，应该定义该字段的（　　　）。

  A. 格式   B. 默认值   C. 输入掩码   D. 有效性规则

19. 能够使用"输入掩码向导"创建输入掩码的字段类型是（　　　）。

  A. 数字和日期/时间   B. 文本和货币

  C. 文本和日期/时间　　　　　　　　D. 数字和文本

20. 若要求在文本框中输入文本时达到密码"*"的显示效果，则应该设置的属性是（　　　）。

  A. 默认值　　　　B. 有效性文本　　　　C. 输入掩码　　　　D. 密码

21. 输入掩码字符"&"的含义是（　　　）。

  A. 必须输入字母或数字　　　　　　　B. 可以选择输入字母或数字

  C. 必须输入一个任意的字符或一个空格　D. 可以选择输入任意的字符或一个空格

22. 输入掩码字符"C"的含义是（　　　）。

  A. 必须输入字母或数字　　　　　　　B. 可以选择输入字母或数字

  C. 必须输入一个任意的字符或一个空格　D. 可以选择输入任意的字符或一个空格

23. 邮政编码是由 6 位数字组成的字符串，为邮政编码设置输入掩码，正确的是（　　　）。

  A. 000000　　　　B. 999999　　　　C. CCCCCC　　　　D. LLLLLL

24. 若设置字段的输入掩码为"####-######"，该字段正确的输入数据是（　　　）。

  A. 0755-123456　　B. 0755-abcdef　　C. abcd-123456　　　D. ####-######

25. 掩码"LLL000"对应的正确输入数据是（　　　）。

  A. 555555　　　　B. aaa555　　　　C. 555aaa　　　　D. aaaaaa

26. 定义字段默认值的含义是（　　　）。

  A. 不得使该字段为空

  B. 不允许字段的值超出某个范围

  C. 在未输入数据之前系统自动提供的数值

  D. 系统自动把小写字母转换为大写字母

27. 下列对数据输入无法起到约束作用的是（　　　）。

  A. 输入掩码　　　　B. 有效性规则　　　C. 字段名称　　　　D. 数据类型

28. 下面关于索引的叙述中错误的是（　　　）。

  A. 可以为所有的数据类型建立索引　　B. 可以提高对表中记录的查询速度

  C. 可以加快对表中记录的排序速度　　D. 可以基于单个字段或多个字段建立索引

29. 下列可以建立索引的数据类型是（　　　）。

  A. 文本　　　　　B. 超链接　　　　C. 备注　　　　　D. OLE 对象

30. Access 中，设置主键的字段（　　　）。

  A. 不能设置索引　　　　　　　　　　B. 可设置为"有（有重复）"索引

  C. 系统自动设置索引　　　　　　　　D. 可设置为"无"索引

31. Access 中通配符"#"的含义是（　　　）。

  A. 通配任意个数的字符　　　　　　　B. 通配任何单个字符

  C. 通配任意个数的数字字符　　　　　D. 通配任何单个数字字符

32. Access 中通配符"[ ]"的含义是（　　　）。

  A. 通配任意长度的字符　　　　　　　B. 通配不在括号内的任意字符

  C. 通配方括号内列出的任一单个字符　D. 错误的使用方法

33. Access 中通配符"!"的含义是（　　　）。

  A. 通配任意长度的字符　　　　　　　B. 通配不在括号内的任意字符

C. 通配方括号内列出的任一单个字符　　D. 错误的使用方法

34. Access 中通配符 "-" 的含义是（　　　　）。

    A. 通配任意单个运算符　　　　　　　　B. 通配任意单个字符

    C. 通配任意多个减号　　　　　　　　　D. 通配指定范围内的任意单个字符

35. 如果想在已建立的 "学生" 表的数据表视图中直接显示出姓 "李" 的记录，应使用 Access 提供的（　　　　）。

    A. 筛选功能　　　　B. 排序功能　　　　C. 查询功能　　　　D. 报表功能

36. 对数据表进行筛选操作，结果是（　　　　）。

    A. 只显示满足条件的记录，将不满足条件的记录从表中删除

    B. 显示满足条件的记录，并将这些记录保存在一个新表中

    C. 只显示满足条件的记录，不满足条件的记录被隐藏

    D. 将满足条件的记录和不满足条件的记录分为两个表进行显示

37. 在已经建立的数据表中，若在显示表中内容时使某些字段不能移动显示位置，可以使用的方法是（　　　　）。

    A. 排序　　　　　　B. 筛选　　　　　　C. 隐藏　　　　　　D. 冻结

38. 在 Access 中，如果不想显示数据表中的某些字段，可以使用的命令是（　　　　）。

    A. 隐藏　　　　　　B. 删除　　　　　　C. 冻结　　　　　　D. 筛选

39. 下列关于表格式的说法中错误的是（　　　　）。

    A. 字段在数据表中的显示顺序是由用户输入的先后顺序决定的

    B. 用户可以同时改变一列或同时改变多列字段的位置

    C. 在数据表中，可以为某个或多个指定字段中的数据设置字体格式

    D. 在 Access 中，只可以冻结列，不可以冻结行

40. 下列关于数据编辑的说法中正确的是（　　　　）。

    A. 表中的数据有两种排列方式，一种是升序排列，另一种是降序排列

    B. 可以单击 "升序排列" 或 "降序排列" 按钮，为两个不相邻的字段分别设置升序和降序排列

    C. "取消筛选" 就是删除筛选窗口中所做的筛选条件

    D. 将 Access 表导出到 Excel 数据表中 Excel 将自动应用源表中的字体格式

41. 下列关于空值的叙述中正确的是（　　　　）。

    A. 空值是双引号中间没有空格的值

    B. 空值是等于 0 的数值

    C. 空值是使用 Null 或空白来表示字段的值

    D. 空值是用空格表示的值

42. "销售管理" 数据库中有 "产品" 表、"订单" 表、"供应商" 表，为了有效地反映这 3 张表中数据之间的联系，在创建数据库时应该设置（　　　　）。

    A. 默认值　　　　B. 有效性规则　　　　C. 索引　　　　　D. 表之间的关系

43. 下面关于 Access 表的叙述中错误的是（　　　　）。

    A. 在 Access 表中，可以对备注型字段进行 "格式" 属性设置

   B. 若删除表中含有自动编号型字段的一条记录，Access 不会对表中自动编号型的字段重新编号

   C. 创建表之间的关系时，应关闭所有打开的表

   D. 可在 Access 表的设计视图"说明"列中，对字段进行具体说明

44. 在 Access 数据库中，为了保持表之间的关系，要求在主表中修改相关的记录时，子表相关的记录随之更改。为此需要定义参照完整性关系的（　　　）。

   A. 级联更新相关字段　　　　　　　　B. 级联删除相关字段

   C. 级联修改相关字段　　　　　　　　D. 级联插入相关字段

45. 在 Access 数据库中，为了保持表之间的关系，要求在子表（从表）中添加记录时，如果主表中没有与之相关的记录，则不能在子表（从表）中添加该记录。为此需要定义的关系是（　　　）。

   A. 输入掩码　　　B. 有效性规则　　　C. 默认值　　　　D. 参照完整性

第4章 │ 数据查询

表是数据库中负责存储数据的对象，而查询可以方便、快捷地浏览数据表中的数据，同时利用查询可以实现数据的计算、统计、排序，分组、更新和删除等操作，还可以从已创建的查询中检索数据。查询还可以作为窗体和报表的数据源。本章主要介绍 Access 的主要查询操作以及结构化查询语言。

4.1 Access 中的表达式

在 Access 中，表达式广泛地应用于表、查询、窗体、报表、宏和模块等。表达式由运算对象、运算符和括号组成，运算对象包括常量、变量、函数和对象标识符。可以利用表达式在查询中设置条件或定义计算字段。

Access 系统提供了算术表达式、关系表达式、字符表达式和逻辑表达式 4 种基本表达式。

4.1.1 常量

1. 数值型

数值型常量包括整数和实数。整数是指具有一定取值范围的数学上的整数，如 123、6700。实数是用来表示包含小数的数或超过整数取值范围的数，实数既可以定点数形式表示，也可以用科学计数法形式表示，如 56.78 或 1.23E5（表示数学上的 1.23×10^5）。

数值型常量在查询设计视图中可直接输入。

2. 文本型

文本型常量是由字母、汉字和数字等符号构成的字符串。文本型常量的定界符有两种形式：单引号（' '）、双引号（" "），如'北京'、"男"。

文本型常量在查询设计视图中直接输入或使用定界符括起来。

3. 日期型

日期型常量用来表示日期型数据。日期型常量用"#"作为定界符，如 2016 年 10 月 1 日，表示成常量即为#2016-10-1#或#2016/10/1#。

日期型常量在查询设计视图中直接输入或使用定界符括起来。

4. 逻辑型

逻辑型常量有两个值：真和假，用 True（或-1）表示真值，用 False（或 0）表示假值。系统不区分 True 和 False 的字母大小写。

逻辑型常量在查询设计视图中直接输入 True（或 Yes）表示真，直接输入 False（或 No）表示假。

4.1.2　标识符

表中定义的字段及用户定义的参数都可以视为标识符。标识符在表达式中出现时需要用方括号（[]）括起来。

4.1.3　函数

Access 提供了多种系统函数供用户使用。表 4-1 所示为常用数学函数，表 4-2 所示为常用字符函数，表 4-3 所示为常用日期时间函数，表 4-4 所示为常用转换函数。

表 4-1　常用的数学函数

函　　数	功　　能	示　　例	返　回　值
Abs(x)	返回 x 的绝对值	Abs(-5.3)	5.3
Sqr(x)	返回 x 的平方根，x≥0	Sqr(9)	3
Log(x)	返回 x 的自然对数值，即数学中的 lnx	Log(10)	2.30258509299405
Exp(x)	返回 e（自然对数的底）的 x 次方，即数学中的 e^x	Exp(1)	2.71828182845905
Fix(x)	返回 x 的整数部分	Fix(3.6)	3
		Fix(-3.6)	-3
Int(x)	返回不大于 x 的最大整数	Int(3.6)	3
		Int(-3.6)	-4
Sgn(x)	当 x 为正数时返回 1； 当 x 为 0 时返回 0； 当 x 为负数时返回-1	Sgn(5)	1
		Sgn(0)	0
		Sgn(-5)	-1
Round(x[,n])	四舍五入函数，n 为非负整数，用于指定保留的小数位数	Round(3.152,1)	3.2
		Round(3.152)	3
		Round(123.56,0)	124

表 4-2　常用字符函数

函　　数	功　　能	示　　例	返　回　值
LTrim(s)	去掉字符串 s 左边的空格字符（即前导空格）	LTrim("∪∪∪ABC")	"ABC"
RTrim(s)	去掉字符串 s 右边的空格字符（即后置空格）	RTrim("ABC∪∪")	"ABC"
Trim(s)	去掉字符串 s 左右的空格字符	Trim("∪∪ABC∪∪")	"ABC"
Left(s,n)	取字符串 s 左边的 n 个字符	Left("ABCDE",2)	"AB"
Right(s,n)	取字符串 s 右边的 n 个字符	Right("ABCDE",2)	"DE"
Mid(s,p[,n])	从字符串 s 的第 p 个字符开始取 n 个字符，如果省略 n 或 n 超过文本的字符数（包括 p 处的字符），将返回字符串中从 p 到末尾的所有字符	Mid("ABCDE",2,3)	"BCD"
		Mid("ABCDE",2,6)	"BCDE"
		Mid("ABCDE",4)	"DE"

续表

函 数	功 能	示 例	返 回 值
Len(s)	返回字符串 s 的长度，即所含字符个数	Len("ABCDE")	5
String(n,s)	返回对 s 的第一个字符重复 n 次的字符串。s 可以是一个字符串，也可以是字符的 ASCII 码值	String(3, "ABC")	"AAA"
		String(3, 65)	"AAA "
Space(n)	返回 n 个空格	Space(3)	"⌴⌴⌴"
InStr([n],s1,s2)	从字符串 s1 中第 n 个位置开始查找字符串 s2 出现的起始位置。省略 n 时默认 n 为 1	InStr("ABCABC","BC")	2
		InStr(3,"ABCABC","BC")	5
UCase(s)	把小写字母转换为大写字母	UCase("Abc")	"ABC"
LCase(s)	把大写字母转换为小写字母	LCase("Abc")	"abc"

注：表中符号"⌴"代表空格。

表 4-3　常用日期时间函数

函 数	功 能	示 例
Now()	返回系统日期和时间	Now()
Date()	返回系统日期	Date()
Time()	返回系统时间	Time()
Weekday(d,[f])	返回参数 d 中指定的日期是星期几，f 的值为 1 表示将星期日作为一星期的第一天，f 的值为 2 表示将星期一作为一星期的第一天。f 的默认值为 1	Weekday(Date(), 2)
Day(d)	返回参数 d 中指定的日期是月份中的第几天	Day(Date())
Month(d)	返回参数 d 中指定日期的月份	Month(Date())
Year(d)	返回参数 d 中指定日期的年份	Year(Date())
Hour(t)	返回参数 t 中的小时（0～23）	Hour(Time())
Minute(t)	返回参数 t 中的分钟（0～59）	Minute(Time())
Second(t)	返回参数 t 中的秒（0～59）	Second(Time())
DateDiff(v,d1,d2)	时间间隔函数。参数 v 可以是： yyyy：求 d2-d1 的年份。 q：求 d2-d1 的季度。 m：求 d2-d1 的月份。 d：求 d2-d1 的天数。 w：求 d2-d1 的周数，7 天算一周，不足 7 天返回 0	DateDiff("yyyy",#2000-1-1#,Date()) DateDiff("q",#2016-1-1#,Date()) DateDiff("m",#2016-1-1#,Date()) DateDiff("d",#2016-1-1#,Date()) DateDiff("w",#2016-1-1#,Date())
DateSerial(y,m,d)	返回指定的年、月、日； y：整型，为 100～9999 间的整数，或一数值表达式。 m：整型，任何数值表达式（值在[1,12]内）。 d：整型，任何数值表达式（值在有效天数内）	本年度上一年的 5 月 1 日 DateSerial(Year(Date())-1,5,1)

续表

函　数	功　能	示　例
DatePart(p,d)	返回指定日期所在的年或季或月或星期或日等。参数 p 可以是： yyyy：返回指定日期所在的年份。 q：返回指定日期所在的季度。 m：返回指定日期所在的月份。 ww：返回 1 月 1 日到指定日期所经过的周数。 d：返回指定日期所在当月的天数	DatePart("yyyy",Date()) DatePart("q",Date()) DatePart("m",Date()) DatePart("ww",Date()) DatePart("d",Date())
DateAdd(v,n,d)	返回加上 n 个以 v 为单位的时间间隔后的新日期。参数 v 可以是： yyyy：以年为间隔。 q：以季度为间隔。 m：以月为间隔。 ww：以周（7 天）为间隔。 d：以天为间隔	DateAdd("yyyy",−1,Date()) DateAdd("q",−1,Date()) DateAdd("m",−1,Date()) DateAdd("ww",−1,Date()) DateAdd("d",−1,Date())

表 4-4　常用转换函数

函　数	功　能	示　例	返　回　值
Asc(s)	返回字符串 s 中第一个字符的 ASCII 码值	Asc("ABC")	65
Chr(x)	把 x 的值作为 ASCII 码转换为对应的字符	Chr(65)	"A"
Str(x)	把数值 x 转换为一个字符串，如果 x 为正数，则返回的字符串前有一个前导空格	Str(123)	"∪123"
		Str(−123)	"−123"
Val(s)	把数字字符串 s 转换为数值。当遇到非数字字符时停止转换	Val("123")	123
		Val("123AB")	123
		Val("a123AB")	0
		Val("12e3abc")	12000

4.1.4　运算符和表达式

Access 提供了算术运算符、字符运算符、关系运算符和逻辑运算符。表 4-5 所示为 Access 常用运算符。

表 4-5　常用运算符

类　型	运 算 符	优 先 级	含　义	示　例	结　果
一	( )	1	括号		
算术运算符	^	2	乘幂	5^2	25
	−	3	取负（单目运算）	−5	−5
	*、/	4	乘、浮点除	5*8/2	20
	\	5	整除	5\2	2
	Mod	6	取模（求余数）	17 Mod 3	2
	+、−	7	加、减	2+3−7	−2

类　型	运　算　符	优 先 级	含　义	示　例	结　果
字符运算符	&	8	字符串连接	"第" & [Page] & "页"	
	+		两边操作数必须是文本型的	[学号] + [姓名]	
关系运算符	=	9	等于	5=6	False
	>		大于	8>5	True
	>=		大于等于	3>=1	True
	<		小于	1<2	True
	<=		小于等于	6<=3	False
	<>		不等于	5<>6	True
关系运算符	Is [Not] Null	9	Is Null 表示为空 Is Not Null 表示不为空	Is Null	
	Like		判断字符串是否符合某一模式符，若符合，返回真值，否则返回假值	Like "张*"	
	Between A and B		判断表达式的值是否在[A,B]区间。A、B 可以是数字型、文本型、日期型	Between Date( )And Date( )-20	近 20 天之内
	In		判断表达式的值是否在值列表中	In(75,85,95) In("学士","硕士","博士")	
逻辑运算符	Not	10	非	Not [是否党员]	
	And	11	与	>=0 And <=100	
	Or	12	或	"学士" Or "硕士" Or "博士"	
	Xor	13	异或	1<2 Xor 2>1	True

4.2　Access 查询

　　Access 中，查询是具有条件检索和计算功能的数据库对象。利用查询可以查看、更改以及分析数据，也可以将查询对象作为窗体和报表的记录源。查询是以表或查询为数据源的再生表。查询的运行结果是一个动态数据集合，从查询的运行视图上看到的数据集合形式与数据表视图上看到的数据集合形式完全一样，其实质是完全不同的。可以这样说，数据表是数据源之所在，而查询是针对数据源的操作命令，相当于程序。

　　一个 Access 查询对象实质上是一条 SQL 语句，而 Access 提供的查询设计视图就是提供了一个编写相应 SQL 语句的可视化工具。在 Access 提供的查询设计视图上，可以通过直观的操作，迅速地建立所需要的 Access 查询对象，即编写一条 SQL 语句，从而增加了设计的便利性、减少了编写 SQL 语句过程中可能出现的错误。

根据对数据源的操作方式以及查询结果的不同，Access 提供的查询可分为 5 种类型：选择查询、交叉表查询、参数查询、操作查询和 SQL 查询。

4.2.1 选择查询

在 Access 中，创建查询的方法主要有两种：使用查询设计视图创建查询和使用查询向导创建查询。本节主要介绍使用查询设计视图创建查询。

使用查询设计视图创建查询首先要打开查询设计视图窗口，然后根据需要进行查询定义。单击"创建"选项卡→"查询"选项组→"查询设计"按钮，通过"显示表"对话框选择数据源后，关闭对话框，即可打开"查询设计视图"窗口。图 4-1 所示为在"查询设计视图"下单击"汇总"按钮后显示的窗口。

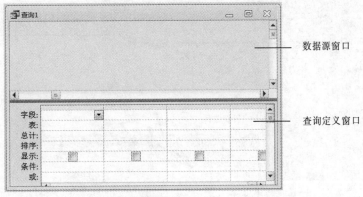

图 4-1 "查询"窗口

查询设计视图窗口由两部分组成：上半部分是数据源窗口，用于显示该查询所使用的数据源，数据源可以是数据表，也可以是已创建好的查询；下半部分是查询定义窗口，也称为 QBE（Query By Example）网格，主要包括以下内容：

（1）字段：设置查询结果中所涉及的字段。

（2）表：字段的数据来源。

（3）总计：设置字段的运算方式（Group By、合计、平均值、最大值、最小值、计数）。

（4）排序：设置查询结果是否按该字段排序[升序、降序、（不排序）]。

（5）显示：设置查询结果中是否显示该字段。若复选框被选中，则显示，否则不显示。

（6）条件：设置查询条件，同一行中的多个条件之间是逻辑"与"的关系。

（7）或：设置查询条件，表示多个条件之间的逻辑"或"关系。

选择查询是最基本的查询类型，它能够从一个或多个数据源中获取数据，指定查询条件，还可以利用查询条件对记录进行分组，并实现总计、计数、平均值等运算。

【例 4-1】查询单价高于 80 元的产品的产品 ID、产品名称、库存量信息，查询结果要求按单价从高到低排序。

操作过程如图 4-2 所示。

① 在"创建"选项卡的"查询"选项组中，单击"查询设计"按钮。

② 弹出"显示表"对话框，在"表"选项卡下选择"产品"，单击"添加"按钮；或者直接双击完成添加。单击"关闭"按钮关闭对话框。

③ 选取字段。字段选取方法：在数据源中双击字段；将字段从数据源拖动到字段行；从字段行下拉列表中选取。

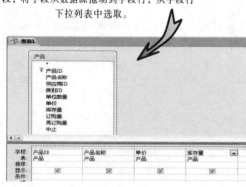

④ 设置条件。

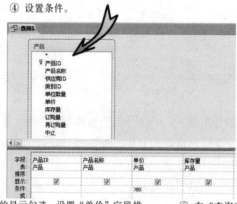

⑤ 取消"单价"字段的显示勾选。设置"单价"字段排序为降序。

⑥ 在"查询工具 | 设计"选项卡的"结果"选项组中，单击"！运行"按钮，运行查询。

⑦ 保存查询

图 4-2　例 4-1 的操作步骤

查询创建完成、保存在数据库中后，运行查询才可以看到查询结果。运行查询的方法有以下几种：

（1）在查询设计视图，单击"查询工具 | 设计"选项卡→"结果"选项组→"！运行"按钮。

（2）在查询设计视图，单击"查询工具｜设计"选项卡→"结果"选项组→"视图"按钮。

（3）在查询设计视图，右击查询设计视图的标题栏，在弹出的快捷菜单中选择"数据表视图"命令。

（4）在查询关闭的情况下，双击导航窗格中要运行的查询。

【例 4-2】查询产品名称中含有"糕粒"或单价大于 80 且小于 200 元的产品的产品 ID、产品名称、库存量，如图 4-3 所示。

本例中查询含有"糕粒"的产品名称，条件可以写成：Like '*糕粒*'。

【例 4-3】查询雇员的姓名、所售产品的订购日期、产品名称，如图 4-4 所示。

分析：雇员表中没有姓名字段但有姓氏和名字，可以通过计算获得姓名信息，计算表达式为[姓氏]&[名字]，其中"姓名"为查询结果集中的列标题。

图 4-3　例 4-2 操作示例　　　　　　　　图 4-4　例 4-3 操作示例

【例 4-4】查询雇员的雇员 ID、名字、年龄。

分析：雇员表中没有年龄信息，只有出生日期，可以通过计算获得年龄信息，计算表达式为年龄：Year(Date())-Year([出生日期])。其中，"年龄"为查询结果集中的列标题，如图 4-5（a）所示。查询结果集如图 4-5（b）所示。

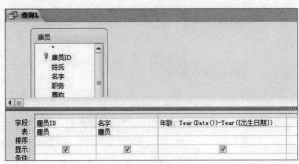

（a）设置查询条件　　　　　　　　　　（b）查询结果

图 4-5　例 4-4 操作示例

【例 4-5】查询类别名称及每类产品的平均价格。

分析：需要针对产品表中的类别进行分组。操作过程如图 4-6 所示。

① 创建一个选择查询。

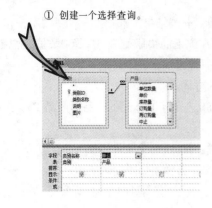

② 单击"查询工具 | 设计"选项卡"显示/隐藏"选项组中的"汇总"按钮

③ 出现"总计"行，在"成绩"字段列的"总计"行下拉列表中选择"平均值"。

④ 运行查询，保存查询。

图 4-6　例 4-5 操作示例

【例 4-6】查询类别名称及每类产品的平均价格。要求平均价格结果保留 1 位小数。

分析：使用 Round()函数进行四舍五入。从"总计"行的"平均分"列的下拉列表中选取 Expression，如图 4-7 所示。

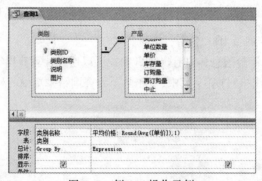

图 4-7　例 4-6 操作示例

【例 4-7】查询没有订购"三川实业有限公司"所订商品的客户，显示客户公司名称。

分析：这个查询要分两步，第一步先查询"三川实业有限公司"所定产品，第二步根据第一步的结果再进行查询，如图 4-8 所示。

4.2.2　操作查询

操作查询是在选择查询的基础上进行创建，可以对表中的记录进行追加、修改、删除和更新操作。操作查询包括删除查询、更新查询、追加查询和生成表查询。

1．删除查询

【例 4-8】删除 Temp 表中库存量为零的记录。

操作过程如图 4-9 所示。

① 查询"三川实业有限公司"所订产品的 ID。

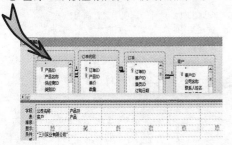

② 单击"视图"下的 SQL 视图并复制 SQL 语句。

③ 将②中复制的 SQL 语句放置在产品 ID 中条件区并在前方加上 NOT IN。

④ 运行查询，保存查询。

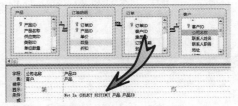

图 4-8　例 4-7 操作示例

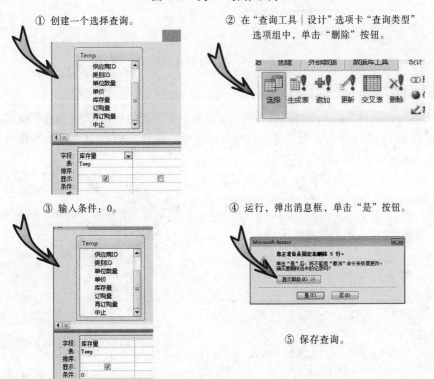

① 创建一个选择查询。

② 在"查询工具 | 设计"选项卡"查询类型"选项组中，单击"删除"按钮。

③ 输入条件：0。

④ 运行，弹出消息框，单击"是"按钮。

⑤ 保存查询。

图 4-9　例 4-8 操作示例

使用删除查询将删除整条记录，而非只删除记录中的字段值。记录删除后将不能恢复。

2. 更新查询

更新查询可以对一个或多个表中符合查询条件的数据进行批量修改。

【例 4-9】更新 Temp 表中的"单价"字段，将调味品单价上调 5%。

操作过程如图 4-10 所示。

① 创建一个选择查询。

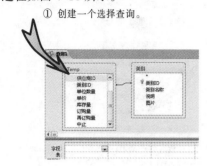

② 单击"查询工具│设计"选项卡"查询类型"选项组中的"更新"按钮。

③ "更新到"行"单价"列输入：[单价]*.1.05；"条件"行"类别名称"列输入：调味品。

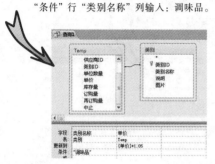

④ 运行，弹出消息框，单击"是"按钮。

⑤ 保存查询。

图 4-10 例 4-9 操作示例

3. 追加查询

追加查询可以从一个或多个表中将一组记录追加到一个表的尾部，大大提高数据输入的效率。

【例 4-10】将产品表中的产品名称及订单明细表中的单价、数量、折扣追加到销售明细表中。操作过程如图 4-11 所示。

① 创建一个选择查询。

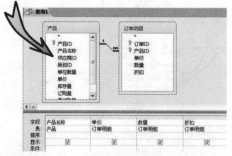

② 在"查询工具│设计"选项卡"查询类型"选项组中，单击"追加"按钮。

③ 弹出"追加"对话框，在"追加到"选项下，从"表名称"下拉列表中选择"销售明细"，单击"确定"按钮。

④ 运行，弹出消息框，单击"是"按钮。

⑤ 保存查询。

图 4-11 例 4-10 操作示例

4．生成表查询

生成表查询可以实现将查询的运行结果以表的形式存储在磁盘上，生成一个新表，重组数据集合。

【例 4-11】查询每名雇员的销售总额，要求有雇员 ID、姓名、销售额字段查询结果保存到名为"雇员销售情况"的表中。

操作过程如图 4-12 所示。注意销售额字段保留两位小数，结果按销售额降序排列。

① 创建一个选择查询。

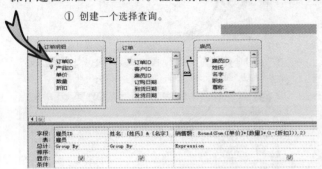

② 在"查询工具 | 设计"选项卡"查询类型"选项组中，单击"生成表"按钮。

③ 弹出"生成表"对话框，在"生成新表"选项下，输入表名称：雇员销售情况，单击"确定"按钮。

④ 运行，弹出消息框，单击"是"按钮。

⑤ 保存查询

图 4-12　例 4-11 操作示例

4.2.3　参数查询

参数查询是一种动态查询，可以在每次运行查询时输入不同的参数值，系统根据给定的参数值确定查询条件，运行查询结果。

【例 4-12】模糊查询指定包含指字字符的产品名称的产品 ID、产品名称、单价、库存量。

操作过程如图 4-13 所示。

①创建一个选择查询。在"条件"行"产品名称"列输入：Like "*" & [请输入产品名称] & "*"。

② 运行，系统弹出"输入参数值"对话框，输入任意字符，单击"确定"按钮，得到查询结果，保存查询。

图 4-13　例 4-12 操作示例

【例 4-13】查询在某个价格区间内的产品的产品 ID、产品名称、单价，库存量价格区间在运行时指定。

操作过程如图 4-14 所示。

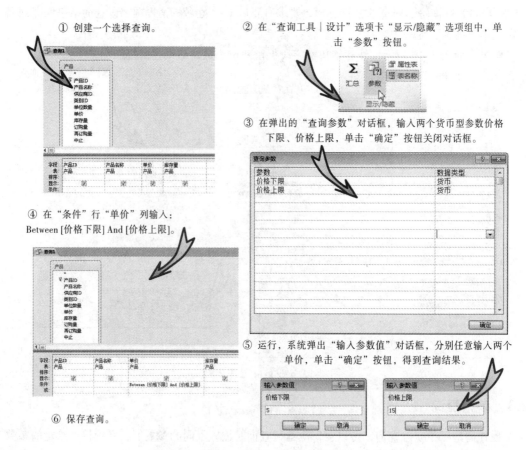

图 4-14   例 4-13 操作示例

4.2.4   交叉表查询

交叉表查询是将来源于某个表中的字段进行分组，一组列在交叉表左侧作为行标题，一组列在交叉表上部作为列标题，并在交叉表行与列交叉处显示表中某个字段的各种汇总统计值，以达到数据统计的目的。

在创建交叉表查询时，需要指定 3 种字段：行标题、列标题和总计字段。

注意：交叉表中只能有一个列标题、一个值，但可以有多个行标题。

交叉表查询既可以通过交叉表查询向导来创建，也可以在设计视图中创建。本节只介绍通过查询设计视图创建交叉表查询。

【例 4-14】查询每位雇员每类产品的销售金额。

分析：创建交叉表查询，将雇员姓名作为行标题，类别名称作为列标题，行列交叉处为销售额。

操作过程如图 4-15 所示。

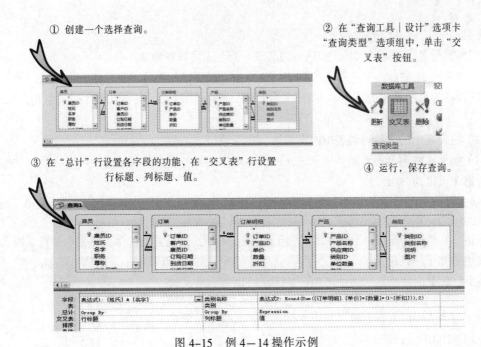

图 4-15　例 4-14 操作示例

4.3　结构化查询语言（SQL）

结构化查询语言（Structured Query Language，SQL）是一种操作关系数据库的语言，具有如下特点：

（1）使用方式灵活。SQL 具有两种使用方式，即可以直接以命令方式交互使用，也可以嵌入使用，如嵌入到 C、C++、Visual Basic、Java 等语言中使用。

（2）非过程化的语言。只提操作要求，不必描述操作步骤，即使用时只需要告诉计算机"做什么"，而不需要告诉它"怎么做"。

（3）语言简洁，语法简单，功能强大，好学好用。SQL 集数据定义语言（DDL）、数据操纵语言（DML）、数据查询语言（DQL）和数据控制语言（DCL）于一体，可以完成数据库中的全部工作。

SQL 是 1974 年由 Boyce 和 Chamberlin 提出的，并首先在 IBM 公司研制的关系数据库原型系统 System R 上实现。由于它具有功能丰富、使用灵活、语言简捷易学等特点，被众多计算机工业界和计算机软件公司所采用。1986 年，SQL 被美国国家标准局批准成为关系型数据库语言的标准。

本节主要介绍 SQL 的数据操纵、数据查询两大功能。

4.3.1　数据操纵语言

1. 插入数据

格式：

```
INSERT INTO 表名[(字段名 1[,字段名 2[,…]])]
VALUES ([常量 1[,常量 2[,…]])
```

功能：向指定表中添加一条记录。

说明：

（1）[(字段名 1[,字段名 2[,…]])]称为列名表。列名表可以省略。

（2）([常量 1[,常量 2[,…]])称为值列表。文本型常量要求用英文单引号或双引号括起来。日期型常量用#括起来。是/否常量可以用 True 表示真，False 表示假，也可以用 Yes 表示是，No 表示否。

（3）值列表中的值与列名表中的字段按位置、顺序、类型一一对应。

（4）如果省略列名表，则新插入记录的值的顺序必须与表中字段的定义顺序一致，且每个字段均有值（可以为 NULL）。

【例 4-15】向"产品"表中追加一条记录：猪腿肉，2，6，每袋 1 公斤，45，500，0，0，否。

```
INSERT INTO 产品  VALUES("猪腿肉",2,6,"每袋 1 公斤",45,500,0,0,false)
```

单击"！运行"按钮，系统弹出"您正准备追加 1 行。"消息框，单击"是"按钮，即在"产品"表中追加了一条记录。

【例 4-16】向"产品"表中追加一条记录：山东小米，2,5。

```
INSERT INTO 产品 (产品名称,供应商 ID,类别 ID) VALUES('山东小米',2, 5)
```

由于值列表中的常量有缺，所以必须指定列名表中与常量对应的字段名。当然，缺失的常量也可以用 NULL 表示。

2．更新数据

格式：

```
UPDATE 表名 SET 字段名=表达式[,字段名=表达式[,…]]  [WHERE 条件]
```

功能：更新指定表中满足条件的指定字段的数据。

【例 4-17】更新产品表中数据，将"单价"字段上调 2%。

```
UPDATE 产品 SET 单价=单价*1.02
```

单击"！运行"按钮，系统弹出"您正准备更新××行。"消息框（××为具体行数），单击"是"按钮更新表中的"学分"字段。

【例 4-18】更新产品表中数据，将"单价"字段下调 2%，库存数量增加 5。

```
UPDATE 产品 SET 单价=单价*0.98,库存量=库存量+5
```

【例 4-19】更新产品表的数据，将龙虾库存量下调 3。

```
UPDATE 产品 SET 库存量=库存量-3
WHERE 产品名称='龙虾'
```

3．删除数据

格式：

```
DELETE FROM 表名 [WHERE 条件]
```

功能：删除指定表中满足条件的记录。

【例 4-20】删除 Temp 表的全部记录。

```
DELETE FROM Temp
```

单击"！运行"按钮，系统弹出"您正准备从指定表删除××行。"消息框（××为具体行数），单击"是"按钮删除了"选修"表中的全部记录，只保留了表结构。删除的数据不能恢复。

【例 4-21】删除产品表中单价小于 5 的记录。

```
DELETE FROM 产品
WHERE 单价<5
```

4.3.2 数据查询语言

查询是数据库应用系统最主要的功能。SQL 的查询功能强大、灵活简便，用一个 SELECT 语句就可以实现关系代数的投影、选择、连接运算。

格式：

```
SELECT [结果显示范围] 字段列表 [INTO 新表名]
FROM 表名列表
[WHERE 条件]
[GROUP BY 分组字段名列表 [HAVING 分组条件表达式] ]
[ORDER BY 排序字段名列表 [ASC|DESC ]
```

功能：从指定表中检索满足条件、按某字段分组、按某字段排序的指定字段组成的新记录集。

说明：

（1）SELECT 子句：查询结果集需要的字段。

结果显示范围：

ALL：返回满足条件的所有记录，含重复值。默认值为 ALL。

DISTINCT：有重复值的只显示 1 个。

TOP n [PERCENT]：显示查询结果前 n 条或前 n%条记录。

字段列表的格式：

```
[表名.]字段名|表达式 [AS 别名]|函数[AS 别名][,… ]
```

当结果集显示表中所有列时，字段列表用"*"号表示。

（2）FROM 子句：指定 SELECT 子句中字段列表的来源。

（3）INTO 子句：查询结果以表对象形式存储。

（4）WHERE 子句：指定查询满足的条件。条件可以是：

关系表达式，运算符有>、>=、<、<=、=、<>（不等于）。

确定范围：查询字段或表达式的值在或不在[下限值,上限值]区间范围内的记录。格式：

```
字段名|表达式 [NOT] BETWEEN 下限值 AND 上限值
```

确定集合：查询字段值属于或不属于指定集合的记录。格式：

```
字段名 [NOT] IN(常量1,常量2,…,常量 n)
```

字符匹配：查询字段值是否匹配指定模式。格式：

```
字段名 [NOT] LIKE 匹配串
```

匹配串中可包含如下通配符：

?：匹配任意一个字符。

*：匹配 0 个或多个字符。

[字符列表]：匹配字符列表中的任意一个字符。

[!字符列表]：不匹配字符列表中的任意一个字符。

#：匹配一个数字字符。

空值：空值（NULL）在数据表中表示不确定的值。查询字段值是否为空的记录，格式：

```
字段名 IS [NOT] NULL
```

逻辑表达式：查询满足多重条件的记录，运算符有 NOT（非）、AND（与）、OR（或）。

（5）GROUP BY 子句：按指定字段进行分组。

（6）HAVING 子句：用于对分组自身进行筛选。

（7）ORDER BY 子句：对查询结果集按指定字段进行排序。

格式：

```
ORDER BY 字段名|别名 [ASC|DESC] [,...]
```

其中，ASC——升序，默认值；DESC——降序。

1．字段的查询

【例 4-22】查询产品表的全部基本信息（所有列）。

```
SELECT *
FROM 产品
```

【例 4-23】查询产品表中的产品 ID、产品名称、单价。

```
SELECT 产品ID,产品名称,单价
FROM 产品
```

对应的关系代数表达式：$\pi_{\text{产品 ID,产品名称,单价}}$（产品）。

【例 4-24】查询产品的产品名称，重名的只显示一个。

```
SELECT DISTINCT 产品名称
FROM 产品
```

2．记录的选择查询

【例 4-25】查询产品表中价格大于 100 的产品名称、单价、数量。

```
SELECT 产品名称,单价,数量
FROM 产品
WHERE 单价>100
```

对应的关系代数表达式：$\pi_{\text{产品名称,单价,数量}}(\sigma_{\text{单价>100}}(\text{产品}))$。

【例 4-26】查询订单表中 1996 年 7 月的所有订单。

```
SELECT *
FROM 订单
WHERE 订购日期>=#1996-7-1# and 订购日期<=#1996-7-31#
```

【例 4-27】查询产品单价为 18、25、97 的产品的产品名称、库存量。

```
SELECT 产品名称,库存量
FROM 产品
WHERE 单价 IN(18,25,97)
```

对应的关系代数表达式：$\pi_{\text{产品名称,库存量}}(\sigma_{\text{单价=18}\vee\text{单价=25}\vee\text{单价=97}}(\text{产品}))$

【例 4-28】查询除去类别 ID 为 6、7 两个类别的产品的信息。

```
SELECT *
FROM 产品
WHERE 类别ID NOT IN(6,7)
```

WHERE 子句还可以写成：WHERE 类别 ID<>6 And 类别 ID<>7'。

【例 4-29】查询产品名称中含有"汁"的产品。

```
SELECT *
FROM 产品
WHERE 产品名称 LIKE "*汁*"
```

【例 4-30】查询产品名称中含有"汁、牛、米"的产品。

```
SELECT *
FROM 产品
WHERE 产品名称 LIKE "*[汁牛米]*"
```

【例 4-31】查询产品名称中不含有"汁、牛、米"的产品。

```
SELECT  *
FROM 产品
WHERE 产品名称 LIKE "*[! 汁牛米]*"
```

WHERE 子句还可以写成：WHERE 姓名 NOT LIKE "*[汁牛米]*"。

【例 4-32】查询产品名称中的第 2 个字为"花"或"米"的产品的产品名称、单价。

```
SELECT  产品名称,单价
FROM 产品
WHERE 产品名称 LIKE "?[花米]*"
```

【例 4-33】查询单价在 150 元以上的产品的产品名称、库存量。

```
SELECT  产品名称,库存量
FROM 产品
WHERE 单价 LIKE "15#"
```

WHERE 子句还可以写成：WHERE 单价>=150。

3. 聚合查询

聚合函数是通过 SQL 对数据进行计算时使用的函数。常用的函数有：

（1）COUNT：计算表中记录数（行数），参数可以是"*"号，也可以是某个字段。

（2）SUM：计算表中数字字段的合计值，参数是某个数字字段。

（3）AVG：计算表中数字字段的平均值，参数是某个数字字段。

（4）MAX：计算表中某字段的最大值，参数是某个字段。

（5）MIN：计算表中某字段的最小值，参数是某个字段。

当聚合函数的参数是具体的某个字段时，统计结果忽略该字段中的 NULL 值。

【例 4-34】查询产品表中的产品种数。

```
SELECT COUNT(*) AS 产品种数
FROM 产品
```

当 COUNT() 函数的参数是"*"时，表示是全部列，所以统计计算的是表中所有记录数（行数）。该例也可以写成如下形式：

```
SELECT COUNT(产品ID) AS 产品种数
FROM 产品
```

当 COUNT() 函数的参数是某个具体字段时（如产品 ID），统计该字段列非空值的个数，由于"产品 ID"字段是产品表的主键，不可能有空值，所以两条语句查询结果一致。

【例 4-35】查询统计类别 ID 为 6 的产品的总库存量。

```
SELECT SUM(库存量) AS 总库存量
FROM 产品
WHERE 类别ID=6
```

【例 4-36】查询统计类别 ID 为 6 的产品的平均价格。

```
SELECT avg(单价) AS 平均价格
FROM 产品
WHERE 类别ID=6
```

【例 4-37】查询统计类别 ID 为 6 的产品的最高价和最低价。

```
SELECT MAX(单价) AS 最高价,MIN(单价) AS 最低价
FROM 产品
WHERE 类别ID=6
```

注意：在 WHERE 子句中不能使用聚合函数。

4．分组

分组是将整个表按指定字段分成若干小组之后再进行聚合统计。

【例 4-38】查询统计每类产品的总库存量、产品数及平均价格。

分析：统计每类产品的信息，先将产品表中同一类的记录分成一组，分组之后再进行统计。

```
SELECT  类别ID,SUM(库存量) AS 总库存量,COUNT(产品ID) AS 产品数,AVG(单价) AS 平均
价格
  FROM 产品
  GROUP BY 类别ID
```

【例 4-39】查询统计每类产品的最高价、最低价。

```
SELECT  类别ID,MAX(单价) AS 最高价,MIN(单价) AS 最低价
  FROM 产品
  GROUP BY 类别ID
```

【例 4-40】查询统计雇员中男、女人数。

```
SELECT  性别,COUNT(*) AS 人数
  FROM 雇员
  GROUP BY 性别
```

注意：

（1）使用 GROUP BY 子句时，SELECT 子句中不能出现分组字段名之外的字段名。

（2）在 GROUP BY 子句中，不能使用 SELECT 子句中定义的别名。

【例 4-41】查询至少有 10 种以上产品的类别。

分析：此题应先按照类别 ID 进行分组，在分组的基础上统计每个类别的产品数，查询结果只显示 10 种以上的类别 ID。在分组的基础上进行组级别上的筛选，使用 HAVING 子句。

```
SELECT 类别ID
  FROM 产品
  GROUP BY 类别ID HAVING COUNT(*)>10
```

5．排序

【例 4-42】查询产品表信息，查询结果按库存量降序排序。

```
SELECT  *
  FROM 产品
  ORDER BY 库存量 DESC
```

【例 4-43】查询产品表中的库存量排在前 5 名的产品信息。

```
SELECT TOP 5 *
  FROM 产品
  ORDER BY 库存量 DESC
```

【例 4-44】查询产品表中的库存量排在前 20%的产品信息。

```
SELECT TOP 20 PERCENT *
  FROM 产品
  ORDER BY 库存量 DESC
```

【例 4-45】查询产品表信息，查询结果按库存量降序排列，库存量相同的按单价升序排列。

```
SELECT  *
  FROM 产品
  ORDER BY 库存量 DESC,单价
```

当 ORDER BY 子句中有多个排序字段时，系统先按第 1 字段排序，第 1 字段值相同的按第 2 字段排序，依此类推。

【例 4-46】查询产品表平均价格大于或等于 20 元的产品名称和平均价格，查询结果按平均价格降序排序。

```
SELECT 产品名称,AVG(单价) AS 平均价格
FROM 产品
GROUP BY 产品名称 HAVING AVG(单价)>=20
ORDER BY AVG(单价) DESC
```

注意：

各子句的书写顺序：SELECT 子句→FROM 子句→WHERE 子句→GROUP BY 子句→HAVING 子句→ORDER BY 子句

各子句的执行顺序：FROM 子句→WHERE 子句→GROUP BY 子句→HAVING 子句→SELECT 子句→ORDER BY 子句。

6. 连接

当从多个相互关联的表中获取数据时，需要进行多表连接。

【例 4-47】查询产品的产品 ID、产品名称、类别名称。

分析：查询的"产品 ID"字段、"产品名称"字段在"产品"表中，"类别名称"字段在"类别"表中，所以需要从"产品""类别"两个表中获取数据。

```
SELECT  产品 ID,产品名称,类别名称
FROM 产品,类别
WHERE 产品.类别 ID=类别.类别 ID;
```

上面的语句形式可以在所有的 DBMS 中执行，但是这是过时的写法。此例还可以写成如下形式：

```
SELECT  产品 ID,产品名称,类别名称
FROM  产品 INNER JOIN 类别  ON 产品.类别 ID =类别.类别 ID;
```

对应的关系代数表达式：$\pi_{产品 ID,产品名称,类别名称}(产品 \bowtie 类别)$。

7. 嵌套

在 SQL 中，一个 SELECT …FROM … WHERE 语句产生一个新的数据集，如果一个查询语句完全嵌套到另一个查询语句中的 WHERE 或 HAVING 的"条件"短语中，那么这种查询称为嵌套查询。

一般格式：

```
SELECT ...
FROM ...          外层查询或父查询
WHERE...(SELECT ...
         FROM ...      内层查询或子查询
         WHERE...
```

嵌套查询的求解方法是"由里到外"进行的，从最内层的子查询开始，依次由里到外完成求解。即每个子查询在其上一级查询未处理之前已完成求解，其结果作为父查询的查询条件。

【例 4-48】查询类别为点心的所有产品信息。

分析：需要先知道在"类别"表中点心类别对应的类别编号，然后在"产品"表中查询这些类别编号对应的产品。

```
SELECT *
FROM 产品
WHERE 类别 ID IN (SELECT 类别 ID
                    FROM 类别
                    WHERE 类别名称='点心')
```

子查询的结果是一个集合，所以使用谓词 IN。

【例 4-49】查询与 20 号产品同一个供应商的其他产品的信息。

分析：需要先知道在"产品"表中 20 号产品所在的供应商 ID，然后在"产品"表中再查询同一供应商编号的其他的学生信息。

```
SELECT *
FROM 产品
WHERE 供应商 ID=(SELECT 供应商 ID
                    FROM 产品
                    WHERE 产品 ID=20)
        AND 产品 ID<>20
```

一个产品所在的供应商编号是唯一的，所以可以用比较运算符"="。当然，本题仍然可以用谓词 IN。

【例 4-50】查询购买了"佳佳乐"供应商所供应商品的客户公司名称。

分析：供应商名称信息在"供应商"表中，购买信息在"订单明细"表中，而客户购买信息在"订单"表中。本题需要先在"产品"表中查询"佳佳乐"供应商供应的产品 ID，然后在"订单明细"表中查询客户 ID，最后在"客户"表中查询该客户对应的公司名称。

```
SELECT 公司名称
FROM 客户
WHERE 客户 ID IN
        ( SELECT 客户 ID
          FROM 订单
          WHERE 订单 ID IN
                    (SELECT 订单 ID
                    FROM 订单明细
                    WHERE 产品 ID IN
                        ( SELECT 产品 ID
                        FROM 产品,供应商
                        WHERE 产品.供应商 ID=供应商.供应商 ID AND
                        公司名称="佳佳乐")
                        ))
```

【例 4-51】查询没有购买 5 号供应商所供应产品的订单信息。

```
ELECT *
FROM 订单
WHERE 订单 ID NOT IN(SELECT 订单 ID
                    FROM 订单明细,产品
                    WHERE 订单明细.产品 ID=产品.产品 ID and  供应商 id=5)
```

【例 4-52】查询单价高于所有商品平均价格的产品。

分析：需要先知道所有产品的平均价格，然后再查询大于此平均价格的产品的信息。

```
SELECT *
FROM 产品
WHERE 单价 > (SELECT AVG(单价)
```

```
                    FROM 产品)
```

8. 联合

并（Union）操作就是将多个数据集进行合并，形成一个新的数据集。要求运算的数据集具有相同的字段个数，并且对应的字段的值要出自同一个值域，即具有相同的数据类型和取值范围。

【例 4-53】查询统计雇员表中男女生人数。

```
SELECT "男" AS 性别,COUNT(*) AS 人数
FROM 雇员
WHERE 性别="男"
UNION
SELECT "女" AS 性别,COUNT(*) AS 人数
FROM 雇员
WHERE 性别="女"
```

9. 其他

【例 4-54】查询产品表中中止订购产品的产品 ID、产品名称、单价，并将查询结果存到名为"中止订购"的表中。

分析：使用 INTO 子句将查询结果存储到指定表中。

```
SELECT  产品 ID, 产品名称,单价  INTO 中止订购
FROM 产品
WHERE 中止
```

【例 4-55】将产品表中的产品 ID、产品名称和单价追加到 Temp 表中。

分析：进行多条记录的追加操作，即将 SELECT 语句的查询结果集追加到选修表尾。

```
INSERT INTO temp (产品 ID、产品名称,单价)
SELECT 产品 ID、产品名称,单价
FROM  产品
```

习　　题

一、单项选择题

1. SQL 是英文（　　　）的缩写。
   A. Standard Query Language
   B. Structured Query Language
   C. Select Query Language
   D. Special Query Language

2. SQL 的数据操作语句不包括（　　　）。
   A. INSERT　　　　B. DELETE　　　　C. UPDATE　　　　D. CHANGE

3. 在 SQL 中，实现数据检索的语句是（　　　）。
   A. SELECT　　　　B. INSERT　　　　C. UPDATE　　　　D. DELETE

4. 下列 SQL 语句中，修改表结构的是（　　　）。
   A. ALTER　　　　B. CREATE　　　　C. UPDATE　　　　D. INSERT

5. 在 SQL 的 SELECT 语句中，WHERE 引导的是（　　　）。
   A. 表名　　　　B. 字段列表　　　　C. 条件表达式　　　　D. 列名

6. 在 SQL 的 SELECT 语句中，用于实现选择运算的子句是（　　　）。
   A. FOR　　　　B. IF　　　　C. WHILE　　　　D. WHERE

7. 在 SQL 的 SELECT 语句中，用于指明检索结果排序的子句是（　　　）。

 A. FROM   B. WHILE   C. GROUP BY   D. ORDER BY

8. 在 SQL 查询中，Group By 的含义是（　　　）。

 A. 选择行条件   B. 对查询进行排序 C. 选择列字段   D. 对查询进行分组

9. 关于 SQL 的短语，下列说法正确的是（　　　）。

 A. ORDER BY 子句必须在 GROUP BY 子句之后用

 B. DESC 子句与 GROUP BY 子句必须连用

 C. HAVING 子句与 GROUP BY 子句必须连用

 D. ORDER BY 子句与 GROUP BY 子句必须连用

10. "成绩 Between 80 and 90" 的含义是（　　　）。

 A. 成绩>80 and 成绩<90   B. 成绩>=80 and 成绩<=90

 C. 成绩>80 or 成绩<90   D. 成绩>=80 or 成绩<=90

11. 在 SELECT 语法中，"?" 可以匹配（　　　）。

 A. 零个字符   B. 多个字符   C. 零个或多个字符 D. 任意单个字符

12. 使用 Like 运算符，查询包含 "数据库" 字样的匹配串，下面正确的是（　　　）。

 A. "*数据库"   B. "*数据库*"   C. "?数据库"   D. "数据库?"

13. 下列关于 SQL 语句的说法中，错误的是（　　　）。

 A. INSERT 语句可以向数据表中追加新的数据记录

 B. UPDATE 语句用来修改数据表中已经存在的数据记录

 C. DELETE 语句用来删除数据表中的记录

 D. CREATE 语句用来建立表结构并追加新的记录

14. 删除学生表中出生日期字段的命令是（　　　）。

 A. DELETE FROM 学生 WHERE 出生日期

 B. DROP TABLE 学生

 C. DELETE FROM 学生 WHERE 字段＝出生日期

 D. ALTER TABLE 学生 DROP 出生日期

15. 如果在数据库中已存在同名的表，要通过查询覆盖原来的表，应该使用的查询类型是（　　　）。

 A. 删除   B. 追加   C. 生成表   D. 更新

16. 将表 A 的记录添加到表 B 中，要求保持表 B 中原有的记录，可以使用的查询是（　　　）。

 A. 选择查询   B. 追加查询   C. 更新查询   D. 生成表查询

17. 利用对话框提示用户输入查询条件，这样的查询属于（　　　）。

 A. 选择查询   B. 参数查询   C. 操作查询   D. SQL 查询

18. 创建参数查询时，在查询设计视图条件行中应将参数提示文本放置在（　　　）。

 A. {}中   B. ()中   C. []中   D. <>中

19. 如果在查询条件中使用通配符 "[]"，其含义是（　　　）。

 A. 错误的使用方法   B. 通配任意长度的字符

 C. 通配不在括号内的任意字符   D. 通配方括号内任一单个字符

20. 若在查询条件中使用了通配符 "!"，它的含义是（　　　）。

    A. 通配任意长度的字符　　　　　　B. 通配不在括号内的任意字符

    C. 通配方括号内列出的任一单个字符　D. 错误的使用方法

21. "学生"表中有"学号""姓名""性别"和"入学成绩"等字段。执行如下 SQL 命令后的结果是（　　　）。

> Select 性别,Avg(入学成绩) From 学生 Group by 性别

    A. 计算并显示所有学生的平均入学成绩

    B. 计算并显示所有学生的性别和平均入学成绩

    C. 按性别顺序计算并显示所有学生的平均入学成绩

    D. 按性别分组计算并显示不同性别学生的平均入学成绩

22. 在 Access 数据库中使用向导创建查询，其数据可以来自（　　　）。

    A. 多个表　　　　B. 一个表　　　　C. 一个表的一部分　D. 表或查询

23. 在 Access 中已经建立了"学生"表，若查找"学号"是 S00001 或 S00002 的记录，应在查询设计视图的"条件"行中输入（　　　）。

    A. "S00001" and"S00002"　　　　B. not ("S0001" and "002")

    C. in ("S00001","S00002")　　　　D. not in("S00001","S00002")

24. 下列关于操作查询的叙述中，错误的是（　　　）。

    A. 在更新查询中可以使用计算功能　B. 删除查询可删除符合条件的记录

    C. 生成表查询生成的新表是原表的子集　D. 追加查询要求两个表的结构必须一致

25. 下列关于查询设计视图"QBE 网格"各行作用的叙述中，错误的是（　　　）。

    A. "总计"行是用于对查询的字段进行求和

    B. "表"行设置字段所在的表或查询的名称

    C. "字段"行表示可以在此输入或添加字段的名称

    D. "条件"行用于输入一个条件来限定记录的选择

26. 嵌套查询的子查询结果记录个数一定是（　　　）。

    A. 一个记录　　　　　　　　　　　B. 多个记录

    C. 由子查询中的 WHERE 子句而定　D. 与 FROM 子句指定的表的记录个数相同

27. 假设设计了如图 4-16 所示的查询，该查询的功能是（　　　）。

图 4-16　第 27 题示例

A. 设计尚未完成，无法进行统计

B. 统计班级信息仅含 Null（空）值的记录个数

C. 统计班级信息不含 Null（空）值的记录个数

D. 统计班级信息包含 Null（空）值的全部记录个数

二、简答题

设某数据库有如下 3 个基本表，写出 SQL 语句。

商品（商品编号，名称，类型，品质，规格，生产日期）

销售（商品编号，交易号，单价，数量，优惠价）

交易（交易号，交易时间，终端，收银员，总金额）

其中，"商品"表的"商品编号"字段，文本类型（char），字段大小 7；"名称"字段，文本类型，字段大小 20；"类型"字段，文本类型，字段大小 10；"品质"字段，文本类型，字段大小 4；"规格"字段，文本类型，字段大小 15；"生产日期"字段，日期型（date）。

"销售"表的"商品编号"字段，文本类型，字段大小 7；"交易号"字段，文本类型，字段大小 4；"单价"字段，货币型（money）；"数量"字段，整型（integer）；"优惠价"字段，货币型。

"交易"表的"交易号"字段，文本类型，字段大小 4，主键；"交易时间"，日期型，"终端"字段，文本类型，字段大小 2；"收银员"字段，文本类型，字段大小 6；"总金额"字段，货币型。

（1）使用 CREATE TABLE 语句创建"交易"表。

（2）使用 ALTER TABLE 语句将"销售"表中的"单价"字段的数据类型改为单精度型。

（3）使用 ALTER TABLE 语句为"商品"表添加"备注"字段，数据类型为备注（memo）型。

（4）使用 ALTER TABLE 语句删除"商品"表的备注字段。

（5）使用 INSERT INTO 语句向"商品"表插入一条记录："BH11307","蓝月亮","百货","高","600ml",#2016-12-12#

（6）更新销售表中的"优惠价"数据，设置商品的优惠价为其单价的八五折（0.85）。

（7）更新销售表中的"优惠价"数据，对于数量不足 50 的商品，设置商品的优惠价为其单价的五折。

（8）删除"商品"表中低品质的商品。（品质分高、中、低）

（9）查询全部商品的基本信息。

（10）查询每件商品的商品编号、名称、规格。

（11）查询商品的类型，重复的只显示 1 次。

（12）查询商品的名称以"圣牧"打头的商品的基本信息。

（13）查询商品的名称不以"圣牧"打头的商品的基本信息。

（14）查询商品的名称中含有"纯牛奶"字样的商品的基本信息。

（15）查询商品的名称中含有"杏""桃"字样的商品的基本信息。

（16）查询商品的名称中不含有"杏""桃"字样的商品的基本信息。

（17）查询商品的名称中后 3 个字是"洗衣液"字样的商品的基本信息。

（18）查询商品单价是几十元几角的商品信息。

（19）查询生产日期超过 1 年的商品信息。（提示：DateDiff("yyyy",[生产日期],Date())>1）

（20）查询上一年 10 月 1 日的交易信息。（提示：DateSerial(Year(Date())-1,10,1)）

（21）查询上一季度当日的交易信息。（提示：DateAdd("q",-1,Date())）

（22）查询历年 5 月份同期的交易信息。（提示：DatePart("m",[交易时间])=5）

（23）查询历年第二季度的交易信息。（提示：DatePart("q",[交易时间])=2）

（24）查询 2016 年 10 月 1 日前的交易信息。

（25）查询 2016 年 5 月 18 日—2016 年 6 月 20 日之间的交易信息。

（26）查询发生在前 7 天的交易信息。（提示：Between Date() And Date()-6）

（27）查询当前月的交易记录。（提示：Year([交易时间])=Year(Date()) And Month([交易时间])=Month(Date())）

（28）查询近一个月的交易信息。（提示：Between Date() And DateAdd("m",-1,Date())）

（29）查询当前季度的交易信息。（提示：Year([交易时间])=Year(Date()) And DatePart("q",[交易时间])=DatePart("q",Date())）

（30）查询当前月份第 1 天的交易信息。（提示：DateSerial(Year(Date()),Month(Date()),1)）

（31）查询当前月份的最后一天的交易信息。（提示：DateSerial(Year(Date()),Month(Date())+1,0)）

（32）查询销售的商品中单价在[50,99]范围内的商品的商品编号、单价、数量。

（33）查询销售的商品中单价分别为 9.9、19.9、29.9 的商品编号、单价、数量。

（34）查询优惠价为空（Null）值的商品编号、单价。

（35）查询优惠价不为空（Null）值的商品编号、单价。

（36）查询百货类商品中生产日期不是当年的商品信息。

（37）查询规格为几百克（g）或几百毫升（ml）的商品信息。

（38）查询交易表中交易的总金额的最高值、最低值。

（39）查询交易表中交易的总金额的平均值。

（40）查询交易表中 2016 年 1 月 1 日进行了多少笔交易。

（41）查询近一个月交易的总金额的总计。

（42）查询 2016 年单笔交易总金额的最高值。

（43）查询统计每种类型商品的数量。

（44）查询统计销售的同种商品的数量总和。

（45）查询同类商品中商品种数至少在 50 种以上的商品类型。

（46）在"销售"表中，查询交易了至少 5 次（含）以上的同一种商品的商品编号。

（47）查询统计每个收银员交易的总金额的平均值。

（48）查询统计每个收银员交易的总金额的平均值大于 150 000 的收银员及其交易的总金额的平均值。

（49）查询交易的交易号、收银员、总金额，并按总金额降序排序。

（50）查询商品的商品编号、名称、类型、品质、生产日期，并按生产日期升序排序，生产日期相同的按品质降序排序。

（51）查询商品的商品编号、名称、规格、单价。

（52）查询"销售"表中单价大于所有销售单价的平均值的商品编号。

（53）查询商品编号、名称、规格，并将查询结果存放到"备份表"中。

第 5 章 窗 体 设 计

一个优秀的数据库应用系统，需要一个性能良好的输入、输出、操作界面，在 Access 中，有关界面的设计都是通过窗体对象来实现的。窗体向用户提供一个交互式的图形界面，用于进行数据的输入、显示、修改、删除及应用程序的执行控制，以便让用户能够在最舒适的环境中输入或查阅数据，如图 5-1 所示。

图 5-1 窗体

5.1 窗体基础知识

窗体显示的内容可以来自一个表或多个表，也可以是查询的结果；还可以使用子窗体来显示多个数据表。数据库应用系统的使用者对数据的任何操作只能在窗体中进行，增加了数据操作的安全性和便捷性。

窗体的设计最能展示设计者的能力与个性。用户与数据库之间的交互是通过窗体上的控件来实现的，控件是构成窗体的主要元素，掌握好控件的使用，窗体设计就会事半功倍。在窗体中还可以运行宏和模块，以实现更加复杂的功能。

5.1.1 窗体的功能

1. 数据的显示与编辑

窗体的最基本功能是显示与编辑数据。窗体可以显示来自多个数据表中的数据。此外，用户可以利用窗体对数据库中的相关数据进行添加、删除和修改，并可以设置数据的属性。用窗体来显示并浏览数据比用表或查询的数据表格式显示数据更加灵活。

2．数据输入

用户可以根据需要设计窗体，作为数据库中数据输入的接口，这种方式可以节省数据输入的时间并提高数据输入的准确度。窗体的数据输入功能，是它与报表的主要区别。

3．应用程序流控制

与 VB 窗体类似，Access 2010 中的窗体也可以与函数、子程序相结合。在每个窗体中，用户可以使用 VBA 编写代码，并利用代码执行相应的功能。

4．信息显示和数据打印

在窗体中可以显示一些警告或解释信息。此外，窗体也可以用来执行打印数据库数据的功能。

5.1.2 窗体的种类

Access 窗体有多种分类方法，通常是按功能、按数据的显示方式和显示关系分类。

按照数据的显示方式，窗体可以分为纵栏式窗体、表格式窗体、数据表窗体、主/子窗体、图表窗体、数据透视表窗体、数据透视图窗体、分割窗体。

1．纵栏式窗体

纵栏式窗体又称单页窗体，一页显示表或查询中的一条记录，记录中的每个字段显示在一个独立的行上，左边使用标签控件显示字段名，右边使用文本框控件显示对应的属性值，如图 5-2 所示。

2．表格式窗体

在表格式窗体中一页显示表或查询中的多条记录，每条记录显示为一行，每个字段显示为一列，字段的名称显示在每一列的顶端，如图 5-3 所示。

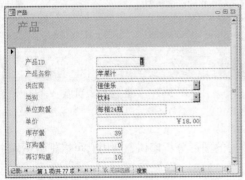

图 5-2　纵栏式窗体

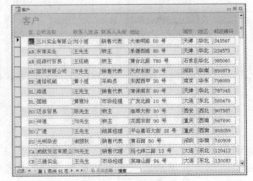

图 5-3　表格式窗体

3．数据表窗体

数据表窗体以行和列的形式显示数据，类似于在数据表视图下显示的表，从外观上看，数据表和查询显示数据的界面相同，通常是用来作为一个窗体的子窗体。数据表窗体与表格式窗体都以行列格式显示数据，但表格式窗体是以立体形式显示的，如图 5-4 所示。

4．主/子窗体

主/子窗体通常用于显示多个表或查询中的数据。当主窗体中的数据发生变化时，子窗体中的数据也跟着发生相应的变化。在显示具有一对多关系的表或查询中的数据时，主/子窗体特别有效，如图 5-5 所示。

图 5-4　数据表窗体　　　　　　　　　　　　　　图 5-5　主/子窗体

5．图表窗体

图表窗体就是以图表的形式显示用户的数据，这样在比较数据方面显得更直观方便。用户既可以单独使用图表窗体，也可以在窗体中插入图表控件，如图 5-6 所示。

6．数据透视表窗体

数据透视表窗体是为了以指定的数据表或查询为数据源产生一个按行和列统计分析的表格而建立的一种窗体形式，如图 5-7 所示。

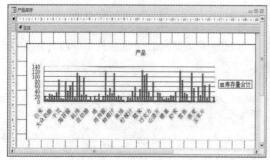 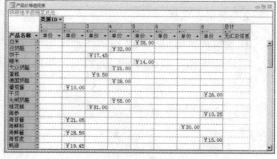

图 5-6　图表窗体　　　　　　　　　　　　　图 5-7　数据透视表窗体

7．数据透视图窗体

数据透视图窗体是用于显示数据表和查询中数据的图形分析窗体，利用它可以把数据库中的数据以图形方式显示，从而可以直观地获得数据信息，如图 5-8 所示。

8．分割窗体

分割窗体是用于创建一种具有两种布局形式的窗体。在窗体的上半部是单一记录布局方式，在窗体的下半部是多个记录的数据表布局方式，这种分割窗体为用户浏览记录带来了方便，既可以宏观上浏览多条记录，又可以微观上明细地浏览一条记录，如图 5-9 所示。

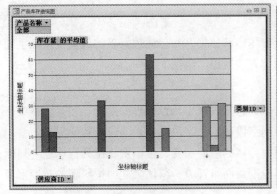

图 5-8 数据透视图窗体   图 5-9 分割窗体

5.1.3 窗体的视图

为了能够以各种不同的角度与层面来查看窗体的数据源，Access 2010 为窗体提供了多种窗体视图，窗体视图是窗体在具有不同功能和应用范围下呈现的外观表现形式，不同的窗体视图具有不同的功能。Access 2010 提供了 6 种窗体视图：窗体视图、数据表视图、数据透视图视图、数据透视表视图、布局视图和设计视图。布局视图是 Access 2010 新增加的一种视图，窗体视图、布局视图和设计视图是最常用的 3 种视图。

1. 设计视图

设计视图是创建窗体或修改窗体的窗口，是主要的视图形式，如图 5-10 所示。任何类型的窗体均可以通过设计视图来完成创建。在窗体的设计视图中，设计者可利用控件工具箱向窗体添加各种控件，通过设置控件属性、事件代码处理，完成窗体功能设计；通过 "格式"选项卡中的工具完成控件布局等窗体格式设计；编辑窗体的页眉和页脚，以及页面的页眉和页脚等；还可以绑定数据源和控件。在设计视图中创建的窗体，可在窗体视图和数据表视图中进行结果查看。

图 5-10 窗体设计视图

2. 窗体视图

窗体视图就是窗体运行时的显示格式，用于查看在设计视图中所建立窗体的运行结果，根据窗体的功能浏览、输入、修改窗体运行时的数据。在窗体设计过程中，需要不断地在设计视图与窗体视图之间进行切换，以完善窗体设计。

3. 布局视图

布局视图是用于修改窗体最直观的视图，实际上是处于运行状态的窗体。在布局视图中，可以调整和修改窗体设计，包括调整窗体对象的尺寸和位置、添加和删除控件、设置对象的属性，还可以在窗体上放置新的字段。

切换到布局视图后，可以看到窗体的控件四周被虚线围住，表示这些控件可以调整。

4．数据表视图

数据表视图是以行和列组成的表格形式显示窗体中的数据，和普通数据表的数据视图几乎完全相同，在数据表视图中可以编辑、添加、修改、查找或删除数据。

5．数据透视表视图

数据透视表视图用于数据的分析与统计。窗体的透视表视图从设计界面来看，和第3章中介绍的交叉表查询类似，通过指定视图的行字段、列字段和汇总字段形成新的显示数据记录。

在窗体的数据透视表视图中，可以动态地更改窗体的版面布置，可以重新排列行标题、列标题和筛选字段，直到形成所需的版面布置，每次改变版面布置时，窗体会立即按照新的布置重新计算数据，实现数据的汇总、小计和总计。

6．数据透视图视图

数据透视图视图将数据的分析和汇总结果以图形化的方式直观地显示出来，更形象化地说明数据间的关系。

5.2 窗体的创建

Access 2010创建窗体的方法十分丰富。在Access 2010工作界面的"创建"选项卡"窗体"组中提供了多种创建窗体的工具，如图5-11所示。

各个按钮的功能如下：

（1）窗体：单击该按钮便可创建窗体。使用这个工具创建窗体，来自数据源的所有字段都放置在窗体上。

（2）窗体设计：利用窗体设计视图设计窗体。

（3）空白窗体：以布局视图的方式设计和修改窗体，尤其是当计划只在窗体上放置很少几个字段时，使用这种方法最为适宜。

（4）窗体向导：一种辅助用户创建窗体的工具。

（5）导航：用于创建具有导航按钮即网页形式的窗体，在网络世界把它称为表单。它又细分为6种不同的布局格式。虽然布局格式不同，但是创建的方式是相同的。导航工具更适合于创建Web形式的数据库窗体。

图 5-11 创建窗体的功能按钮

（6）多个项目：使用"窗体"工具创建窗体时，所创建的窗体一次只显示一条记录。而使用多个项目则可创建显示多条记录的窗体。

（7）分割窗体：用于创建分割窗体，可以同时提供数据的两种视图，即窗体视图和数据表视图。

（8）数据透视图：生成基于数据源的数据透视图窗体。

（9）数据透视表：生成基于数据源的数据透视表窗体。

（10）数据表：生成数据表形式的窗体。

（11）模式对话框：生成的窗体总是保持在系统的最上面，不关闭该窗体，不能进行其他操作，登录窗体属于这种窗体。

5.2.1 使用"窗体"工具创建窗体

使用"窗体"工具所创建的窗体，其数据源来自某个表或某个查询。这种方法创建的窗体是一种单记录布局的窗体，一页只显示一条记录，布局结构简单。窗体对表中的各个字段进行排列和显示，左边是字段名，右边是字段的值。

使用"窗体"工具创建窗体的基本操作步骤如下：打开数据库，在导航窗格中单击某个表或查询，选中该表或查询作为窗体的数据源；单击"创建"选项卡→"窗体"选项组→"窗体"按钮，窗体立即创建完成，并且以布局视图显示；在快速访问工具栏中单击"保存"按钮，弹出"另存为"对话框，在"窗体名称"文本框中输入窗体的名称，单击"确定"按钮。

【例 5-1】在"销售管理"数据库中，以"雇员"表为数据源使用"窗体"工具创建一个单页窗体，并将该窗体命名为"雇员信息"。

具体操作步骤如下：

（1）打开"销售管理"数据库，在数据库的导航窗格中选择窗体的数据源"雇员"表。

（2）单击"创建"选项卡→"窗体"选项组中的"窗体"按钮，创建一个以"雇员"表为数据源的窗体，并以布局视图显示此窗体。

（3）在快速访问工具栏中单击"保存"按钮，弹出"另存为"对话框，在"窗体名称"文本框中输入窗体名称"雇员信息"，单击"确定"按钮。窗体创建过程如图 5-12 所示。

图 5-12 使用"窗体"工具创建窗体

5.2.2 使用"空白窗体"工具创建窗体

使用"空白窗体"工具创建窗体是在布局视图中创建数据表窗体。使用"空白窗体"工具创建窗体的同时，Access 打开用于窗体的数据源表，可以根据需要把表中的字段拖到窗体上，从而完成创建窗体的工作。

使用"空白窗体"工具创建窗体的基本操作步骤如下：打开数据库，单击"创建"选项卡→"窗体"选项组→"空白窗体"按钮，创建一个空白窗体，并且以布局视图显示，同时在"对象工作区"右侧打开了"字段列表"窗格，显示数据库中所有的表；在"字段列表"窗格中单击数据表前面的"+"，将展开表中的所有字段，双击要显示的字段就会将该字段加入到空白窗体中，或直接将字段拖动到空白窗体中，同时"字段列表"的布局从一个窗格变为 3 个小窗格，分别是"可用于此视图的字段""相关表中的可用字段""其他表中的可用字段"；在快速访问工具栏中单击"保存"按钮，弹出"另存为"对话框，在"窗体名称"文本框中输入窗体的名称，单击"确定"按钮。

【例 5-2】在"销售管理"数据库中创建一个窗体，显示产品 ID、产品名称、类别 ID 及供应商公司名称，并将该窗体命名为"产品基本信息"。

具体操作步骤如下：

（1）打开"销售管理"数据库，单击"创建"选项卡→"窗体"选项组→"空白窗体"按钮，创建一个空白窗体，并且以布局视图显示，同时在"对象工作区"右侧打开了"字段列表"窗格，显示数据库中所有的表。

（2）在"字段列表"窗格中单击"产品"表前面的"+"号，展开表中的所有字段。

（3）双击"产品"表中的"产品 ID""产品名称""类别 ID"字段，将这 3 个字段加入到空白窗体中。

（4）拖动"供应商"表中的"公司名称"字段到空白窗体中，窗体结构变成一个主/子窗体布局（因为"产品"表与"供应商"表之间为一对多的关系）。

（5）在快速访问工具栏中单击"保存"按钮，弹出"另存为"对话框，在"窗体名称"文本框中输入窗体名称"产品基本信息"，单击"确定"按钮。窗体创建过程如图 5-13 所示。

图 5-13　使用"空白窗体"工具创建窗体

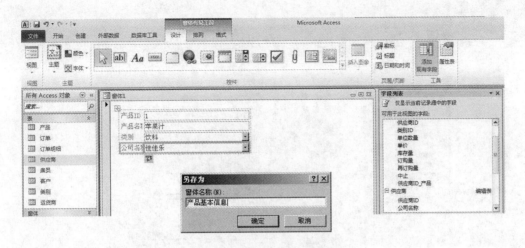

图 5-13　使用"空白窗体"工具创建窗体（续）

5.2.3　使用"窗体向导"工具创建窗体

使用"窗体"工具创建窗体虽然方便快捷，但是无论在内容和外观上都受到很大限制，不能满足用户较高的要求。为此可以使用"窗体向导"工具创建内容更为丰富的窗体。

使用"窗体向导"工具创建窗体的基本操作步骤如下：打开数据库，单击"创建"选项卡→"窗体"选项组→"窗体向导"按钮，弹出"窗体向导"对话框；选择某个表或查询，并在其下的"可用字段"列表框中选中需要的字段，单击">"按钮，将其加入到"选定字段"列表框中，单击"下一步"按钮（注意："选定字段"列表框中的字段可以来源于多个表或查询，这样将会创建一个主/子窗体，这个在 5.2.9 中介绍）；选择窗体使用布局（纵栏表、表格、数据表、两端对齐），单击"下一步"按钮；输入窗体标题，单击"完成"按钮，就会创建一个以该标题命名的窗体，并以窗体视图显示。

【例 5-3】在"销售管理"数据库中创建一个窗体，显示客户 ID、公司名称、联系人姓名、地址，将该窗体命名为"客户基本信息"。

具体操作步骤如下：

（1）打开"销售管理"数据库，单击"创建"选项卡→"窗体"选项组→"窗体向导"按钮，弹出"窗体向导"对话框。

（2）在"窗体向导"对话框中，选择"客户"表，在"可用字段"列表框中选择"客户 ID"，单击">"按钮将其加入到"选定字段"列表框中，使用同样的方法依次将"公司名称""联系人姓名""地址"加入到"选定字段"列表框中，单击"下一步"按钮。

（3）在弹出的对话框中，选择窗体使用布局：纵栏表，单击"下一步"按钮。

（4）在弹出的对话框中，输入窗体的标题：客户基本信息，单击"完成"按钮，就创建了一个名为"客户基本信息"的窗体，并以窗体视图显示。

（5）在导航窗格中，可以看到创建好的"客户基本信息"窗体。窗体创建过程如图 5-14 所示

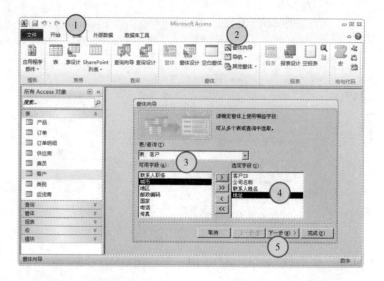

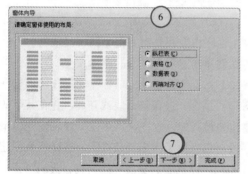 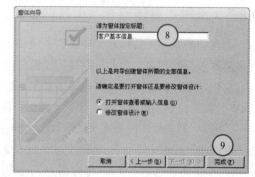

图 5-14　使用"窗体向导"按钮创建窗体

5.2.4　使用"多个项目"工具创建窗体

"多个项目"即在窗体上显示多个记录的一种窗体布局形式。

使用"多个项目"工具创建窗体的基本操作步骤如下：打开数据库，在导航窗格中单击某个表或查询，选中该表或查询作为窗体的数据源；单击"创建"选项卡→"窗体"选项组→"其他窗体"下拉按钮，在下拉列表中选择"多个项目"选项，窗体创建完成，并以布局视图显示；在快速访问工具栏中单击"保存"按钮，弹出"另存为"对话框，在"窗体名称"文本框中输入窗体的名称，单击"确定"按钮。

【例 5-4】使用"多个项目"工具在"销售管理"数据库中创建"客户订单"窗体，并将该窗体命名为"客户订单明细"。

具体操作步骤如下：

（1）打开"销售管理"数据库，在导航窗格中选中"订单明细"表。

（2）单击"创建"选项卡→"窗体"选项组→"其他窗体"下拉按钮，在下拉列表中选择"多个项目"选项，创建一个以"订单明细"表为数据源的窗体，并且以布局视图显示。

（3）在快速访问工具栏中单击"保存"按钮，弹出"另存为"对话框，在"窗体名称"文本框中输入窗体名称"客户订单明细"，单击"确定"按钮，如图 5-15 所示。

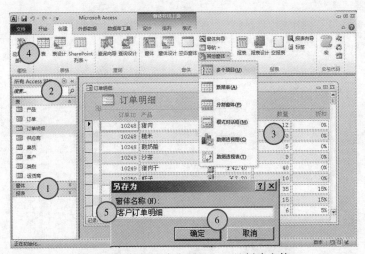

图 5-15　使用"多个项目"工具创建窗体

5.2.5　使用"数据表"工具创建数据表窗体

数据表窗体以行和列的形式显示数据，类似于在数据表视图下显示的表，通常用来作为一个窗体的子窗体。

使用"数据表"工具创建窗体的基本操作步骤如下：打开数据库，在导航窗格中单击某个表或查询，选中该表或查询作为窗体的数据源；单击"创建"选项卡→"窗体"选项组→"其他窗体"下拉按钮，在下拉列表中选择"数据表"选项，窗体创建完成，并且以布局视图显示；在快速访问工具栏中单击"保存"按钮，弹出"另存为"对话框，在"窗体名称"文本框中输入窗体名称，单击"确定"按钮。

【例 5-5】使用"数据表"工具在"销售管理"数据库中创建"供应商"窗体，并将该窗体命名为"供应商信息"。

具体操作步骤如下：

（1）打开"销售管理"数据库，在导航窗格中选中"供应商"表。

（2）单击"创建"选项卡→"窗体"选项组→"其他窗体"下拉按钮，在下拉列表中选择"数据表"选项，创建一个以"供应商"表为数据源的窗体，并以数据表视图显示。

（3）在快速访问工具栏中单击"保存"按钮，弹出"另存为"对话框，在"窗体名称"文本框中输入窗体名称"供应商信息"，单击"确定"按钮。窗体创建过程如图 5-16 所示。

5.2.6　使用"分割窗体"工具创建分割窗体

分割窗体以两种视图方式显示数据，上半部分以单记录方式显示数据，用于查看和编辑记录，下半部分以数据表方式显示数据，可以快速定位和浏览记录。两种视图基于同一个数据源，并始终保持同步。可以在任意一部分中对记录进行切换和编辑。

使用"分割窗体"工具创建窗体的基本操作步骤如下：打开数据库，在导航窗格中单击某个表或查询，选中该表或查询作为窗体的数据源；单击"创建"选项卡→"窗体"选项组→"其他窗体"下拉按钮，在下拉列表中选择"分割窗体"选项，窗体创建完成，上半部分以布局视图显示，下半部分以数据表视图显示；在快速访问工具栏中单击"保存"按钮，弹出"另存为"对话框，在"窗体名称"文本框中输入窗体的名称，单击"确定"按钮。

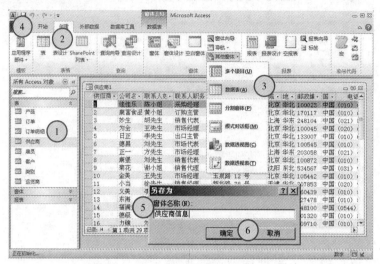

图 5-16 使用"数据表"工具创建窗体

【例 5-6】在"销售管理"数据库中，以"订单"表为数据源，使用"分割窗体"工具创建一个分割窗体，并将该窗体命名为"订单"。

具体操作步骤如下：

（1）打开"销售管理"数据库，在导航窗格中选中"订单"表。

（2）单击"创建"选项卡→"窗体"选项组→"其他窗体"下拉按钮，在下拉列表中选择"分割窗体"选项，创建一个以"订单"表为数据源的分割窗体，上半部分以布局视图显示，下半部分以数据表视图显示。

（3）在快速访问工具栏中单击"保存"按钮，弹出"另存为"对话框，在"窗体名称"文本框中输入窗体名称"订单"，单击"确定"按钮。窗体创建过程如图 5-17 所示。

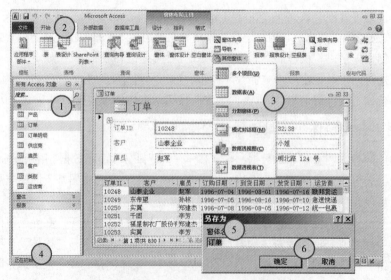

图 5-17 使用"分割窗体"工具创建分割窗体

5.2.7　使用"数据透视图"工具创建数据透视图窗体

数据透视图以图形方式显示数据汇总和统计结果，直观地反映数据分析信息，形象地表达数据的变化。

使用"数据透视图"工具创建窗体的基本操作步骤如下：打开数据库，在导航窗格中单击某个表或查询，选中该表或查询作为窗体的数据源；单击"创建"选项卡→"窗体"选项组→"其他窗体"下拉按钮，在下拉列表中选择"数据透视图"选项，创建一个数据透视图窗体框架；在"数据透视图工具/设计"选项卡"显示/隐藏"组中双击"字段列表"按钮，打开字段列表，从字段列表中把相关字段拖动到数据透视图窗体中的指定位置；在快速访问工具栏中单击"保存"按钮，弹出"另存为"对话框，在"窗体名称"文本框中输入窗体的名称，单击"确定"按钮。

【例 5-7】在"销售管理"数据库中，以"产品"表为数据源，使用"数据透视图"工具创建一个数据透视图窗体，统计各供应商各类别的库存数量，并将该窗体命名为"产品库存分析"。

具体操作步骤如下：

（1）打开"销售管理"数据库，在导航窗格中选中"产品"表。

（2）单击"创建"选项卡→"窗体"选项组→"其他窗体"下拉按钮，在下拉列表中选择"数据透视图"选项，创建一个数据透视图窗体框架。

（3）在"数据透视图工具｜设计"选项卡的"显示/隐藏"组中，双击"字段列表"按钮，打开"产品"表字段列表。

（4）将字段列表中的"产品 ID"字段拖动到数据透视图窗体框架中的"筛选字段"；将字段列表中的"库存量"字段拖动到数据透视图窗体框架的"数据字段"；将字段列表中的"类别 ID"字段拖动到数据透视图窗体框架的"系列字段"；将字段列表中的"供应商 ID"字段拖动到数据透视图窗体框架的"分类字段"。

（5）在快速访问工具栏中单击"保存"按钮，弹出"另存为"对话框，在"窗体名称"文本框中输入窗体名称"产品库存分析"，单击"确定"按钮。窗体创建过程如图 5-18 所示。

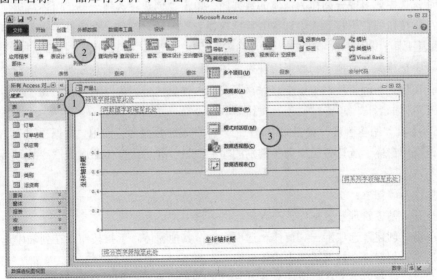

图 5-18　用"数据透视图"工具创建数据透视图窗体

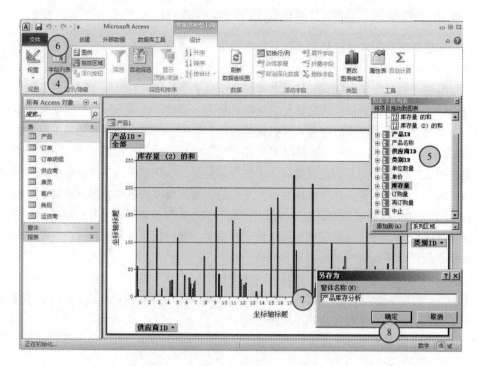

图5-18 用"数据透视图"工具创建数据透视图窗体（续）

5.2.8 使用"数据透视表"工具创建数据透视表窗体

数据透视表针对要分析的数据利用行与列的交叉，按行和列统计汇总数据，对数据进行求和、计数、求平均值等计算。

使用"数据透视表"工具创建窗体的基本操作步骤如下：打开数据库，在导航窗格中单击某个表或查询，选中该表或查询作为窗体的数据源；单击"创建"选项卡→"窗体"选项组→"其他窗体"下拉按钮，在下拉列表中选择"数据透视表"选项，创建一个数据透视表窗体框架；在"数据透视表工具|设计"选项卡的"显示/隐藏"组中，双击"字段列表"按钮，打开字段列表，从字段列表中把相关字段拖动到数据透视表窗体的指定位置；对"汇总或明细"字段设置汇总或计算方式；在快速访问工具栏中单击"保存"按钮，弹出"另存为"对话框，在"窗体名称"文本框中输入窗体的名称，单击"确定"按钮。

【例5-8】在"销售管理"数据库中，以"产品"表为数据源，使用"数据透视表"工具创建一个数据透视图窗体，统计各供应商各类别的库存数量，并将该窗体命名为"产品库存透视分析表"。

具体操作步骤如下：

（1）打开"销售管理"数据库，在导航窗格中选中"产品"表。

（2）单击"创建"选项卡→"窗体"选项组→"其他窗体"下拉按钮，在列表中选择"数据透视表"选项，创建一个数据透视表窗体框架。

（3）在"数据透视表工具|设计"选项卡的"显示/隐藏"组中，双击"字段列表"按钮，打开"产品"表字段列表。

（4）将字段列表中的"产品 ID"字段拖动到数据透视表窗体框架中的"筛选字段"；将字段列表中的"类别 ID"字段拖动到数据透视表窗体框架的"列字段"；将字段列表中的"供应商 ID"字段拖动到数据透视表窗体框架的"行字段"；将字段列表中的"库存"字段拖动到数据透视表窗体框架的"汇总或明细字段"。

（5）右击"汇总或明细"字段（"库存"字段），在弹出的快捷菜单中选择"Σ 自动计算"→"合计"命令；右击"汇总或明细"字段（"库存"字段），在弹出的快捷菜单中选择"隐藏详细信息"命令。

（6）在快速访问工具栏中单击"保存"按钮，弹出"另存为"对话框，在"窗体名称"文本框中输入窗体名称"产品库存透视分析表"，单击"确定"按钮。窗体创建过程如图 5-19 所示。

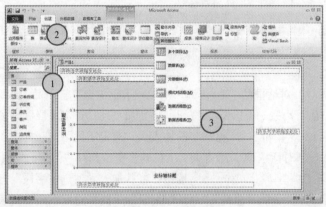

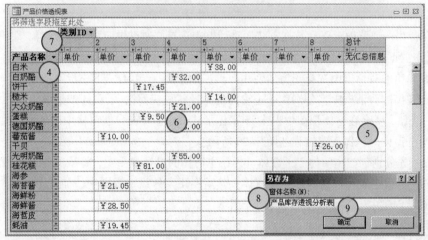

图 5-19　使用"数据透视表"工具创建数据透视表窗体

5.2.9　创建主/子窗体

主/子窗体一般用来显示具有一对多关系的表或查询中的数据，并保持同步，主窗体显示一对多关系中"一"方数据表中的一条记录，子窗体显示一对多关系中"多"方数据表中与主窗体中当前记录相关的多条记录，前提是两个表之间已经建立了一对多关系。主/子窗体的创建方法有 3 种，下面逐一介绍这 3 种方法。

方法 1：使用窗体向导创建主/子窗体。

使用窗体向导创建主/子窗体的基本操作步骤如下：打开数据库，单击"创建"选项卡→"窗体"选项组→"窗体向导"按钮，弹出"窗体向导"对话框，在"表/查询"下拉列表框中选择主表，并在"可用字段"列表框中选中需要的字段，单击">"按钮，将其加入到"选定字段"列表框中；再在"表/查询"下拉列表框中选择从表，并在"可用字段"列表框中选中需要的字段，单击">"按钮，将其加入到"选定字段"列表框中；单击"下一步"按钮，在"请确定查看数据方式"对话框中选择"带有子窗体的窗体"（嵌入式）或"链接窗体"（链接式），单击"下一步"按钮；接下来选择子窗体使用布局（表格、数据表），单击"下一步"按钮；分别输入主窗体标题、子窗体标题，单击"完成"按钮，就分别创建了以各自标题命名的两个窗体，并以窗体视图显示。

【例 5-9】在"销售管理"数据库中，以"产品"表和"供应商"表为数据源，创建嵌入式的主/子窗体。

具体操作步骤如下：

（1）打开"销售管理"数据库，单击"创建"选项卡→"窗体"选项组→"窗体向导"按钮，弹出"窗体向导"对话框。

（2）在"窗体向导"对话框的"表/查询"下拉列表框中选择"产品"表，选择"可用字段"列表框中的"产品 ID"字段，单击">"按钮，将其加入到"选定字段"列表框中，使用同样的方法依次将"产品名称""单价""库存"字段加入到"选定字段"列表框中。

（3）在"窗体向导"对话框的"表/查询"下拉列表框中选择"供应商"表，选择"可用字段"列表框中的"供应商 ID"字段，单击">"按钮，将其加入到"选定字段"列表框中，再使用同样的方法将"公司名称""联系人姓名""地址"字段加入到"选定字段"列表框中，单击"下一步"按钮。

（4）在弹出的"请确定查看数据方式"对话框中选择"通过供应商"，并选择"带有子窗体的窗体"，单击"下一步"按钮。

（5）在弹出的对话框中选择子窗体使用布局"数据表"，单击"下一步"按钮。

（6）在弹出的对话框中，分别输入主窗体的标题"供应商"；子窗体的标题"产品信息"，单击"完成"按钮，就会在窗体视图中以主/子窗体形式显示。并在导航窗格中增加了"供应商""产品信息"两个窗体。窗体创建过程如图 5-20 所示。

方法 2：先分别创建主窗体、子窗体，再在主窗体的设计视图中，将子窗体拖动到主窗体中。

方法 3：先以主表为数据源创建主窗体，然后在主窗体设计视图中添加"子窗体"控件，根据子窗体向导创建主/子窗体（在 5.3.5 中介绍）。

图 5-20　主/子窗体

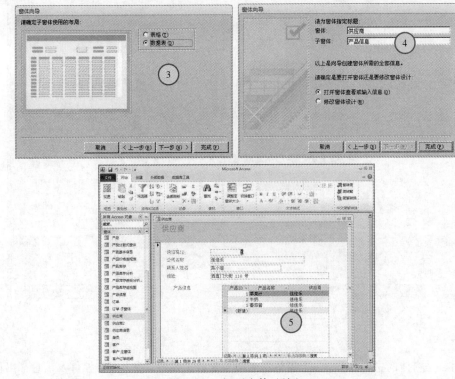

图 5-20　主/子窗体（续）

5.3　窗体的设计

自动创建窗体和窗体向导所创建的窗体均较为简单，在实际应用中不能满足用户多种多样的需求。使用"窗体设计"按钮，用户可以在窗体设计视图中自由设计，根据需要在窗体不同的节区添加各种控件对象，如标签、文本框、组合框、列表框、命令按钮、复选框、切换按钮、选项按钮、选项卡、图像等，并对已有的窗体进行编辑、修改，以设计出面向不同应用与功能需求的窗体。

5.3.1　窗体的结构

窗体通常由窗体页眉、窗体页脚、页面页眉、页面页脚和主体 5 个部分组成，每一部分称为窗体的"节"，默认情况下，只有"主体"节。除主体节外，其他节可通过设置确定有无，但所有窗体必有主体节，其结构如图 5-21 所示。

1．窗体页眉

"窗体页眉"位于窗体的顶部位置，一般用于添加窗体标题、窗体使用说明或放置窗体任务按钮等。

2．页面页眉

"页面页眉"只显示在应用于打印的窗体上，用于设置窗体在打印时的页头信息，如标题、图像、列标题、用户要在每一打印页上方显示的内容等。

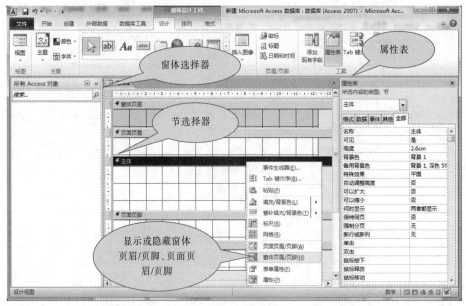

图 5-21　窗体的节

3．主体

"主体"是窗体的主要部分，每个窗体都必须包含的主体节。绝大多数控件及信息都出现在主体节中，通常用来显示、编辑记录数据，是数据库系统数据处理的主要工作界面。

4．页面页脚

"页面页脚"用于设置窗体在打印时的页脚信息，如日期、页码、用户要在每一打印页下方显示的内容等。由于窗体设计主要应用于系统与用户的交互接口，通常在窗体设计时很少考虑页面页眉和页面页脚的设计。

5．窗体页脚

"窗体页脚"功能与窗体页眉基本相同，位于窗体底部，一般用于显示对记录的操作说明、设置命令按钮等。

窗体的窗体页眉、窗体页脚、页面页眉、页面页脚 4 个节区可以设置成显示或隐藏：使用"窗体设计"工具创建的窗体中，默认只有"主体"节，可以右击"主体"节区，在弹出的快捷菜单中选择"窗体页眉/页脚"或"页面页眉/页脚"命令，以添加显示窗体页眉/页脚、页面页眉/页脚节区。如果不需要这些节区，也可使用同样的方法操作，取消这些节区的显示，相应的节就会被隐藏起来，见图 5-21。

窗体各个节区的宽度和高度也可以调整：首先单击要修改的节区的节选择器（节选择器颜色变黑），然后把鼠标指针移动到节选择器的上方变成上下双箭头形状后，上下拖动即可调整节的高度；同样把鼠标指针放在节的右侧边缘处，光标变成水平双向箭头，拖动鼠标即可调整节的宽度，调整宽度时，所有节的宽度同时被调整。

5.3.2　控件

控件是放置在窗体中的图形对象，是组成窗体的主要元素，用以实现在窗体中输入数据、显示数据、修改数据和对数据库中的对象执行操作等功能。用好了控件，窗体设计就会事半功倍。

　　Access 2010 提供的多种不同类型的控件及功能如表 5-1 所示，绝大多数控件都放置在"控件"组中，除此之外在"页眉/页脚"组中还有 3 个控件：徽标、标题、日期和时间，如图 5-22 所示。这些控件既可以在窗体中使用，也可以在报表中使用。

图 5-22　窗体中的控件

表 5-1　常用控件及其功能

按　钮	名　称	功　能
	选择	用于选取窗体、窗体中的节或窗体中的控件。单击该按钮可以释放前面锁定的控件
	控件向导	用于打开或关闭"控件向导"。使用控件向导可以创建列表框、组合框、选项组、命令按钮、图表、子窗体或子报表。要使用向导来创建这些控件，必须单击"控件向导"按钮
abl	文本框	用于显示、输入或编辑窗体数据源的数据，显示计算结果，或接收用户输入的数据
Aa	标签	用于显示说明文本的控件，例如，窗体上的标题或指示文字。Access 会自动为创建的控件附加标签
xxxx	按钮	用于完成各种操作，这些操作是通过设置该控件的事件属性实现的。例如，查找记录、打印记录等
	选项卡	用于创建多页选项卡窗体或选项卡对话框，可以在选项卡控件上复制或添加其他控件
	列表框	包含了可供选择的数据列表项。与组合框不同的是，用户只能从列表框中选择数据作为输入，而不能输入列表项以外的其他值
	组合框	该控件组合了列表框和文本框的特性，即可以在文本框中输入文字或在列表框中选择输入项，然后将值添加到基础字段中
XYZ	选项组	与复选框、选项按钮或切换按钮搭配使用，可以显示一组可选值
	切换按钮	与"是/否"型数据相结合的控件，或用来接收用户在自定义对话框中输入数据的非结合控件，或者选项组的一部分。按下切换按钮其值为"是"，否则其值为"否"
✓	复选框	代表"是/否"值的小方框，选中方框时代表"是"，未选中时代表"否"
◉	选项按钮	选项按钮是可以代表"是/否"值的小圆形，选中时圆形内有一个小黑点，代表"是"，未选中时代表"否"
	图表	在窗体插入图表对象
	图像框	用于在窗体中显示静态图片，美化窗体。由于静态图片并非 OLE 对象，所以一旦将图片添加到窗体或报表中，便不能在 Access 内进行图片编辑
	非绑定对象框	用于在窗体中显示非结合 OLE 对象，例如 Excel 电子表格。当在记录间移动时，该对象将保持不变

续表

按钮	名　称	功　能
	绑定对象框	用于在窗体或报表上显示结合 OLE 对象，这些对象与数据源的字段有关。在窗体中显示不同记录时，将显示不同的内容
	超链接	在窗体中插入超链接控件
	附件	在窗体中插入附件控件
	Web 浏览器	在窗体中插入浏览器控件
	导航	在窗体中插入导航条
	直线	创建直线，用于突出显示数据或分隔显示不同的控件
	矩形	在窗体中绘制矩形，将相关的数据组织在一起，突出某些数据的显示
	分页符	分页符控件在创建多页窗体时用来指定分页位置
	ActiveX 控件	打开一个 ActiveX 控件列表，插入 Windows 系统提供的具有特殊功能的可重用的控件

根据控件的用途及其与数据源的关系，可以将控件分为 3 类：绑定型控件、非绑定型控件、计算型控件。

1．绑定型控件

绑定型控件通常有其数据源，控件中的数据来自于数据源（表或查询中的字段），并且对控件中数据的修改将返回到与其绑定的数据源中。其"控件来源"属性为表或查询中的字段。可用于显示、输入、更新数据表（或查询）中字段的值。

绑定型控件主要有文本框、列表框、组合框等。

2．非绑定型控件

非绑定型控件没有数据源，不与任何数据绑定，其"控件来源"属性没有绑定字段或表达式，可用于显示信息、线条、矩形和图片等。

非绑定型控件主要有标签、命令按钮、图像、直线、分页符等。

3．计算型控件

计算型控件以表达式而不是字段作为数据源，表达式可以使用窗体或报表所引用的表或查询字段中的数据，也可以是窗体或报表上的其他控件中的数据。其"控件来源"属性为表达式。文本框常被作为计算型控件使用。

5.3.3　窗体的属性

属性是对象特征的描述。每个窗体、报表、节和控件都有各自的属性设置，可以利用这些属性来更改特定项目的外观和行为。可以通过设置窗体的相关属性来美化窗体，以设计出符合用户需求的个性化窗体。

使用属性表、宏或 Visual Basic，可以查看并更改属性。关于宏与 Visual Basic 对属性的操作在后续章节介绍，在此仅介绍属性表。

在"属性表"窗格中，窗体的属性被分为"格式""数据""事件""其他""全部"5 组，"全部"组的属性是前 4 组的综合。

1. 格式属性

格式属性指定对象的外观布置，如宽度、"最大化/最小化"按钮、"关闭"按钮、图片等属性。通常对象的格式属性都有一个默认的初始值。而数据、事件和其他属性则没有默认的初始设置。窗体的格式属性很多，常用的格式属性主要包括有：

（1）标题（Caption）：用于指定在窗体视图中窗体标题栏上显示的文本，其属性值类型为文本类型。

（2）默认视图（DefaultView）：设置窗体的显示形式，可以选择单个窗体、连续窗体、数据表、数据透视表、数据透视图、分割窗体等方式。

（3）滚动条（Scrollbars）：用于指定窗体显示时是否具有窗体的滚动条，以及滚动条的形式，其属性值有两者均无、水平、垂直、水平和垂直。

（4）分隔线（DividingLines）：用于指定窗体显示时是否显示各个节区之间的分隔线，其属性值类型为是/否类型。

（5）记录选择器（RecordSelectors）：用于指定窗体显示时是否显示记录选择器，即窗体最左边是否有标志块，其属性值类型为是/否类型。

（6）导航按钮（NavigationButtons）：用于指定在窗体上是否显示记录导航按钮和记录编号框，其属性值类型为是/否类型。

（7）边框样式（Borderstyle）：指定在窗体上边框的样式，设计者可以选择可调边框、细边框、对话框、无。

（8）自动居中（AutoCenter）：指定窗体显示时是否自动居于桌面的中央，其属性值类型为是/否类型。

（9）"最大化/最小化"按钮（MaxMinButton）：决定窗体是否具有"最大化"和"最小化"按钮，设计者可以选择无、"最大化"按钮、"最小化"按钮、两者都有。

（10）"关闭"按钮（CloseButton）：决定窗体是否具有"关闭"按钮，其属性值类型为是/否类型。

（11）图片（Picture）：用于选定当作窗体的背景图片的位图或其他类型的图形。

（12）图片类型（PictureType）：用于选定将图片存储为链接对象还是嵌入对象。若为链接，则图片文件必须与数据库同时保存，并可以单独打开图片文件进行编辑修改；若为嵌入，则图片直接嵌入到窗体中，此方式增加数据库文件长度，嵌入后可以删除原图片文件。

（13）图片对齐方式（PictureAlignment）：用于决定图片在窗体中显示的位置，设计者可以选择左上、右上、居中、左下、右下、窗体中心。

（14）图片缩放模式（PictureSizeMode）：用于决定调整窗体中图片大小的方式，设计者可以选择剪辑、拉伸、缩放、水平拉伸、垂直拉伸。

（15）控制框（ControlBox）：决定在"窗体视图"和"数据表视图"中窗体是否具有控制菜单，其属性值类型为是/否类型。

（16）可移动的（Moveable）：决定窗体在运行时是否允许移动窗体，其属性值类型为是/否类型。

（17）允许窗体视图（AllowFormView）：指定用户是否可以在窗体视图中查看本窗体，其属性值类型为是/否类型，只有"是""否"两个取值。同样还有允许数据表视图、允许数据透视表视图、允许数据透视图视图、允许布局视图 4 个属性。

2．数据属性

数据属性主要用来指定 Access 如何对该窗体使用数据，在记录源属性中指定窗体所使用的表或查询，另外，还可以指定筛选和排序依据等。窗体常用的数据属性主要包括：

（1）记录源（RecordSource）：显示数据库中的表、查询或 SQL 语句，供设计者从中选择一个作为窗体的数据源。

（2）排序依据（OrderBy）：该属性是一个字符表达式，由字段名或字段名表达式组成，指定排序的依据。

（3）筛选（Filter）：对窗体应用筛选时，指定要显示的记录子集。

（4）允许编辑（AllowEdits）：确定窗体在运行时是否允许对数据进行编辑修改，其属性值类型为是/否类型。

（5）允许添加（AllowEdits）：确定窗体在运行时是否允许添加记录，其属性值类型为是/否类型。

（6）允许删除（AllowDeletions）：确定窗体在运行时是否允许删除记录，其属性值类型为是/否类型。

（7）数据输入（DataEntry）：指定是否允许打开绑定窗体进行数据输入。

（8）记录锁定（RecordLocks）：用于确定锁定记录的方式，设计者可以选择不锁定、所有记录、已编辑的记录。

3．事件属性

事件是一种特定的操作，在某个对象上发生或对某个对象发生。事件的发生通常是用户操作的结果，如鼠标单击、数据更改、窗体打开或关闭等。

在传统的面向过程的程序设计思想中，一般通过应用程序本身控制执行哪一部分代码，以及按照何种顺序执行代码。

而在面向对象的应用程序设计思想中，则采用事件驱动机制，代码不是按照预定路径执行，而是在响应不同的事件时执行不同的代码片段，事件可以由用户触发，也可以由来自操作系统或其他应用程序的消息触发，甚至由应用程序本身的消息触发，这些事件的顺序决定了执行顺序，因此应用程序每次运行所经过的路径都是不同的。

在 Access 中，通常将宏或某个事件过程指定给窗体或控件对象的事件属性，通过窗体或控件对象发生的事件去触发宏或事件过程的执行。例如，一个窗体的"单击"事件表示，单击该窗体时，就会触发该窗体的单击事件过程，做出相应动作，以完成一个指定的任务。

窗体的事件属性用于为窗体对象发生的事件指定命令和编写事件过程代码，设计者可以在"属性表"窗格中为在窗体或控件上发生的事件添加自定义的事件响应，一般使用事件过程或宏去实现事件响应，在第 6 章、第 7 章的有关章节中再详细介绍宏和事件过程的使用。

窗体的主要事件有：

（1）Open 事件。激活时机：窗体被打开，但第一条记录还未显示出来时发生该事件。

（2）Load 事件。激活时机：窗体被打开，且显示了记录时发生该事件。该事件是在 Open 事件之后发生，在该事件代码中，可以对变量或控件进行声明或赋予初始值。

（3）UnLoad 事件。激活时机：窗体对象从内存中撤销之前发生该事件。该事件发生在 Close 事件之前，在该代码中，可以对数据进行保存操作。

（4）Close 事件。激活时机：窗体对象被关闭，但还未清屏时发生该事件。

（5）Activate 事件。激活时机：在窗体成为激活状态时发生该事件。

（6）DeActivate 事件。激活时机：窗体由活动状态转为非活动状态时发生该事件。

（7）Current 事件。激活时机：窗体被打开，查询窗体数据源时发生该事件。

上述 7 个窗体事件发生的先后顺序为：

打开时：Open→Load→Activate→Current。

关闭时：UnLoad→DeActivate→Close。

（8）GotFocus 事件。激活时机：当窗体获得焦点时发生该事件。窗体要获得焦点的条件是：窗体上所有的控件都失效，或窗体上无任何控件。

（9）LostFocus 事件。激活时机：当窗体在失去焦点时发生该事件。

（10）Click 事件。激活时机：鼠标单击窗体时发生该事件。

（11）DblClick 事件。激活时机：用鼠标双击窗体的空白区域或窗体的记录选定器时，即发生该事件。

（12）Timer 事件。VBA 没有直接提供计时控件，而是通过窗体的 Timer 事件实现计时功能。激活时机：每隔一定的时间间隔窗体的 Timer 事件就被激活一次。时间间隔由窗体的 TimerInterval（计时器间隔）属性设置，单位为毫秒（ms）。

（13）Error 事件。激活时机：在窗体拥有焦点，同时在 Access 中产生一个运行错误时发生该事件。在 Error 事件发生时，可以通过执行一个宏或事件过程，截取 Access 错误信息而显示自定义消息。

4．其他属性

（1）弹出方式（PopUp）：其属性值类型为是/否类型。当其属性值设置为"是"时，不管当前操作是否在某个窗体上，这个窗体一直显示在屏幕的最前面。在有多个窗体存在的情况下，虽然允许选择其他窗体，但是具有弹出属性的窗体总是在最前面。

（2）模式（Modal）：即独占方式，其属性值类型为是/否类型。当其属性值设置为"是"时，操作一直在这个窗体上，直到关闭为止，即不允许选择其他窗体。一般登录窗体和消息对话框都属于独占窗体。当窗体作为模式窗口打开时，在将焦点移动到另一个对象之前，必须关闭该窗口。

5．窗体属性的设置与修改方法

窗体的属性设置与修改有两种方法：一是在设计视图中利用属性表设置；二是通过 VBA 命令在窗体运行时动态设置。

（1）利用属性表设置窗体属性。操作步骤：右击窗体，在弹出的快捷菜单中选择"属性"命令，或单击"窗体设计工具/设计"选项卡→"工具"选项组→"属性表"按钮，打开"属性表"窗格；在"属性表"窗格中选择所要设置的属性，可用以下 3 种方法设置属性值：

① 从属性的下拉列表中选择相应的值。

② 在"属性表"窗格中输入适当的设置或表达式。

③ 单击属性的"生成器"按钮，选择相应生成器后利用该生成器设置属性。

（2）窗体运行时利用 VBA 命令动态设置窗体属性。窗体和控件对象都是 VBA 对象，可以在 VBA 子过程、函数过程或事件过程中通过命令动态设置窗体的属性。语法格式：

```
Forms！窗体名称.属性名称=属性值
Me.属性名称=属性值                        'Me 表示当前窗体
```

5.3.4　常用控件及其属性

控件也具有各种属性，控件的属性用于描述控件的特征或状态。不同的控件具有不同的属性，相同类型的控件，其属性值也有所不同。控件属性表与窗体的属性表相同，只是属性的项目和数量有所不同。

控件属性的设置与修改方法与窗体相同，也有两种方法：一是在设计视图中利用属性表设置；一是通过 VBA 命令在窗体运行时动态设置。

（1）利用属性表设置控件属性。操作步骤：单击"窗体设计工具｜设计"选项卡→"工具"选项组→"属性表"按钮，打开"属性表"窗格；单击窗体上的控件，在"属性表"中就显示该控件的属性；在"属性表"窗格中选择所要设置的属性；从属性的下拉列表中选择相应的值，或在输入适当的设置或表达式，或单击属性的"生成器"按钮，选择相应的生成器后利用该生成器设置属性。

（2）窗体运行时利用 VBA 命令动态设置控件属性。可以在 VBA 子过程、函数过程或事件过程中通过命令动态设置控件的属性。语法格式：

```
Forms！窗体名称.控件名称.属性名称=属性值
Me.控件名称.属性名称=属性值                  'Me 表示当前窗体
```

1. 标签

标签（Label）是一个非绑定型控件，它没有数据来源，不能用来显示字段或表达式的数值。当从一条记录移动到另一条记录时，标签的值不会随着记录的变化而变化。其主要功能是在窗体、报表中显示说明性文字。在窗体、报表运行时，不能被用户直接修改。

在创建除标签外的其他控件时，都将同时创建一个标签控件（称为附加标签）到该控件上，用以说明该控件的作用，而且标签上显示与之相关联的字段标题的文字，且随着相应控件的删除而删除。所以可以将标签分成两种类型：一种是独立标签，即与其他控件没有关联的标签，主要用于添加说明性文字；一种是关联标签，即链接到其他控件上的标签，用于对相关控件显示数据的说明。

（1）标签的常用属性有：

① 标题（Caption）：用于设置标签上显示的文字信息。

② 名称（Name）：用于设置标签的名称。任何一个对象都有名称（Name）属性，这是对控件对象的唯一识别。对控件的引用是通过控件的 Name 属性实现的。在同一个窗体中，不允许两个控件具有相同的 Name 属性。控件默认的 Name 属性是"控件名+序号"。

③ 前景色（ForeColor）：用于设置标签上显示的文本的颜色。

④ 背景色（BackColor）：用于设置标签的背景颜色。

⑤ 背景样式（BackStyle）：用于设置标签的背景样式，标签的背景样式有 2 种：

● 透明（默认设置），显示主体节的背景色。

● 常规，显示标签的背景色，设置标签背景色后，其背景样式属性自动改为常规。

⑥ 边框样式（BorderStyle）：用于设置标签边框的样式，标签边框的样式有透明、实线、虚线、短虚线、点线等。

⑦ 边框颜色属性（BorderColor）：用于设置标签边框的颜色。

⑧ 边框宽度属性（BorderWidth）：用于设置标签边框的宽度。

⑨ 可见属性（Visible）：用于设置窗体运行时标签是否可见。

⑩ 特殊效果（SpecialEffect）：可以指定应用于标签的特殊格式。标签的特殊效果有平面、凸起、凹陷、蚀刻、阴影、凿痕。

⑪ 垂直（Vertical）：用于设置标签中的标题是否垂直显示。

⑫ 行距（LineSpacing）：用于指定在标签［标签：用于在窗体或报表上显示说明性文本（如主题、标题或说明）的控件。标签可以附加于也可以不附加于其他控件。］中每行显示信息之间的距离。

⑬ 文本对齐（TextAlign）：设置显示的文本的对齐方式。标签的文本对齐方式有常规、左、居中、右、分散。

⑭ 字体名称（FontName）、字号（FontSize）、字体粗细（FontWeight）、下画线（FontUnderline）、倾斜字体（FontItalic）：这 5 个属性用来设置标签上显示的文本的字体、字体大小、是否加粗、是否加下画线、是否倾斜。

⑮ 左边距（Left）、上边距（Top）：这 2 个属性用来设置标签在节区中的位置，左边距为控件左边缘到节的最左边的距离，上边距为控件上边缘到节的顶部的距离。

⑯ 高度（Height）、宽度（Width）：这 2 个属性用来设置标签的大小。

⑰ 控件提示文本（ControlTipText）：用于指定当鼠标指针停留在控件上时显示在屏幕提示中的文字。

（2）标签的主要事件有：

Click 事件。激活时机：鼠标单击标签时该事件发生。

2. 文本框

文本框（Text）既可以用于显示指定的数据，也可以用来输入、编辑、计算数据。

文本框可分为 3 类：可以是绑定（又称结合）型文本框，它与表和查询中的某个字段关联，从表或查询的字段中获取所显示的内容；也可以是一个非绑定型文本框，未绑定型文本框并不链接到表或查询，在设计视图中以"未绑定"字样显示，一般用来显示提示信息或接受用户输入数据等；还可以是一个计算型文本框，用于放置计算表达式以显示表达式的结果。

（1）文本框的常用属性有：

① 标题（Caption）、名称（Name）、高度（Height）、宽度（Width）、前景色（ForeColor）、背景样式（BackStyle）、背景颜色（BackColor）、是否可见（Visible）、左边距（Left）、上边距（Top）、边框样式（BorderStyle）、边框颜色（BorderColor）、边框宽度（BorderWidth）、字体名称（FontName）、字体大小（FontSize）、字体粗细（FontWeight）、下画线（FontUnderline）、倾斜字体（FontItalic）、特殊效果（SpecialEffect）、垂直（Vertical）、行距（LineSpacing）、文本对齐（TextAlign）、控件提示文本（ControlTipText）等，文本框的这些属性与标签控件相同。

② 滚动条（ScrollBars）：用于指定是否在文本框控件上显示滚动条。

③ 格式（Format）：可以使用格式属性自定义文本框中数字、日期、时间和文本的显示方式。

格式属性不影响数据的存储格式。

④ 控件来源（ControlSource）：设置文本框控件的数据来源。如果控件来源属性设置为数据表或查询中的某个字段，那么在文本框中显示的就是数据表或查询中该字段的值，对文本框中的数据所进行的任何修改都将被写入字段中，用于创建绑定型文本框；如果控件来源属性设置为一个以"="开头的计算表达式，则文本框会显示计算的结果，用于创建计算型文本框；如果要创建非绑定型文本框，则将控件来源属性设置为空。

⑤ 输入掩码（InputMask）：用于设置文本框的数据输入格式，仅对文本型和日期型数据有效。当输入掩码属性设置为"密码"或"password"时，在文本框中输入的任何字符均显示为星号（*），但实际保存的仍为输入的数据。

⑥ 默认值（DefaultValue）：用于设定计算型文本框或非绑定型文本框的初始值，可以使用表达式生成器向导来确定默认值。

⑦ 有效性规则（ValidationRule）：用于设定在文本框中输入数据的合法性检查表达式，可以使用表达式生成器向导建立合法性检查表达式。若设置了"有效性规则"属性，在窗体运行期间，当在文本框中输入或修改数据时将进行有效性规则检查。

⑧ 有效性文本（ValidationText）：当在文本框中输入的数据违背有效性规则时，指定显示给用户的提示文本。

⑨ 是否有效（Enabled）：用于确定文本框能否被操作。如果文本框的该属性设置为"否"，则文本框在窗体视图中将以灰色形式显示，不能用鼠标、键盘或 Tab 键单击或选中它，既不能响应用户的事件，也不能获取焦点。

⑩ 是否锁定（Locked）：用于指定在窗体运行时，文本框显示的数据是否允许编辑等操作。默认值为 False，表示可编辑，当设置为 True 时，文本控件相当于标签的作用。

⑪ 值（Value）：表示文本框当前的显示或输入的内容。该属性在"属性表"窗格中没有对应的中文属性名称，主要在 VBA 代码中使用，也可以省略不写。其他一些控件（如列表框、组合框、复选框等）也有此属性。

（2）文本框的常用方法：

SetFocus 方法：该方法使文本框获得焦点，主要在 VBA 代码中使用。语法格式为：控件名.SetFocus。具有 SetFocus 方法的控件还有文本框、列表框、组合框、命令按钮等。

（3）文本框的主要事件有：

① GotFocus 事件。激活时机：当控件获得焦点时该事件发生。

② Enter 事件。激活时机：当控件在实际获得焦点之前发生控件的该事件。此事件发生在控件的 GotFocus 事件之前。

③ LostFocus 事件。激活时机：当控件在失去焦点时该事件发生。

④ Exit 事件。激活时机：当控件在实际失去焦点之前发生该事件。此事件是发生在控件的 LostFocus 事件之前。

上述 4 个焦点事件的发生顺序为：进入（Enter）→获得焦点（GotFocus）→退出（Exit）→失去焦点（LostFocus）。

⑤ Click 事件。激活时机：鼠标单击文本框时该事件发生。

3．组合框和列表框

列表框（ListBox）用于显示项目列表，用户可从中选择一个或多个项目。如果项目总数超过了可显示的项目数，系统会自动加上滚动条。

组合框（ComboBox）将文本框和列表框的功能结合在一起，用户既可以在列表中选择某一项，也可以在编辑区域直接输入文本内容。

（1）组合框与列表框的区别：

组合框、列表框在属性的设置及使用上基本相同。它们的区别在于：

① 列表框只能通过选择列表中的数据进行数据的输入，而不能直接通过键盘输入数据；组合框既可以通过列表选择输入数据，也可以直接输入数据。

② 窗体运行时组合框只显示其中的一行，而列表框显示多行。

（2）列表框和组合框的常用属性有：

① 标题（Caption）、名称（Name）、高度（Height）、宽度（Width）、前景色（ForeColor）、背景样式（BackStyle）、背景颜色（BackColor）、是否可见（Visible）、左边距（Left）、上边距（Top）、边框样式（BorderStyle）、边框颜色（BorderColor）、边框宽度（BorderWidth）、字体名称（FontName）、字体大小（FontSize）、字体粗细（FontWeight）、下画线（FontUnderline）、倾斜字体（FontItalic）、特殊效果（SpecialEffect）、值（Value）、是否有效（Enabled）、默认值（DefaultValue）、有效性规则（ValidationRule）、有效性文本（ValidationText）、是否锁定（Locked）、控件提示文本（ControlTipText）等，列表框和组合框的这些属性与前面介绍的控件相同。

② 行来源（RowSource）、行来源类型（RowSourceType）：行来源属性用于确定控件的数据源。行来源类型属性用于设置控件数据源的类型，该属性值可设置为表/查询（Table/Query）、值列表（Value List）或字段列表（Field List），与"行来源"属性配合使用。

若行来源类型属性选择"表/查询"，行来源属性可设置为表或查询，也可以是一条 SELECT 语句，列表内容显示为表、查询或 SELECT 语句的第一个字段内容。

若选择"值列表"，行来源属性可设置为固定值用于列表选择，多个值之间用"；"间隔，列表内容将显示为用户所设定的所有固定值。

若选择"字段列表"，行来源属性可设置为表或查询，也可以是一条 SELECT 语句，列表内容显示为选定表中的所有字段的字段名。

③ 列数（ColumnCount）：设置数据显示时的列数，默认值为 1。

④ 绑定列（BoundColumn）属性：即控件显示多列时，选中行的那一列作为控件的值，默认值为 1。

⑤ 控件来源 ControlSource 属性：确定在控件中选择某一行后，其值保存的去向。列表框、组合框的数据源由其行来源、行来源类型属性确定，而控件的值将保存至由 ControlSource 属性所指定的字段。

⑥ 限于列表（LimitToList）属性：该属性用在组合框中。使用该属性可以将组合框值限制为列表项。该属性有两种选择，是（True），用户可以在组合框的列表中选择某个项，或者输入文本，但输入的文本必须在列表项当中，否则不接受该文本；否（False），用户可以在组合框的列表中选择某个项，或者输入文本，输入的文本可以不在列表项当中。

4．命令按钮

命令按钮（CommandButton）是一个非绑定型控件，其主要功能是用于接收用户操作命令、控制程序流程，通过它使系统进行特定的操作。功能的实现是通过编写事件的代码（绝大部分为 Click 事件代码）来实现的。

（1）命令按钮的常用属性有：

① 标题（Caption）、名称（Name）、高度（Height）、宽度（Width）、前景色（ForeColor）、背景样式（BackStyle）、背景颜色（BackColor）、是否可见（Visible）、左边距（Left）、上边距（Top）、边框样式（BorderStyle）、边框颜色（BorderColor）、边框宽度（BorderWidth）、字体名称（FontName）、字体大小（FontSize）、字体粗细（FontWeight）、下画线（FontUnderline）、倾斜字体（FontItalic）、是否有效（Enabled）、控件提示文本（ControlTipText）等，命令按钮的这些属性与前面介绍的控件相同。

② 透明（Transparent）：用于指定命令按钮（命令按钮：用于运行宏、调用 Visual Basic 函数或运行事件过程的一种控件。命令按钮有时在其他程序中称为下压按钮。）是实心的还是透明的。

③ 图片（Picture）：用于选定当作命令按钮的图片显示标题的位图或其他类型的图形。

④ 图片类型（PictureType）：用于选定将图片存储为链接对象还是嵌入对象。

（2）命令按钮的主要事件有：

① Click 事件。激活时机：单击命令按钮时，即发生该事件。

② DblClick 事件。激活时机：双击命令按钮时，即发生该事件。

5．选项按钮、复选框和切换按钮

选项按钮（Option）、复选框（CheckBox）和切换按钮（Toggle）都用于表示"是/否"型数据的值。选项按钮中有圆点为"是"，无圆点为"否"；复选框中有"√"为"是"，无"√"为"否"；切换按钮中按下状态为"是"，抬起状态为"否"。

选项按钮（Option）、复选框（CheckBox）和切换按钮（Toggle）的常用属性有：标题（Caption）、名称（Name）、高度（Height）、宽度（Width）、是否可见（Visible）、左边距（Left）、上边距（Top）、边框样式（BorderStyle）、边框颜色（BorderColor）、边框宽度（BorderWidth）、是否有效（Enabled）、是否锁定（Locked）、默认值（DefaultValue）、有效性规则（ValidationRule）、有效性文本（ValidationText）、特殊效果（SpecialEffect）、控件提示文本（ControlTipText）等，这些属性与前面介绍的控件相同。

6．选项组

选项组（Frame）是由一个组框和一组选项按钮、复选框或切换按钮组成，其作用是对这些控件进行分组，为用户提供必要的选项。在选项组中各个选项之间是互斥的，一次只能选择一个选项。

选项组控件是一个绑定控件，它可与一个是/否型或数字型字段相绑定。

选项组的常用属性有：

① 名称（Name）、高度（Height）、宽度（Width）、是否可见（Visible）、左边距（Left）、上边距（Top）、背景样式（BackStyle）、背景颜色（BackColor）、边框样式（BorderStyle）、边框颜色（BorderColor）、边框宽度（BorderWidth）、是否有效（Enabled）、是否锁定（Locked）、默认值

（DefaultValue）、有效性规则（ValidationRule）、有效性文本（ValidationText）、特殊效果（SpecialEffect）、控件提示文本（ControlTipText）等，这些属性与前面介绍的控件相同。

② 控件来源（ControlSource）即与选项组绑定的数据源，可设置为表或查询，也可以是一条Select 语句。

③ 选项组中包含的选项按钮、复选框或切换按钮都有一个重要属性：OptionValue（选项值）。选项值属性为是/否类型或为数字型，在选项组中选择控件（选项按钮、复选框或切换按钮）时，会将该控件的选项值属性对应的值赋给选项组作为选项组控件的值。如果选项组是绑定到某字段的，所选控件的 OptionValue 属性值就存储在该字段中，所以在将选项组控件绑定到某个字段前，必须先确定该字段为是/否类型或为数字型。

7. 图像

图像（Image）控件主要用于放置静态图片，以美化窗体。窗体上的图像不能编辑。

图像控件的常用属性有：

① 名称（Name）、高度（Height）、宽度（Width）、是否可见（Visible）、左边距（Left）、上边距（Top）、背景样式（BackStyle）、背景颜色（BackColor）、边框样式（BorderStyle）、边框颜色（BorderColor）、边框宽度（BorderWidth）、特殊效果（SpecialEffect）、图片（Picture）、图片类型（PictureType）、控件提示文本（ControlTipText）等，这些属性与前面介绍的控件相同。

② 缩放模式（SizeMode）：用于指定如何调整图像控件中图片的大小。缩放模式有：剪裁，以图片的实际大小进行显示，如果图片的大小超出控件的大小，控件边框会在控件的右边界和下边界剪裁对象；拉伸，调整图片的大小以适合控件的大小，该设置可能会破坏图片的正常比例；缩放，显示整个对象，并根据需要调整图片大小但不扭曲对象的比例，该设置可能会在控件中留下额外的空间。

③ 图片对齐方式（PictureAlignment）：用于指定图片在图像控件中显示的位置。图片对齐方式有左上、右上、中心、左下、右下。

④ 图片平铺（PictureTiling）：用于指定图片是否在整个图像控件（图像控件：用于在窗体或报表上显示图片的控件。）中平铺。

⑤ 超链接地址属性（HyperlinkAddress）：用于指定与控件关联的超链接（超链接：带有颜色和下画线的文字或图形，单击后可以转向万维网中的文件、文件的位置或网页，或是 Intranet 上的网页。超链接还可以转到新闻组或 Gopher、Telnet 和 FTP 站点。）目标的路径。

8. 直线和矩形

直线（Line）和矩形（Box）都是非绑定型控件，其主要作用是对其他控件进行分隔和组织，以增强窗体的可读性。

直线和矩形的常用属性有：

① 名称（Name）、是否可见（Visible）、左边距（Left）、上边距（Top）、边框样式（BorderStyle）、边框颜色（BorderColor）、边框宽度（BorderWidth）、特殊效果（SpecialEffect）、控件提示文本（ControlTipText）等，这些属性与前面介绍的控件相同。

② 高度属性（Hight）、宽度属性（Width）：水平线的 Hight 属性为 0；垂直线的 Width 属性为 0；斜线的倾斜度由这 2 个属性共同确定，即斜线为按照指定高度、宽度构成的长方形的对角线。

9．非绑定对象框和绑定对象框

非绑定对象框（OLEUnbound）用于在窗体显示非绑定的 OLE 对象，即其他应用程序对象。非绑定对象控件不与任何一个表或字段相连接。

绑定对象框（OLEBound）用于在窗体显示 OLE 对象字段对象的内容。绑定对象控件可存储嵌入和链接的 OLE 对象。

10．选项卡

选项卡控件用于在窗体上创建一个多页的选项卡。通过单击选项卡对应的标签，可进行页面切换。

（1）选项卡的主要属性有：

① 名称（Name）、高度（Height）、宽度（Width）、是否可见（Visible）、左边距（Left）、上边距（Top）、背景样式（BackStyle）、背景颜色（BackColor）、边框样式（BorderStyle）、边框颜色（BorderColor）、前景色（ForeColor）、字体名称（FontName）、字体大小（FontSize）、字体粗细（FontWeight）、下画线（FontUnderline）、倾斜字体（FontItalic）、是否有效（Enabled）、控件提示文本（ControlTipText）等，这些属性与前面介绍的控件相同。

② 多行（MultiRow）：用于指定选项卡控件能否显示多行选项卡。

③ 样式（Style）：用于指定选项卡控件上选项卡的外观。选项卡控件样式有：标签，选项卡显示为选项卡；按钮，选项卡显示为按钮；无，控件中不显示选项卡。

④ 选项卡中页面的主要属性：标题（Caption）、名称（Name）、高度（Height）、宽度（Width）、是否可见（Visible）、左边距（Left）、上边距（Top）、是否有效（Enabled）、图片（Picture）、图片类型（PictureType）等，这些属性与前面介绍的控件相同。

（2）选项卡的基本操作：

选中选项卡并右击，在弹出的快捷菜单中可以执行：插入页，在最后面追加一个新的页面；删除页，删除当前页面；页次序，调整页面次序。

11．超链接控件

超链接控件用于在窗体上创建一个超链接。

12．图表控件

图表控件用于在窗体上创建一个基于数据表的图表。

13．附件控件

附件控件是为了保存 Office 文档。

14．分页符

分页符（PageBreak）用于在多页窗体的页间分页。分页符控件属于非绑定型控件。

15．窗体与控件的常用事件

对象能响应多种类型的事件，每种类型的事件又由若干种具体事件组成，通过编写相应的事件代码，用户可定制响应事件的操作。以下将分类给出窗体、报表及控件的一些事件，如表 5-2 所示。

表 5-2 窗体与控件的常用事件

事件类别	事件名称	事件对象	触 发 时 机
窗口事件	Open	窗体和报表	窗体被打开,但第一条记录还未显示出来时发生该事件;或虽然报表被打开,但在打印报表之前发生该事件
	Load	窗体	窗体被打开,且显示了记录时发生该事件。发生在 Open 事件之后
	Resize	窗体	窗体的大小变化时发生。此事件也发生在窗体第一次显示时
	Unload	窗体	窗体对象从内存撤销之前发生。发生在 Close 事件之前
	Close	窗体和报表	窗体对象被关闭但还未清屏时发生
键盘事件	KeyDown	窗体和控件	在控件或窗体具有焦点时,键盘有键按下时发生该事件
	KeyUp	窗体和控件	在控件或窗体具有焦点时,释放一个按下的键时发生该事件
	KeyPress	窗体和控件	在控件或窗体具有焦点时,当按下并释放一个键或组合键时发生该事件
打印事件	NoData	报表	设置没有数据的报表打印格式后,在打印报表之前发生该事件。用该事件可取消空白报表的打印
	Page	报表	在设置页面的打印格式后,在打印页面之前发生该事件
	Print	报表	该页在打印或打印预览之前发生
数据事件	AfterDelConfirm	窗体	确认删除记录且记录实际上已经删除或取消删除之后发生的事件
	AfterInsert	窗体	插入新记录保存到数据库时发生的事件
	AfterUpdate	窗体和控件	更新控件或记录数据之后发生的事件;此事件在控件或记录失去焦点时,或单击菜单中的"保存记录"时发生
	BeforeDelConfirm	窗体	在删除记录后,但在显示对话框提示确认或取消之前发生的事件。此事件在 Delete 事件之后发生
	BeforeInsert	窗体	在新记录中输入第一个字符,但还未将记录添加到数据库之前发生的事件
	BeforeUpdate	窗体和报表	更新控件或记录数据之前发生的事件;此事件在控件或记录失去焦点时,或单击菜单中的"保存记录"时发生
	Change	控件	当文本框或组合框的部分内容更改时发生的事件
	Current	窗体	当焦点移动到一条记录,使它成为当前记录,或当重新查询窗体数据源时发生的事件
	Delete	窗体	删除记录,但在确认删除和实际执行删除之前发生该事件
	NoInList	控件	当输入一个不在组合框列表中的值时发生的事件
焦点事件	Activate	窗体和报表	在窗体或报表成为激活状态时发生的事件
	Enter	控件	在控件实际接收焦点之前发生,此事件发生在 GotFocus 事件之前
	Exit	控件	当焦点从一个控件移动到同一窗体的另一个控件之前发生的事件,此事件发生在 LostFocus 事件之前
	GotFocus	窗体和控件	当窗体或控件对象获得焦点时发生的事件。当"获得焦点"事件或"失去焦点"事件发生后,窗体只能在窗体上所有可见控件都失效,或窗体上没有控件时,才能重新获得焦点
	LostFocus	窗体和控件	当窗体或控件对象失去焦点时发生的事件

事件类别	事件名称	事件对象	触 发 时 机
鼠标 事件	Click	窗体和控件	当鼠标在控件上单击时发生的事件
	DblClick	窗体和控件	当鼠标在控件上双击时发生的事件。双击窗体空白区域或窗体上的记录选定器时发生
	MouseDown	窗体和控件	当鼠标在窗体或控件上，按下左键时发生的事件
	MousMove	窗体和控件	当鼠标在窗体或控件上移动时发生的事件
	MouseUp	窗体和控件	当鼠标位于窗体或控件时，释放一个按下的鼠标键时发生的事件
计时	Timer	窗体	通过窗体的计时器间隔（TimerInterval）属性和 Timer 事件来完成计时功能，计时器间隔（TimerInterval）属性值以毫秒为单位。Timer 事件每隔 TimerInterval 时间间隔就被激发一次，运行 Timer 事件过程，这样重复不断，可实现计时功能
错误处理	Error	窗体和报表	在窗体或报表拥有焦点，同时在 Access 中产生了一个运行时错误时发生

5.3.5 常用控件的创建方法

向窗体中添加控件一般有 3 种方法：

方法 1：通过在设计视图中使用控件按钮向窗体添加控件。操作步骤如下：

打开窗体设计视图，单击"窗体设计工具｜设计"选项卡→"控件"选项组中要创建的控件按钮，并在窗体的适当位置用鼠标拖出一个矩形，如果"控件"组中的"使用控件向导"按钮处于选中状态，在创建控件时会弹出相应的向导对话框，以方便对控件的相关属性进行设置；否则，创建控件时将不会弹出向导对话框；默认情况下，"控件向导"命令处于选中状态。

方法 2：利用数据源创建控件。操作步骤如下：

打开窗体设计视图，单击"窗体设计工具｜设计"选项卡→"工具"选项组→"添加现有字段"按钮，将在对象工作区右边显示"字段列表"，展开"字段列表"中的表，将表中的某个字段直接用鼠标拖动到窗体的适当位置，就会在窗体上创建一个与该字段绑定的控件。将字段拖动到窗体后通常会生成两个控件：一个是用于显示字段标题或字段名的标签控件，标签的标题属性（Caption）为字段的标题（或字段名）；一个是用于显示字段内容的控件，控件的名称属性（Name）为字段名，且系统自动将字段的属性转为控件的相应属性，不同类型的字段拖动到窗体后创建的控件有所不同，如表 5-3 所示。

表 5-3 不同字段类型对应的控件类型

拖放到窗体中的字段类型	默认情况下创建的控件类型
是/否型字段	标签和复选框
查阅向导	标签和组合框
OLE 对象	标签和绑定对象框
其他类型字段	标签和文本框

方法 3：手工创建。操作步骤如下：

打开窗体设计视图，使"控件"组中的"使用控件向导"按钮处于未选中状态，单击"窗体设计工具｜设计"选项卡→"控件"选项组中需要创建的控件按钮，并在窗体的适当位置用鼠标拖出一个矩形，控件创建成功，打开"属性表"窗格设置控件相关属性。

1．标签、文本框、计算型控件的创建

【例 5-10】设计一个窗体以实现用户的登录，要求输入用户名、密码，并显示当前系统日期。

具体操作步骤如下：

（1）打开数据库，单击"创建"选项卡→"窗体"选项组→"窗体设计"按钮，创建一个新窗体，打开该窗体的设计视图，同时打开了"设计"选项卡。打开"属性表"窗格，设置窗体"导航按钮"属性为"否"，设置窗体"记录选择器"属性为"否"。

（2）在窗体空白处右击，在弹出的快捷菜单中选择"窗体页眉/页脚"命令，显示窗体页眉/页脚。单击"窗体设计工具｜设计"选项卡→"控件"选项组→"标签"按钮，在窗体页眉节区按住鼠标左键拖动画出一个大小适当的标签，输入标签标题"欢迎登录本系统！"，并设置标签"文本对齐"属性为"居中"，如图 5-23 所示。

（3）单击"窗体设计工具｜设计"选项卡→"控件"选项组→"文本框"按钮，鼠标移动到窗体主体节区上，按住鼠标左键拖动画出一个大小适当的文本框，这时弹出"文本框向导"对话框，如图 5-24 所示。在这个对话框中可以设置文本框中文字的字体、字形、字号以及对齐方式等。

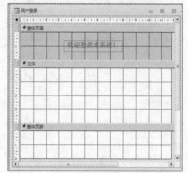

图 5-23　标签控件的创建

（4）在"文本框向导"对话框中，单击"下一步"按钮，弹出进入图 5-25 所示的对话框。在该对话框的"输入法模式设置"列表框中有 3 个列表项："随意""输入法开启""输入法关闭"。如果文本框是用于接收汉字输入，选择"输入法开启"，这样在输入数据时，当光标移动到该文本框上后，直接打开汉字输入方法；如果文本框用于接收输入英文和数字，可选择"输入法关闭"或"随意"。

图 5-24　"文本框向导"对话框

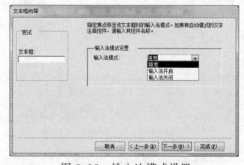

图 5-25　输入法模式设置

（5）在"请输入文本框的名称"文本框中输入"text0"，单击"完成"按钮，文本框创建完毕，同时创建了一个标签控件。

（6）双击标签，打开标签"属性表"窗格，在"标题"属性中输入"用户名"。

（7）用同样的方法再创建一个文本框，设置标签"标题"属性为"密码"；设置文本框"名称"属性为"text1"。选择"数据"选项卡，单击"输入掩码"右侧的"生成器"按钮。

（8）在弹出的"输入掩码向导"对话框中（见图 5-26）选择"密码"，然后单击"完成"按

钮，在"输入掩码"文本框中显示属性值为"密码"，如图 5-27 所示。也可以直接设置"输入掩码"属性为"密码"或"password"。

图 5-26 "输入掩码向导"对话框　　　　　　图 5-27 "属性表"窗格

（9）使用同样的方法创建一个文本框，设置标签"标题"属性为"系统日期"；设置文本框"名称"属性为"text2"，选择"数据"选项卡，设置"控件来源"属性为"=Date()"，也可以直接在文本框中输入"=Date()"，即可创建一个计算型文本框。再设置文本框"格式"属性为"长日期"，设置"文本对齐"属性为"左"，如图 5-28 所示。

（10）单击"简体设计工具 | 设计"选项卡→"视图"选项组→"视图"按钮，把窗体从"设计视图"切换到"窗体视图"，在"text2"文本框中显示系统当前日期。在"text1"中，输入密码后显示"*"号，如图 5-29 所示。在快速访问工具栏中单击"保存"按钮，弹出"另存为"对话框，在"窗体名称"文本框中输入窗体名称"用户登录"，单击"确定"按钮。

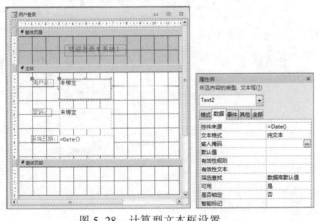

图 5-28 计算型文本框设置　　　　　　图 5-29 "用户登录"窗体

2. 列表框、组合框、选项组、切换按钮、复选框、选项按钮、绑定对象框的创建

【例 5-11】以"销售管理"数据库中的"雇员"表为数据源创建一个雇员信息窗体。

具体操作步骤如下：

（1）设置窗体数据源：打开数据库，单击"创建"选项卡→"窗体"选项组→"窗体设计"按钮，创建一个新窗体，打开该窗体的设计视图，同时打开"设计"选项卡。打开窗体"属性表"窗格，选择"数据"选项卡中的记录源，将其设置为"雇员"表，如图 5-30 所示。

（2）创建绑定型控件：单击"窗体设计工具 | 设计"选项卡→"工具"选项组→"添加现有

字段"按钮，打开"雇员"表"字段列表"，如图 5-31 所示。依次将"雇员 ID""姓氏""名字""出生日期""雇用日期""地址""备注"7 个字段拖动到窗体主体节区，就分别创建了 7 个标签显示字段名，7 个绑定型文本框。

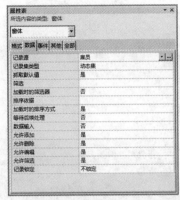

图 5-30　设置窗体数据源

图 5-31　"字段列表"窗格

（3）单击"窗体设计工具｜设计"选项卡→"控件"选项组→"文本框"按钮，在窗体主体节区按住鼠标左键拖动画出一个大小适当的文本框，按照例 5.10 的方法创建一个标签和一个文本框控件，右击标签控件，在弹出的快捷菜单中选择"属性"命令，打开该标签的"属性表"窗格，设置标签"标题"属性值为"国家"，同样打开该文本框的"属性表"窗格，设置"名称"属性值为"国家"，设置"数据"选项卡中"控件来源"属性为"国家"字段，如图 5-32 所示，也可以创建一个绑定型文本框。

（4）创建一个列表框控件显示"职务"字段的值：单击"窗体设计工具｜设计"选项卡→"控件"选项组→"列表框"按钮，在窗体主体节区按住鼠标左键拖动画出一个大小适当的列表框，弹出"列表框向导"对话框，如图 5-33 所示，选择"自行键入所需的值"单选按钮，单击"下一步"按钮；在弹出的对话框中输入列表中所需的列数"1"以及列表框中的值："副总裁(销售)"；"销售经理"；"销售代表"；"内部销售协调员"，如图 5-34 所示，单击"下一步"按钮；在弹出的对话框中设置保存列表框值的字段："职务"，即列表框的控件来源，如图 5-35 所示，单击"下一步"按钮；在弹出的对话框中设置列表框对应标签的标题为"职务"，如图 5-36 所示，单击"完成"按钮。

图 5-32　设置文本框控件来源

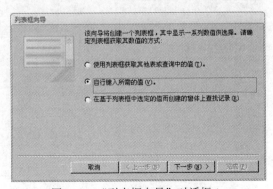

图 5-33　"列表框向导"对话框 1

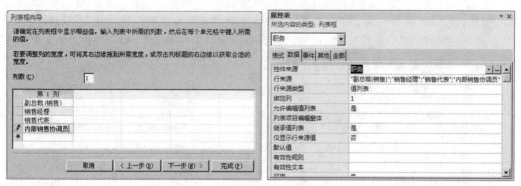

图 5-34　"列表框向导"对话框 2

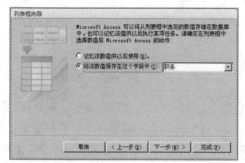

图 5-35　"列表框向导"对话框-3

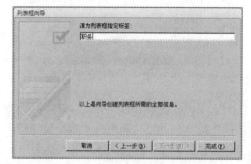

图 5-36　"列表框向导"对话框 4

（5）创建一个组合框控件显示"尊称"字段的值：与创建列表框的步骤相同，在弹出的对话框中输入组合框列表中所需的列数："1"，组合框中的值："博士""夫人""女士""小姐""先生"，保存组合框值的字段："尊称"，组合框对应的标签的标题为"尊称"，单击"完成"按钮。

（6）创建一个绑定对象框控件显示"照片"字段的值：单击"窗体设计工具｜设计"选项卡→"控件"选项组→"绑定对象框"按钮，在窗体主体节区按住鼠标左键拖动画出一个大小适当的绑定对象框，就会创建一个标签和一个绑定对象框，右击该标签控件，在弹出的快捷菜单中选择"属性"命令，打开该标签的"属性表"窗格，设置标签"标题"属性值为"照片"，同样打开该绑定对象框的"属性表"窗格，设置"名称"属性值为"照片"，设置"数据"选项卡中的"控件来源"属性为"照片"字段，设置"缩放方式"属性为"拉伸"，设置"允许的 OLE 类型"属性为"嵌入"，如图 5-37 所示。窗体设计视图如图 5-38 所示。

图 5-37　"属性表"窗格

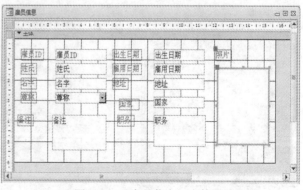

图 5-38　"雇员信息"窗体设计视图

（7）在快速访问工具栏中单击"保存"按钮，弹出"另存为"对话框，在"窗体名称"文本框中输入窗体名称"雇员信息"，单击"确定"按钮。窗体最终效果如图 5-39 所示。

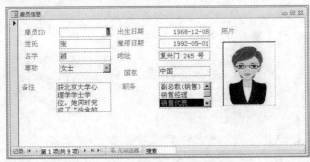

图 5-39　"雇员信息"窗体视图

3. 命令按钮、选项卡、图像框、非绑定对象框、ActiveX 控件、直线、矩形的创建

【例 5-12】设计一个由选项卡构成的窗体。

具体操作步骤如下：

（1）单击"窗体设计工具｜设计"选项卡→"控件"选项组→"选项卡"按钮，在窗体主体节区按住鼠标左键拖动画出一个大小适当的选项卡，就会创建带有 2 个页的选项卡，分别单击 2 个页，在其"属性表"窗格中将其"标题"属性设置为"图像""日历"。

（2）右击选项卡控件，在弹出的快捷菜单中选择"插入页"命令（或"删除页""页次序"命令，见图 5-40），再增加 2 个页，并分别设置它们的标题属性为"OLE 对象""按钮操作"。

（3）单击"图像"页，单击"窗体设计工具｜设计"选项卡→"控件"选项组→"图像框"按钮，在"图像"页上按住鼠标左键拖动画出一个大小适当的图像框，弹出"插入图片"对话框（见图 5-41），浏览计算机找到要显示的图像文件，单击"确定"按钮，设置"图像框"的"缩放模式"属性为"拉伸"。

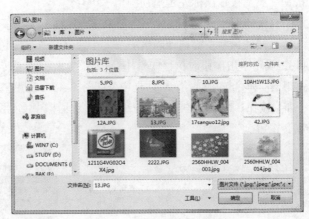

图 5-40　页操作右键菜单　　　　图 5-41　"插入图片"对话框

（4）单击"日历"页，单击"窗体设计工具｜设计"选项卡→"控件"选项组→下拉按钮，在下拉列表中选择"ActiveX 控件"，弹出"插入 ActiveX 控件"对话框，选择"Calender Control 8.0"（见图 5-42），单击"确定"按钮，就会在"日历"页上创建一个 ActiveX 控件：日历控件。

图 5-42　插入 ActiveX 控件

（5）单击"OLE 对象"页，单击"窗体设计工具 | 设计"选项卡→"控件"选项组→"非绑定对象框"按钮，在"OLE 对象"页上按住鼠标左键拖动画出一个大小适当的非绑定对象框，在弹出的对话框中（见图 5-43）选择"由文件创建"单选按钮，单击"浏览"按钮，找到要显示的文件，单击"确定"按钮。

（6）设置窗体数据源：打开窗体的"属性表"窗格，选择"数据"选项卡中的记录源，将其设置为"供应商"表；单击"按钮"页，单击"窗体设计工具 | 设计"选项卡→"控件"选项组→"矩形"按钮，在"按钮"页上按住鼠标左键拖动画出一个大小适当的矩形，单击"窗体设计工具 | 设计"选项卡→"工具"选项组→"添加现有字段"命令，打开"供应商"表的"字段列表"窗格，依次将"公司名称""联系人姓名""联系人职务""地址"4 个字段拖动到"按钮"页的矩形中，就分别创建了 4 个标签显示字段名，4 个绑定型文本框显示字段值。

（7）单击"按钮"页，单击"窗体设计工具 | 设计"选项卡→"控件"选项组→"直线"按钮，在"按钮"页上按住鼠标左键拖动画出一条直线。

（8）单击"窗体设计工具 | 设计"选项卡→"控件"选项组→"命令按钮"按钮，在"按钮"页的直线下方，按住鼠标左键拖动画出一个大小适当的命令按钮，弹出"命令按钮向导"对话框（见图 5-44），设定单击按钮时执行的操作："记录导航"→"转至下一项记录"，单击"下一步"按钮；在弹出的"命令按钮向导"对话框中（见图 5-45），设置按钮上显示的文本"下一项记录"，单击"下一步"按钮；在弹出的"命令按钮向导"对话框中（见图 5-46）指定按钮的名称"next"，单击"完成"按钮。

图 5-43　"对象浏览"对话框

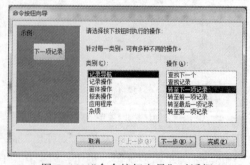

图 5-44　"命令按钮向导"对话框 1

 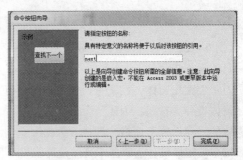

图 5-45　"命令按钮向导"对话框 2　　　　　图 5-46　"命令按钮向导"对话框 3

（9）使用同样的方法创建一个命令按钮，设定单击按钮时执行的操作："记录导航"→"转至前一项记录"，设置按钮上显示的文本"前一项记录"，指定按钮的名称"last"，单击"完成"按钮。

（10）使用同样的方法再创建一个命令按钮，设定单击按钮时执行的操作："窗体操作"→"关闭窗体"，设置按钮上显示的图片"停止"，指定按钮的名称"exit"，单击"完成"按钮。这样单击"前一项记录"按钮就会在选项卡的"按钮"页的矩形中显示上一门课程信息；单击"下一项记录"按钮就会在选项卡上的"按钮"页的矩形中显示下一门课程信息；单击 按钮就会关闭整个窗体。

窗体视图效果如图 5-47～图 5-50 所示。

图 5-47　"图像"页　　　　　　　　　图 5-48　"日历"页

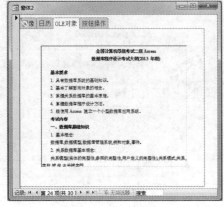

图 5-49　"OLE 对象"页　　　　　　　图 5-50　"按钮操作"页

4．利用子窗体控件创建主/子窗体

【例 5-13】在"销售管理"数据库中创建一个主/子窗体，显示供应商信息及其供应产品信息。
具体操作步骤如下：

（1）创建主窗体，设置主窗体数据源：打开数据库，单击"创建"选项卡→"窗体"选项组
→"窗体设计"按钮，创建一个新窗体，打开该窗体的设计视图，同时打开"设计"选项卡。打
开窗体的"属性表"窗格，选择"数据"选项卡中的记录源，将其设置为"供应商"表。

（2）主窗体设计：单击"窗体设计工具｜设计"选项卡→"工具"选项组→"添加现有字段"
按钮，打开"供应商"表的"字段列表"窗格，依次将"供应商 ID""公司名称""联系人姓名"
"联系人职务""地址""电话"6 个字段拖动到窗体主体节区，就分别创建了 6 个标签显示字段名，
6 个绑定型文本框显示字段值。

（3）单击"窗体设计工具｜设计"选项卡→"控件"选项组→"子窗体"按钮，在窗体主体
节区按住鼠标左键拖动画出一个大小适当的子窗体，弹出"子窗体向导"对话框，选择作为子窗
体的数据源的类型："使用现有的表和查询"——选择现有的表和查询作为子窗体数据源、"使用
现有的窗体"——选择已有的窗体作为子窗体，这里选择前者，如图 5-51 所示，单击"下一步"
按钮；在弹出的"子窗体向导"对话框中选择作为子窗体数据源的表或查询："产品"表，并将"产
品"表的字段加入到"选定字段"列表框中，如图 5-52 所示，单击"下一步"按钮；在弹出的
"子窗体向导"对话框中定义主子窗体的链接字段：主子窗体通过"供应商 ID"字段链接，如
图 5-53 所示，单击"下一步"按钮；在弹出的"子窗体向导"对话框中指定子窗体的名称：供
应产品信息，如图 5-54 所示，单击"完成"按钮。

图 5-51　"子窗体向导"对话框 1

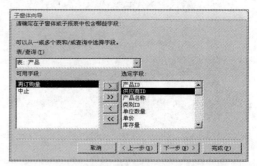

图 5-52　"子窗体向导"对话框 2

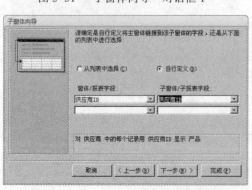

图 5-53　"子窗体向导"对话框 3

图 5-54　"子窗体向导"对话框 4

（4）也可以创建子窗体控件后，不用"子窗体向导"，直接设置"子窗体"控件的源对象（SourceObject）属性为"供应产品信息"表，链接子字段（LinkChildFields）属性为"供应商 ID"字段，链接主字段（LinkMasterFields）属性为"供应商 ID"字段，如图 5-55 所示。

（5）在快速访问工具栏中单击"保存"按钮，弹出"另存为"对话框，在"窗体名称"文本框中输入窗体名称"供应商供应产品信息"，单击"确定"按钮。窗体设计视图效果如图 5-56 所示，窗体视图效果如图 5-57 所示。

图 5-55　子窗体数据属性设置

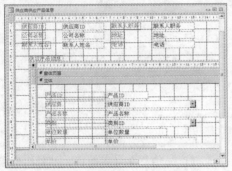

图 5-56　窗体设计视图效果

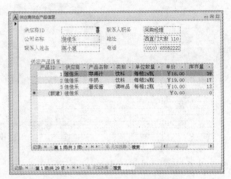

图 5-57　窗体视图效果

5.4　创建导航窗体

5.4.1　创建导航窗体

Access 2010 提供了一种新型的窗体，称为导航窗体。在导航窗体中，可以选择导航按钮的布局，也可以在所选布局上直接创建导航按钮，并通过这些按钮将已建数据库对象集成在一起形成数据库应用系统。使用导航窗体创建应用系统控制界面更简单、更直观。

【例 5-14】使用"导航"按钮创建"销售管理系统"控制窗体。

具体操作步骤如下：

（1）单击"创建"选项卡→"窗体"选项组→"导航"下拉按钮，在下拉列表中选择所需的窗体样式，这里选择"水平标签和垂直标签，左侧"选项，如图 5-58 所示，进入导航窗体的布局视图。

图 5-58　创建导航窗体

（2）一般将一级功能按钮放在水平标签上，将二级功能按钮放在垂直标签上。在水平标签上添加一级功能按钮，单击上方的"新增"按钮，输入"销售产品信息"，使用相同方法创建"产品类别信息""供应商详细信息""客户信息""订单信息"按钮。

在垂直标签上分别为每个一级功能按钮添加二级功能按钮，单击上方的"销售产品信息"一级功能按钮，再单击左边的"新增"按钮，输入"查询产品信息"，使用相同方法为"销售产品信息"一级功能按钮创建"查询产品类别""查询产品订单""录入产品信息"二级功能按钮，如图 5-59 所示。

图 5-59　创建导航窗体功能按钮

（3）为"查询产品信息"按钮添加功能：右击"查询产品信息"导航按钮，从弹出的菜单中选择"属性"命令，打开"属性表"窗格，选择"事件"选项卡，单击"单击"事件右侧下拉按钮，在下拉列表中选择已创建的宏"运行产品信息查询"（关于宏的创建方法可参见第 7 章）。使用相同的方法设置其他导航按钮的功能。

（4）将导航窗体页眉节区上标签的标题修改为"销售管理系统"；修改导航窗体的"标题"属性为"销售管理系统"。运行效果如图 5-60 所示。

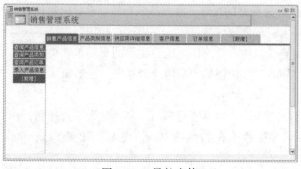

图 5-60　导航窗体

5.4.2　设置自动启动窗体

前面创建的窗体必须用鼠标双击才能启动，如果希望在打开数据库时自动打开窗体，就需要将窗体设置为启动窗体。

设置自动启动窗体的操作步骤如下：

（1）单击"文件"→"选项"命令。

（2）在弹出的"Access 选项"对话框左侧窗格中选择"当前数据库"选项，在右侧窗格的"应用程序选项"下方设置"应用程序标题"为"销售管理",该标题将显示在 Access 窗口的标题栏中,设置"应用程序图标",该图标将显示在 Access 窗口的左上角,以替代之前的 Access 图标,选中"用作窗体和报表图标"复选框,在"显示窗体"下拉列表框中选择用作启动窗体的窗体"雇员信息"。

(3)在右侧窗格的"导航"下方,取消选择"显示导航窗格"复选框,这样在下次打开数据库时,将不再显示左侧的导航窗格,如图 5-61 所示。

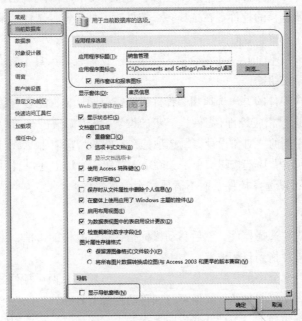

图 5-61　设置启动窗体

(4)单击"确定"按钮,弹出提示信息框,如图 5-62 所示,单击"确定"按钮,关闭数据库。下次打开数据库时就会自动启动"雇员信息"窗体,如图 5-63 所示。

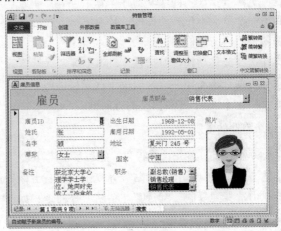

图 5-62　提示信息框　　　　　　　　图 5-63　"雇员信息"启动窗体

当某一数据库设置了启动窗体后,若想在打开数据库时不运行自动启动窗体,可以在打开数据库时,一直按住【Shift】键。

5.5　窗体的修饰

在设计窗体过程中，经常需要对窗体中的控件进行调整，其操作包括调整控件大小、位置、排列、外观、颜色、字体、特殊效果等，经过调整后可以达到美化控件和美化窗体的效果。

1．选择控件

选择控件包括选择一个控件和选择多个控件。要选择多个控件，首先按住【Ctrl】键或【Shift】键，然后依次单击所要选择的控件。在选择多个控件时，如果已经选择了某控件后又想取消选择此控件，只要在按住【Shift】键的同时再次单击该控件即可。

选择全部控件可以按【Ctrl＋A】组合键，或单击"窗体设计工具｜格式"选项卡→"所选内容"选项组→"全选"按钮。

通过拖动鼠标包含控件的方法选择相邻控件时，需要圈选框完全包含整个控件。如果要求圈选框部分包含时即可选择相应控件，需做进一步的设置。单击"文件"→"选项"命令，弹出"Access选项"对话框，选中左侧的"对象设计器"选项，在右侧的"窗体/报表设计视图"下的"选中行为"区域选中"部分包含"单选按钮，单击"确定"按钮。通过上述设置后，当选择控件时，只要矩形接触到控件就可以选择控件，而不需要完全包含控件。

2．移动控件

要移动控件，首先要选择控件，然后移动鼠标指针指向控件的边框，当鼠标指针变为手掌形时，即可拖动鼠标将控件拖到目标位置。

当单击组合控件两部分中的任一部分时，Access 2010 将显示两个控件的移动控制句柄，以及所单击的控件的调整大小控制句柄。如果要分别移动控件及其标签，应将鼠标指针放在控件或标签左上角处的移动控制句柄上，当指针变成向上指的手掌图标时，拖动控件或标签可以移动控件或标签。如果指针移动到控件或其标签的边框（不是移动控制句柄）上，指针变成手掌图标时，可以同时移动两个控件。

对于复合控件，即使分别移动各个部分，组合控件的各部分仍将相关。如果要将附属标签移动到另一个节而不想移动控件，必须使用"剪切"及"粘贴"命令。如果将标签移动到另一个节，该标签将不再与控件相关。

在选择或移动控件时按住【Shift】键，保持该控件在水平或垂直方向上与其他控件对齐，可以水平或垂直移动控件，这取决于首先移动的方向。如果需要细微地调整控件的位置，更简单的方法是按住【Ctrl】键和相应的方向键。

3．控件的复制

要复制控件，首先选择控件，然后单击"开始"选项卡"剪贴板"组中的"复制""剪切""粘贴"等按钮，或右击该控件，在弹出的快捷菜单中选择"复制""剪切""粘贴"等命令，如图 5-64 所示。

4．改变控件的类型

若要改变控件的类型，则右击该控件，在弹出的快捷菜单中选择"更改为"命令中所需的新控件类型，如图 5-64 所示。

图 5-64　控件右键菜单

5．控件的删除

如果希望删除不用的控件，可以选中要删除的控件，按【Del】键或【Delete】键，或单击"开始"选项卡→"记录"选项组→"删除"按钮。

6．改变控件的尺寸

对于控件大小的调整，既可以通过其"宽度"和"高度"属性来设置，也可以直接拖动控件的大小控制柄。单击要调整大小的一个控件或多个控件，拖动调整大小控制柄，直到控件变为所需的大小。如果选择多个控件，所选的控件都会随着拖动第一个控件的调整大小控制柄而更改大小。

如果要调整控件的大小以容纳其显示内容，则选择要调整大小的一个或多个控件，然后单击"窗体设计工具｜排列"选项卡→"调整大小和排序"选项组→"大小/空格"下拉按钮，在下拉列表中选择"正好容纳"选项，将根据控件显示内容确定其宽度和高度，如图 5-65 所示。

如果要统一调整控件之间的相对大小，首先选择需要调整大小的控件，然后单击"大小/空格"下拉按钮，在下拉列表中选择："至最高"选项使选定的所有控件调整为与最高的控件同高；"至最短"选项使选定的所有控件调整为与最短的控件同高；"至最宽"选项使选定的所有控件调整为与最宽的控件同宽；"至最窄"选项使选定的所有控件调整为与最窄的控件同宽，如图 5-65 所示。

7．将窗体中的控件对齐

当需要设置多个控件对齐时，先选中需要对齐的控件，然后单击"窗体设计工具｜排列"选项卡→"调整大小和排序"选项组→"对齐"下拉按钮，在下拉列表（见图 5-66）中选择"靠左"或"靠右"命令，这保证了控件之间垂直方向对齐；选择"靠上"或"靠下"命令，则保证水平对齐；选择"对齐网格"命令，则以网格为参照，选中的控件自动与网格对齐，在水平对齐或垂直对齐的基础上，可进一步设定等间距。假设已经设定了多个控件垂直方向对齐，则选择"大小/空格"下拉列表中的"垂直相等"命令，如图 5-65 所示。

图 5-65　"大小/空格"下拉列表

图 5-66　"对齐"下拉列表

8. 间距调整

选择要调整的多个控件（至少 3 个），对于有附属标签的控件，应选择控件，而不要选择其标签。单击"窗体设计工具 | 排列"选项卡→"调整大小和排列"选项组→"大小/空格"下拉按钮；在下拉列表中根据需要选择"水平相等""水平增加""水平减少""垂直相等""垂直增加""垂直减少"等选项，如图 5-65 所示。

9. 设置控件 Tab 键次序

在设计窗体时，特别是数据录入窗体，需要窗体中的控件按一定的次序响应键盘，便于用户操作，称为 Tab 键次序。Tab 键次序通常与控件的创建次序一致。

在控件右键快捷菜单中选择"Tab 键次序"命令（见图 5-64），弹出"Tab 键次序"对话框，在其中重新设置窗体控件次序，如图 5-67 所示，单击"自动排序"按钮，将按照控件从左到右，从上到下设置 Tab 键次序；如果希望创建自定义 Tab 键次序，在"自定义次序"列表框中，单击要移动的控件（可以一次选择多个控件），然后拖动控件到列表中所需的地方。也可以通过设置控件的"Tab 键索引"（TabIndex）属性修改 Tab 键次序，次序最靠前的索引值为 0。若要从 Tab 键次序中移除某控件，则选中该控件将其"制表位"（TabStop）属性设置为"否"。

10. 更改窗体中最后一个字段的 Tab 键行为

即当焦点在窗体中最后一个字段时，按 Tab 键，可将焦点移动到指定位置。打开"属性表"窗格，选择"其他"选项卡，设置"循环"（Cycle）属性，其属性值有：所有记录（表示在最后一个字段中按 Tab 键，焦点将移动到下一条记录中的第一个字段），当前记录（表示在最后一个字段中按 Tab 键，焦点将移回到当前记录中的第一个字段），当前页（表示在窗体页面的最后一个字段中按 Tab 键，焦点将移回到当前页面中的第一个字段）。

11. 应用主题

"主题"是整体上设置数据库系统，使所有窗体具有统一色调的快速方法。主题是一套统一的设计元素和配色方案，为数据库系统的所有窗体页眉上的元素提供了一套完整的格式集合。利用主题，可以非常容易地创建具有专业水准、设计精美、美观时尚的数据库系统。

在"窗体设计工具 | 设计"选项卡→"主题"选项组中包含 3 个按钮：主题、颜色、字体。在窗体设计视图中，单击"主题"下拉按钮，从下拉列表中选择一个主题，单击即可应用该主题，如图 5-68 所示。Access 一共提供了 44 套主题供用户选择。

图 5-67　"Tab 键次序"对话框

图 5-68　应用主题

12. 添加当前日期和时间

用户可以在窗体中添加当前日期和时间，单击"窗体设计工具｜设计"选项卡→"页眉/页脚"选项组→"日期和时间"按钮。如果当前窗体中含有页眉，则将当前日期和时间插入到窗体页眉中，否则插入到主体节中。如果要删除日期和时间，可以先选中它们，然后按【Del】键。

习　题

一、选择题

1. 主窗体和子窗体通常用于显示多个表或查询中的数据，这些表或查询中的数据一般应该具有的关系是（　　　）。

　　A. 一对一　　　　　　B. 一对多　　　　　　C. 多对多　　　　　　D. 关联

2. 在雇员信息输入窗体中，为"职务"字段提供"销售代表""副总裁(销售)""销售经理""内部销售协调员"等选项供用户直接选择，最合适的控件是（　　　）。

　　A. 标签　　　　　　　B. 复选框　　　　　　C. 文本框　　　　　　D. 组合框

3. 在雇员表中使用"照片"字段存放相片，当使用向导为该表创建窗体时，"照片"字段使用的默认控件是（　　　）。

　　A. 图形　　　　　　　B. 图像　　　　　　　C. 绑定对象框　　　　D. 未绑定对象框

4. 若要使某命令按钮获得控制焦点，可使用的方法是（　　　）。

　　A. LostFocus　　　　B. SetFocus　　　　　C. Point　　　　　　　D. Value

5. 窗体设计中，决定了按【Tab】键时焦点在各个控件之间移动顺序的属性是（　　　）。

　　A. Index　　　　　　　B. TabStop　　　　　C. TabIndex　　　　　D. SetFocus

6. 若在窗体设计过程中，命令按钮 Command0 的事件属性设置如图 5-69 所示，则含义是（　　　）。

　　A. 只能为"进入"事件和"单击"事件编写事件过程

　　B. 不能为"进入"事件和"单击"事件编写事件过程

　　C. "进入"事件和"单击"事件执行的是同一事件过程

　　D. 已经为"进入"事件和"单击"事件编写了事件过程

7. 发生在控件接收焦点之前的事件是（　　　）。

　　A. Enter　　　　　　　　　　　　　　　B. Exit

　　C. GotFocus　　　　　　　　　　　　　D. LostFocus

8. 下列关于对象"更新前"事件的叙述中正确的是（　　　）。

　　A. 在控件或记录的数据变化后发生的事件

　　B. 在控件或记录的数据变化前发生的事件

　　C. 当窗体或控件接收到焦点时发生的事件

　　D. 当窗体或控件失去了焦点时发生的事件

图 5-69　第 6 题图

9. 下列属性中，属于窗体的"数据"类属性的是（　　　）。

　　A. 记录源　　　　　　B. 自动居中　　　　　C. 获得焦点　　　　　D. 记录选择器

10. 在 Access 中为窗体上的控件设置 Tab 键的顺序，应选择"属性表"窗格的（　　）。
    A. "格式"选项卡　　　　　　　　　　　B. "数据"选项卡
    C. "事件"选项卡　　　　　　　　　　　D. "其他"选项卡

11. 如果在文本框内输入数据后，按【Enter】键或按【Tab】键，输入焦点可立即移至下一指定文本框，应设置（　　）。
    A. "制表位"属性　　　　　　　　　　　B. "Tab 键索引"属性
    C. "自动 Tab 键"属性　　　　　　　　　D. "Enter 键行为"属性

12. 窗体 Caption 属性的作用是（　　）。
    A. 确定窗体的标题　　　　　　　　　　B. 确定窗体的名称
    C. 确定窗体的边界类型　　　　　　　　D. 确定窗体的字体

13. 确定一个窗体大小的属性是（　　）。
    A. Width 和 Height　B. Width 和 Top　　C. Top 和 Left　　　D. Top 和 Height

14. 假定窗体的名称为 fTest，将窗体的标题设置为"Sample"的语句是（　　）。
    A. Me="Sample"　　　　　　　　　　　B. Me.Caption="Sample"
    C. Me.Text="Sample"　　　　　　　　　D. Me.Name="Sample"

15. 下列选项中，所有控件共有的属性是（　　）。
    A. Caption　　　　　B. Value　　　　　C. Text　　　　　D. Name

16. 要使窗体上的按钮运行时不可见，需要设置的属性是（　　）
    A. Enable　　　　　B. Visible　　　　C. Default　　　　D. Cancel

17. 窗体主体的 BackColor 属性用于设置窗体主体的（　　）。
    A. 高度　　　　　　B. 亮度　　　　　C. 背景色　　　　D. 前景色

18. 可以获得文本框当前插入点所在位置的属性是（　　）。
    A. Position　　　　B. SelStart　　　C. SelLength　　　D. Left

19. 如果要在文本框中输入字符时达到密码显示效果，如星号（*），应设置文本框的属性是（　　）。
    A. Text　　　　　　B. Caption　　　　C. InputMask　　　D. PasswordChar

20. 决定一个窗体有无"控制"菜单的属性是（　　）。
    A. MinButton　　　B. Caption　　　　C. MaxButton　　　D. ControlBox

21. 如果要改变窗体或报表的标题，需要设置的属性是（　　）。
    A. Name　　　　　　B. Caption　　　　C. BackColor　　　D. BorderStyle

22. 命令按钮 Command1 的 Caption 属性为"退出(x)"，要将命令按钮的快捷键设为 Alt+x，应修改 Caption 属性为（　　）。
    A. 在 x 前插入&　B. 在 x 后插入&　C. 在 x 前插入#　D. 在 x 后插入#

23. 能够接受数值型数据输入的窗体控件是（　　）。
    A. 图形　　　　　　B. 文本框　　　　C. 标签　　　　　D. 命令按钮

24. 在窗口中有一个标签 Label0 和一个命令按钮 Command1，Command1 的事件代码如下：

```
Private Sub Command1_Click()
Label0.Top=Label0.Top+20
End Sub
```

打开窗口后，单击命令按钮，结果是（　　　　）。

    A. 标签向上加高　　　　　　　　　　B. 标签向下加高

    C. 标签向上移动　　　　　　　　　　D. 标签向下移动

25. 若在"销售总数"窗体中有"订货总数"文本框控件，能够正确引用控件值的是（　　　　）。

    A. Forms.[销售总数].[订货总数]　　　B. Forms![销售总数].[订货总数]

    C. Forms.[销售总数]![订货总数]　　　D. Forms![销售总数]![订货总数]

26. 将项目添加到 List 控件中的方法是（　　　　）。

    A. List　　　　　B. ListCount　　　　C. Move　　　　D. AddItem

27. 启动窗体时，系统首先执行的事件过程是（　　　　）。

    A. Load　　　　　B. Click　　　　　C. Unload　　　　D. GotFocus

28. 在打开窗体时，依次发生的事件是（　　　　）。

    A. 打开（Open）→加载（Load）→调整大小（Resize）→激活（Activate）

    B. 打开（Open）→激活（Activate）→加载（Load）→调整大小（Resize）

    C. 打开（Open）→调整大小（Resize）→加载（Load）→激活（Activate）

    D. 打开（Open）→激活（Activate）→调整大小（Resize）→加载（Load）

29. 为使窗体每隔 5 s 激发一次计时器事件(timer 事件)，应将其 Interval 属性值设置为（　　　　）。

    A. 5　　　　　　　B. 500　　　　　　C. 300　　　　　　D. 5000

30. 因修改文本框中的数据而触发的事件是（　　　　）。

    A. Change　　　　B. Edit　　　　　C. Getfocus　　　　D. LostFocus

二、操作题

依次完成例 5-1 至例 5-14 中的所有操作。

第6章 | 报　表

　　报表是专门为打印而设计的数据库对象。报表与窗体对象类似，不同之处在于窗体可以与用户进行信息交互，即可以通过窗体更新数据，也可以将数据呈现在窗体上；而报表没有交互功能，只能将数据呈现在报表上，而不能通过报表更新数据。Access 2010 提供报表对象来实现打印格式数据的功能，将数据库中的表或查询的数据进行组合，形成报表，还可以在报表中添加多级汇总、统计比较、图片和图表等，如图 6-1 所示。

产品明细表				
类别名	说明	产品名称	单价	库存量
饮料	软饮料、咖啡、茶、啤酒和淡啤酒			
		矿泉水	￥14.00	52
		柳橙汁	￥46.00	17
		绿茶	￥263.50	17
		蜜桃汁	￥18.00	20
		柠檬汁	￥18.00	57
		牛奶	￥19.00	17
		浓缩咖啡	￥7.75	125
		啤酒	￥14.00	111
		苹果汁	￥18.00	39
		汽水	￥4.50	20
		苏打水	￥15.00	15
		运动饮料	￥18.00	69
			库存总金额：	￥12480.25

图 6-1　报表

　　报表的结构和窗体有相似之处，建立报表与建立窗体的操作方式也非常相似，创建窗体的各项操作可完全套用在报表上；报表和窗体均可以有其数据源，其数据源可以是表、查询或 SQL 语句。

　　但报表与窗体也有区别：窗体和报表虽然都可以显示数据，但是窗体的数据显示在屏幕的窗口中，而报表的数据则打印在纸上；窗体的主要作用是建立用户与系统交互的界面，所以窗体可以与用户进行信息交互，在窗体上既可以浏览数据又可以对数据进行修改，而报表主要用于数据库数据的打印输出，并且可以对数据库中的数据进行分组、计算、汇总等操作，但报表没有交互功能，报表中的数据只能浏览而不能修改；在窗体中可以包含更多的具有操作功能的控件，而报表一般不包含这样的控件，报表中常常包含更多具有复杂计算功能的文本框控件，以实现对数据的分组、汇总等功能。

6.1　报表概述

6.1.1　报表的功能

报表的主要功能就是将数据库中的数据按照用户的需求进行设计，以一定的格式打印输出，提供了以下功能：

（1）能够呈现格式化数据，使报表更易于阅读和理解。

（2）对大量数据进行小计、分组和汇总，便于用户对统计的结果进行数据分析。

（3）格式丰富，可以使用剪贴画、图片、图形等来美化报表的外观，还可以使用条件格式以引人注意的格式呈现数据。

（4）可以设计出标签、订单、信封、发票、目录、表格等多种样式的报表。

（5）可以生成带有数据透视图或透视表的报表来形象地说明数据的含义，增强数据的可读性。

（6）通过页眉和页脚，可以在每页的顶部和底部输出报表公共信息。

6.1.2　报表的视图

Access 2010 为报表操作提供了 4 种视图："报表视图""打印预览""布局视图""设计视图"。

1. 设计视图

用于创建和编辑报表的结构，在设计视图中可以创建报表或修改现有的报表。

2. 布局视图

报表的布局视图与窗体的布局视图十分相似，在布局视图中可以在显示数据的情况下，调整报表设计，可根据实际报表的数据调整列宽，将列重新排列，并添加分组和汇总等。

3. 报表视图

报表视图是报表设计完成后，最终被打印的视图，用于查看报表的字体、字号和常规布局等版面设置，在报表视图中可以对报表应用高级筛选，筛选出所需要的信息。

4. 打印预览视图

用于查看报表的页面数据输出形态。在打印预览视图中，可以查看显示在报表上的每一页的数据，也可以查看报表的版面设置。在打印预览视图中，鼠标通常以放大镜方式显示，单击就可以放大或缩小报表。

报表的各个视图之间可以互相切换。

6.1.3　报表的结构

报表主要由 7 部分组成：报表页眉、页面页眉、组页眉、主体、组页脚、页面页脚、报表页脚，如图 6-2 所示。每个部分称为"节"，其中的主体节是必需的，其余各节可以根据需要随时显示或隐藏。

报表的每个节都有不同的功能，要根据实际需求，将数据或提示性内容放在不同的节位置，关于节的功能和说明如表 6-1 所示。

图 6-2　报表结构视图

表 6-1　报表各节主要功能

名　　称	位　　置	功　　能
报表页眉	报表开头	报表页眉用于显示一般出现在封面上的信息，如徽标、标题或日期。报表页眉位于页面页眉之前
页面页眉	每页的顶部	使用页面页眉可在每页上重复报表标题
组页眉	每个新记录组的开头	使用组页眉可显示组名。例如，在按产品分组的报表中，使用组页眉可以显示产品名称。当在组页眉中放置使用"总和"聚合函数的计算控件时，将计算当前组的总和。一个报表上可具有多个组页眉节，具体取决于已添加的分组级别数
主体	对记录源中的每个行显示一次	此位置用于放置组成报表主体的控件。
组页脚	每个记录组的末尾	使用组页脚可显示组的汇总信息。一个报表上可具有多个组页脚，具体取决于已添加的分组级别数
页面页脚	每页的底	使用页面页脚可显示页码或每页信息
报表页脚	报表末尾	使用报表页脚可显示整个报表的报表总和或其他汇总信息

6.1.4　报表的类型

Access 2010 中提供了多种应用类型的报表，用户可以根据需要创建不同类型的报表。按照报表的结构，可以把 Access 中的报表分为 4 种类型：表格式报表、纵栏式报表、标签报表和图表报表。

1. 表格式报表

表格式报表是以行、列形式显示记录数据，通常一行显示一条记录、一页显示多行记录。表格式报表的字段名称不是在每页的主体节内显示，而是放在页面页眉节中显示。输出报表时，各字段名称只在报表的每页上方出现一次，如图 6-3 所示。

2. 纵栏式报表

纵栏式报表类似于前面讲过的纵栏式窗体，以垂直方式显示一条记录。在主体节中可以显示一条或多条记录，每行显示一个字段，行的左侧显示字段名称，行的右侧显示字段值，如图 6-4 所示。

客户				2018年12月10日 星期一	
				下午 9:35:05	
客户ID	公司名称	联系人姓名	联系人头衔	地址	城市
ALFKI	三川实业有限公司	刘小姐	销售代表	大崇明路 50 号	天津
ANATR	东南实业	王先生	物主	承德西路 80 号	天津
ANTON	坦森行贸易	王炫皓	物主	黄台北路 780 号	石家庄
AROUT	国顶有限公司	方先生	销售代表	天府东街 30 号	深圳
BERGS	通恒机械	黄小姐	采购员	东园西甲 30 号	南京
BLAUS	森通	王先生	销售代表	常保阁东 80 号	天津
BLONP	国皓	黄雅玲	市场经理	广发北路 10 号	大连
BOLID	迈多贸易	陈先生	物主	临翠大街 80 号	西安
BONAP	祥通	刘先生	物主	花园东街 90 号	重庆
BOTTM	广通	王先生	结算经理	平谷嘉石大街 38 号	重庆
BSBEV	光明杂志	谢丽秋	销售代表	黄石路 50 号	深圳
CACTU	威航货运有限公司	刘先生	销售代理	经七纬二路 13 号	大连

图 6-3　表格式报表

雇员	
雇员ID	1
姓名	张颖
职务	销售代表
尊称	女士
出生日期	1968/12/08
雇用日期	1992/05/01
地址	复兴门 245 号
雇员ID	2
姓名	王伟
职务	副总裁(销售)
尊称	博士
出生日期	1962/02/19
雇用日期	1992/08/14
地址	罗马花园 890 号

图 6-4　纵栏式报表

3. 标签报表

标签报表是一种特殊类型的报表，主要用于制作标签、书签、名片、信封、邀请函等，如图 6-5 所示。

图 6-5　标签报表

4. 图表报表

图表报表是以图表的形式显示数据的报表类型，数据以图表的形式直观地打印出来，如图 6-6 所示。

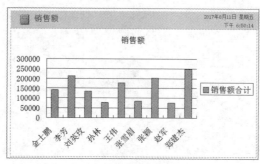

图 6-6　图表报表

6.2　报表的创建

创建报表的许多方法和创建窗体基本相同，在 Access 2010 中，提供了"报表""报表设计""空报表""报表向导""标签"等方法创建报表，单击"创建"选项卡→"报表"选项组→"报表"按钮，如图 6-7 所示，"报表""报表设计""空报表""报表向导"这 4 个按钮的功能与窗体类似，"标签"按钮用来创建标签报表。

图 6-7　创建报表的功能按钮

6.2.1　使用"报表"方式创建报表

通过"报表"方式可以快速地创建报表，用户只需要指定数据源——基于一个表或查询，系统自动会生成包含数据源所有字段的报表，它既不向用户提示信息，也不需要用户做任何其他操作。

由于它对报表结构和外观的控制最少，因此报表形式简单。用户可以在此基础上，在布局视图或设计视图下进行修改，创建出满足用户最终需要的报表。

使用"报表"工具创建报表的基本操作步骤如下：

（1）选中数据源：打开数据库，在导航窗格中单击某个表或查询，选中该表或查询作为报表的数据源。

（2）生成报表：单击"创建"选项卡→"报表"选项组→"报表"按钮，系统自动生成表格式报表，并且以布局视图显示。

（3）局部调整：切换到布局视图或设计视图下进行局部调整。

（4）保存报表：报表为 Access 2010 中的独立对象，需要单独保存，在快速访问工具栏中单击"保存"按钮。

【例 6-1】在"讲解用例"数据库中，以"产品"表为数据源，使用"报表"工具创建一个表格式报表，并将该报表命名为 rProduct。

具体操作步骤如下：

（1）打开"教学管理"数据库，在数据库的导航窗格中选择数据源——"产品"表。

（2）切换到"创建"选项卡，单击"报表"选项组→"报表"按钮。系统将自动创建一个以"产品"表为数据源的表格式报表，并以布局视图显示此报表。

（3）在快速访问工具栏中单击"保存"按钮，弹出"另存为"对话框，在"报表名称"文本框中输入报表名称 rProduct，单击"确定"按钮。

创建的报表效果，如图 6-8 所示。

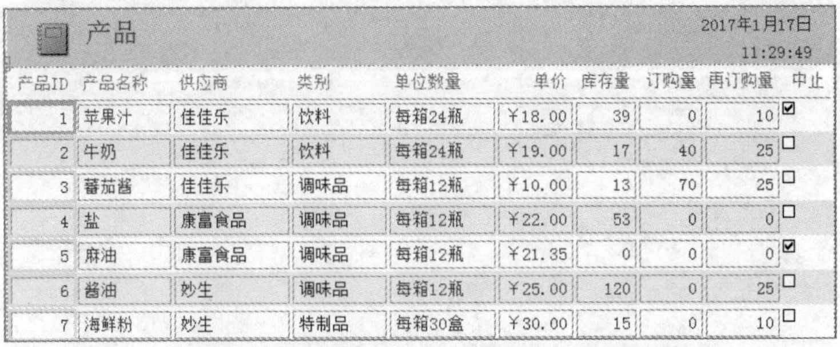

产品ID	产品名称	供应商	类别	单位数量	单价	库存量	订购量	再订购量	中止
1	苹果汁	佳佳乐	饮料	每箱24瓶	￥18.00	39		10	☑
2	牛奶	佳佳乐	饮料	每箱24瓶	￥19.00	17	40	25	☐
3	蕃茄酱	佳佳乐	调味品	每箱12瓶	￥10.00	13	70	25	☐
4	盐	康富食品	调味品	每箱12瓶	￥22.00	53	0	0	☐
5	麻油	康富食品	调味品	每箱12瓶	￥21.35	0	0	0	☑
6	酱油	妙生	调味品	每箱12瓶	￥25.00	120	0	25	☐
7	海鲜粉	妙生	特制品	每箱30盒	￥30.00	15	0	10	☐

（右上角：2017年1月17日 11:29:49）

图 6-8　使用"报表"工具创建的报表效果图

6.2.2　使用"空报表"方式创建报表

使用"空报表"方式创建报表是在布局视图中创建报表。使用"空报表"创建报表的同时，Access 会显示数据库中的数据表及表的字段，可以根据报表的需要把表中的字段加入到报表中，从而完成创建报表的工作。

使用"空报表"工具创建报表的基本操作步骤如下：

（1）单击"创建"选项卡→"报表"选项组→"空报表"按钮，创建一个空报表，并且以布局视图显示，同时在"对象工作区"右边打开了"字段列表"窗格，显示数据库中所有的表。

（2）在"字段列表"窗格中单击数据表前面的"+"号，将展开表中的所有字段，双击或直接将字段拖动到空报表中，同时"字段列表"的布局从一个窗格变为三个小窗格："可用于此视图的字段"——当前表中的剩余字段；"相关表中的可用字段"——与此表有关系（已经建立关系）的表；"其他表中的可用字段"——与此表没有建立关系的其他表。

（3）在快速访问工具栏中单击"保存"按钮，弹出"另存为"对话框，在"窗体名称"文本框中输入窗体的名称，单击"确定"按钮。

【例 6-2】在"讲解用例"数据库中，创建一个报表，信息包括供应商编号、公司名称、联系人姓名、联系人职务、地址、城市、地区、邮政编码等内容，并将该报表命名为 rSupplier。

具体操作步骤如下：

（1）打开"讲解用例"数据库，切换到"创建"选项卡，单击"报表"选项组→"空报表"按钮，创建一个空白报表，并且以布局视图显示，同时在"对象工作区"右侧打开"字段列表"窗格，显示数据库中所有的表。

（2）在"字段列表"窗格中单击"供应商"表前面的"+"号，展开表中的所有字段。

（3）依次将"供应商"表中的供应商编号、公司名称、联系人姓名、联系人职务、地址、城市、地区、邮政编码 8 个字段拖动到空报表中（也可以双击字段自动添加）。

（4）在快速访问工具栏中单击"保存"按钮，弹出"另存为"对话框，在"报表名称"文本框中输入报表名称 rSupplier，单击"确定"按钮。创建的报表效果如图 6-9 所示。

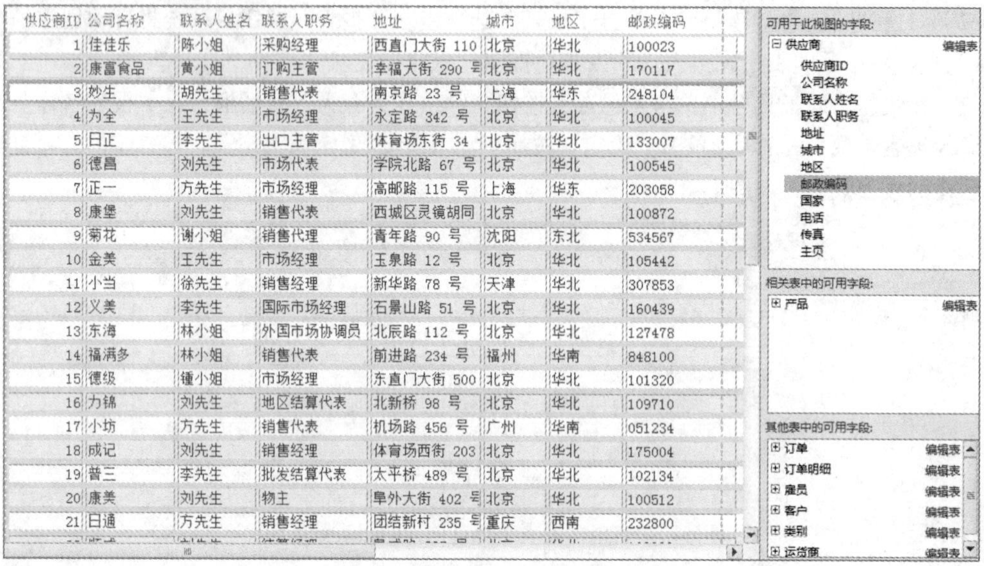

图 6-9　使用"空报表"工具创建报表

6.2.3　使用"报表向导"工具创建报表

使用"报表"工具创建报表可以方便快捷地创建报表，但是创建的报表"千篇一律"，无论在内容和外观上都受到很大限制，不能满足用户较高的要求。为此可以使用"报表向导"工具创建内容更为丰富的报表。

使用报表向导创建报表，会提示用户输入相关的数据源、字段、报表版面格式、指定数据的分组和排序方式等信息，根据向导提示可以完成大部分报表设计的基本操作，因此加快了创建报表的过程。

使用"报表向导"工具创建报表的基本操作步骤如下：

（1）打开数据库，单击"创建"选项卡→"报表"选项组→"报表向导"按钮，弹出"报表向导"对话框，如图 6-10 所示。

（2）在该对话框中选择某个或多个表（如果要创建基于多个表的报表，必须要建立表之间的关系）或查询，并在其下的"可用字段"列表框中选中需要的字段，单击">"按钮，将其加入到"选定字段"列表框中。单击"下一步"按钮（注意："选定字段"列表框中的字段可以来源于多个表或查询，这样将会创建一个主/子报表），如图 6-11 所示。

（3）单击"下一步"按钮，为报表添加分组字段，或直接跳过分组，如图 6-12 所示。

（4）单击"下一步"按钮，为报表添加排序字段，如图 6-13 所示，默认为升序，单击"升序"按钮，则变为降序。

（5）单击"下一步"按钮，选择报表的布局方式，如图 6-14 所示。

（6）单击"下一步"按钮，输入报表标题，如图 6-15 所示。

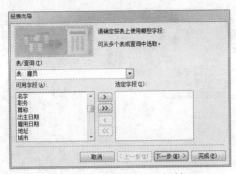

图 6-10 "报表向导"对话框 1

图 6-11 "报表向导"对话框 2

图 6-12 "报表向导"对话框 3

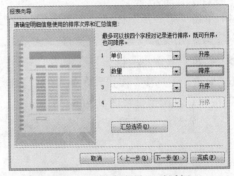

图 6-13 "报表向导"对话框 4

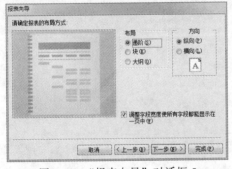

图 6-14 "报表向导"对话框 5

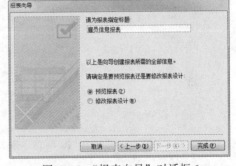

图 6-15 "报表向导"对话框 6

（7）单击"完成"按钮，就会创建一个该标题命名的报表，并以打印预览视图显示。

【例6-3】在"销售管理"数据库中，使用"报表向导"创建"按地区统计客户信息"报表。

具体操作步骤如下：

（1）打开"销售管理"数据库，单击"创建"选项卡→"报表"选项组→"报表向导"按钮，弹出"报表向导"对话框。

（2）在"报表向导"对话框中，选择"客户"表，在"可用字段"列表框中选择"客户ID"，单击">"按钮，将其加入到"选定字段"列表框中，使用同样的方法依次将"公司名称""联系人姓名""联系人职务""地址""地区"和"邮政编码"加入到"选定字段"列表框中，如图6-16所示。

（3）单击"下一步"按钮，在弹出的对话框中添加分组级别，按照"所在学院"进行分组。选择左侧的"地区"字段，单击">"按钮，将其加入到右侧分组区，如图6-17所示。

图 6-16　选择字段　　　　　　　　　　　　图 6-17　设置分组字段

（4）单击"下一步"按钮，在弹出的对话框中设定记录排序次序，单击下拉按钮，选择"客户 ID"字段，并设置按其值升序排序。

（5）单击"下一步"按钮，在弹出的对话框中选择报表的布局方式：递阶。

（6）单击"下一步"按钮，在弹出的对话框中输入报表的标题"按地区统计客户信息"，单击"完成"按钮。打印预览视图如图 6-18 所示。

图 6-18　报表打印预览视图

6.2.4　使用"标签"工具创建报表

标签是一种类似名片的短信息载体，在日常工作中，经常需要制作一些如客户邮件地址、雇员信息、商品信息等特殊形式的标签报表。在 Access 2010 中，可以使用"标签"向导快速制作标签报表。

使用"标签"工具创建标签报表的基本操作步骤如下：

（1）打开数据库，在导航窗格中单击某个表，作为标签报表的数据源。

（2）单击"创建"选项卡→"报表"选项组→"标签"按钮，弹出"标签向导"对话框，在该对话框中选择标签的尺寸大小。

（3）设置标签文本显示格式。

（4）在"原型标签"中加入要显示的字段，以及输入要显示的内容。

（5）指定标签排序依据。

（6）输入标签报表的名称。

【例 6-4】在"销售管理"数据库中,制作"客户信息"标签报表。

具体操作步骤如下:

(1)打开"销售管理"数据库,在数据库的导航窗格中选择报表的数据源"客户"表。

(2)单击"创建"选项卡→"报表"选项组→"标签"按钮,弹出"标签向导"对话框,在"型号"列表框中选择所需要的标签尺寸(也可以单击"自定义"按钮,自行设计标签尺寸),如图 6-19 所示。

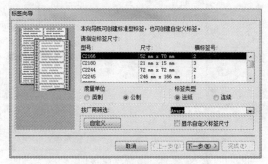

图 6-19 选择标签大小

(3)单击"下一步"按钮,在弹出的"标签向导"对话框中,根据需要选择标签文本的字体、字号、颜色、加粗、倾斜、下画线等,如图 6-20 所示,此处设置可以直接跳过,报表完成后,切换到设计视图下也可以进行设置。

图 6-20 标签报表文字格式设置

(4)单击"下一步"按钮,在弹出的"标签向导"对话框中设置要在标签上显示的内容,在"可用字段"列表框中双击要在标签报表中显示的字段,就会把该字段加入到"原型标签"窗格中,为了让标签意义更明确,可以在每个字段前面输入所说明的文本,如图 6-21 所示。

图 6-21 报表内容设置

"原型标签"列表框是个微型文本编辑器，在该列表框中可以对文字和添加的字段进行修改和删除等操作，如果想要删除输入的文本和字段，用退格键删除即可。

（5）单击"下一步"按钮，在弹出的"标签向导"对话框中指定标签排序依据，在"可用字段"列表框中选中"联系人姓名"字段，单击">"按钮，将其添加到"排序依据"列表框中作为排序依据，如图 6-22 所示。

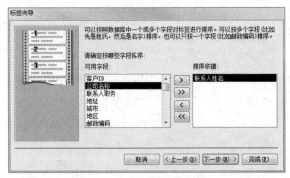

图 6-22　设置排序依据

（6）单击"下一步"按钮，在弹出的"标签向导"对话框中输入标签报表的名称，在"请指定报表的名称"文本框中输入标签报表的名称"客户信息标签"，单击"完成"按钮，标签报表打印预览视图如图 6-23 所示。

图 6-23　标签报表打印预览视图

6.2.5　使用"报表设计"工具创建报表

打开数据库，单击"创建"选项卡→"报表"选项组→"报表设计"按钮，可以打开报表设计视图窗口。当打开报表设计视图后，功能区上出现"报表设计工具"选项卡及其"设计""排列""格式""页面设置"子选项卡，如图 6-24 所示。

图 6-24　"报表设计工具"选项卡

各子选项卡的功能如下：

1．"设计"选项卡

在"设计"选项卡中，"控件"组中包含的许多设计对象（如文本框、标签、复选框、选项组、列表框等）在报表设计过程中经常用到。除了"分组和汇总"组外，其他都与窗体的设计选项卡相同。

2．"排列"选项卡

"排列"选项卡中的组与窗体的"排列"选项卡中的组完全相同。

3．"格式"选项卡

"格式"选项卡中的组与窗体的"格式"选项卡中的组也完全相同。

4．"页面设置"选项卡

"页面设置"选项卡是报表独有的选项卡，其中包含"页面大小"和"页面布局"两个组，用来对报表页面的纸张大小、边距、方向、列等进行设置，如图 6-25 所示。

图 6-25　"页面设置"选项卡

使用"报表设计"工具创建报表的基本操作步骤如下：

（1）创建新报表：打开报表设计视图，在系统默认状态下，报表中仅包括"页面页眉""主体""页面页脚"三部分，可以根据需要显示或隐藏报表的某些部分。

（2）设置报表数据源：打开报表属性表，设置报表的"记录源（RecordSource）"属性，给报表添加数据源，报表的数据源可以是单个的表、查询或 SQL 语句。

（3）添加控件：在报表中添加控件，一类为绑定数据库中的数据；另一类用来修饰报表。

（4）报表格式设置：绑定数据之后，可以在打印视图与设计视图之间来回切换，调整、修改报表的整体现实，以达到预期目标。

【例 6-5】在"销售管理"数据库中创建一个"产品信息"报表。

具体操作步骤如下：

（1）打开"销售管理"数据库，单击"创建"选项卡→"报表"选项组→"报表设计"按钮，报表默认包含"页面页眉""主体""页面页脚"3 部分，如图 6-26 所示。

图 6-26　报表包含的 3 部分

（2）选中报表对象，打开报表"属性表"窗格，设置报表的"记录源（RecordSource）"属性为"产品"表。

（3）在报表主体节区右击，在弹出的快捷菜单中选择"报表页眉/页脚"命令，显示报表页眉、页脚，如图6-27所示。

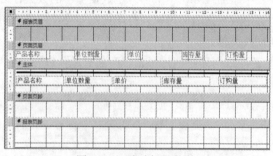

图6-27　右键菜单

（4）在报表页面页眉添加一个标签控件，设置其标题属性为"产品信息"，字号为24磅，文本对齐属性为"居中"。

（5）在报表主体节区上方，添加一个直线控件，设置其边框样式为"实线"、边框宽度为"3磅"、宽度为16 cm。

（6）单击"报表设计工具｜设计"选项卡→"工具"选项组→"添加现有字段"按钮，打开"字段列表"窗格，将报表数据源——产品表的字段列表中的"产品名称""单位数量""单价""库存量"和"订购量"5个字段拖动到报表主体节区，在报表上分别创建了5个绑定型控件。

（7）在拖动字段时，会添加绑定控件的同时，报表会自动添加提示型功能的标签控件，此时需要将这个5个标签控件通过"剪切/粘贴"的方式，移动到页面页眉处，如图6-28所示。

图2-28　移动标签控件

（8）选中报表页面页脚，单击"报表设计工具｜设计"选项卡→"页眉/页脚"选项组→"页码"按钮，弹出"页码"对话框，设定页码格式、页码位置、页码对齐方式等，如图6-29所示，单击"确定"按钮，就会在报表页脚区添加一个文本框显示页码。

（9）选中报表页脚，单击"报表设计工具｜设计"选项卡→"页眉/页脚"选项组→"日期和时间"按钮，弹出"日期和时间"对话框，选中"包含日期""包含时间"复选框，设定日期和时间都包含，还是只包含当中一个，并设置日期和时间的的显示格式，如图6-30所示，单击"确定"按钮。

图 6-29　"页码"对话框

图 6-30　"日期和时间"对话框

（10）在快速访问工具栏中单击"保存"按钮，弹出"另存为"对话框，在"报表名称"文本框中输入报表名称，单击"确定"按钮。

报表打印预览视图如图 6-31 所示。

产品名称	单位数量	单价	库存量	订购量
苹果汁	每箱24瓶	¥18.00	39	0
牛奶	每箱24瓶	¥19.00	17	40
蕃茄酱	每箱12瓶	¥10.00	13	70
盐	每箱12瓶	¥22.00	53	0
麻油	每箱12瓶	¥21.35	0	0
酱油	每箱12瓶	¥25.00	120	0

2018年7月27日 11:31:31

图 6-31　报表打印预览视图——第一页

6.3　报表排序和分组

6.3.1　记录排序

通常情况下，报表中的数据是按照数据表中输入的先后顺序排列显示的。如果需要按照某种指定的顺序显示数据，可以使用报表的排序功能。

单击"报表设计工具｜设计"选项卡→"分组和汇总"选项组→"分组和排序"按钮，在报表设计视图下方打开一个"分组、排序和汇总"窗格，如图 6-32 所示，单击"添加排序"按钮，弹出"排序依据"工具栏，单击右侧的下拉按钮，选择排序字段或表达式，按照字段或表达式的值排序，并设置升序/降序；还可以继续单击"添加排序"按钮，设置排序次要关键字，即首先按照第一个字段排序，当第一个字段的值相同时，再按照第二个字段排序，如图 6-33 所示。还可以单击右边的上下箭头改变排序依据次序，单击"删除"按钮×删除排序依据。

图 6-32　"分组、排序和汇总"窗格

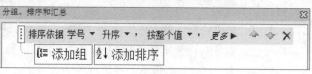

图 6-33　设置排序依据

使用"报表向导"创建报表时，最多可对 4 个字段进行排序，而且限制排序只能是字段，不能是表达式。而在"分组、排序和汇总"窗格中，最多可以设置 10 个字段或字段表达式进行排序。

6.3.2　记录分组

记录分组是把报表中的数据按某个或某几个字段值是否相等将记录分成不同的组，然后可以实现同组数据的统计和汇总，分组统计通常在报表设计视图的组页眉节和组页脚节中进行。一个报表中最多可以对 10 个字段或表达式进行分组。

单击"报表设计工具｜设计"选项卡→"分组和汇总"选项组→"分组和排序"按钮，在报表设计视图下方打开一个"分组、排序和汇总"窗格，单击"添加组"按钮，弹出"分组形式"工具栏，如图 6-34 所示，在其中可以设置分组依据、设置按值、按部分内容、还是按间隔分组、设置汇总方式和类型，设置组页眉标题，设置组页眉/页脚是否显示，设置是否在同一页中打印组的全部内容等。

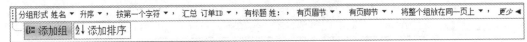

图 6-34　添加分组

【例 6-6】在"销售管理"数据库中创建一个报表，按产品类别统计显示价格的平均值。

具体操作步骤如下：

（1）打开"销售管理"数据库，单击"创建"选项卡→"报表"选项组→"报表设计"按钮，打开报表设计视图，包含"页面页眉""主体""页面页脚"3 个部分。

（2）打开报表"属性表"窗格，设置报表的"记录源（RecordSource）"属性为"产品"表。

（3）为报表添加"类别名""说明""产品名称"和"单价"4 个字段。

（4）单击"报表设计工具｜设计"选项卡→"分组和汇总"选项组→"分组和排序"按钮，在报表设计视图下方打开一个"分组、排序和汇总"窗格，单击"添加组"按钮，弹出"分组形式"工具栏，设置分组依据为"类别 ID"字段，设置汇总方式：对"单价"进行求平均值计数，并在组页脚中显示小计，如图 6-35 所示。

图 6-35　分组设置示意图

【例 6-7】在"销售管理"数据库中创建一个报表，按照雇员的姓氏（假设姓名的第一个字符为姓氏），统计销售额。

具体操作步骤如下：

（1）打开"销售管理"数据库，单击"创建"选项卡→"报表"选项组→"报表设计"按钮，打开报表设计视图，包含"页面页眉""主体""页面页脚"3 部分。

（2）打开报表"属性表"窗格，设置报表的"记录源（RecordSource）"属性为 SQL 查询语句，单击记录员下拉列表框后的 按钮，弹出图 6-36 所示的查询生成器窗体，并进行设置。

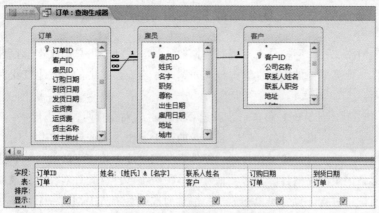

图 6-36 查询生成器窗体

（3）为报表添加"订单 ID""姓名（雇员）""联系人姓名（客户）""订购日期"和"到货日期"
5 个字段。

（4）单击"报表设计工具┊设计"选项卡→"分组和汇总"选项组→"分组和排序"按钮，
在报表设计视图下方打开一个"分组、排序和汇总"窗格，单击"按整个值"按钮，选择"按第
一个字符"或者选择"自定义"，并在字符文本框中输入"1"，如图 6-37 所示；"汇总"下拉列
表处对"订单 ID"进行"值计数"进行统计，并显示在组页脚中，设置将整个组在同一页中显示。
在组页脚底部添加一个直线控件，设置其边框样式为"实线"，边框宽度为 3 磅、宽度为 12 cm、
高度为 0 cm。

图 6-37 分组设置示意图

（5）在组页眉中添加一个文本框，和文本框一起创建的标签的内容改为"姓:"，设置该文本
框控件来源属性为 ="Left([姓名],1)"。

报表打印预览视图如图 6-38 所示。

订单				2018年12月28日 19:38:21	
雇员		订单ID	客户	订购日期	到货日期
姓:	金				
金士鹏		10289	谢丽秋	1996-08-26	1996-09-23
金士鹏		10523	谢小姐	1997-05-01	1997-05-29
金士鹏		10659	赵小姐	1997-09-05	1997-10-03
金士鹏		10319	王先生	1996-10-02	1996-10-30
金士鹏		10661	苏先生	1997-09-09	1997-10-07
金士鹏		10550	陈先生	1997-05-28	1997-06-25
金士鹏		10695	王小姐	1997-10-07	1997-11-18
金士鹏		10531	陈先生	1997-05-08	1997-06-05
金士鹏		10797	黎先生	1997-12-25	1998-01-22
金士鹏		10527	徐先生	1997-05-05	1997-06-02

图 6-38 报表打印预览视图

6.4　计算控件和统计

可以在报表中添加计算型控件来实现对数据的计算、统计、汇总，文本框控件是报表中最常用的计算型控件。计算型控件的控件源是计算表达式，当表达式中的值发生变化时，会重新计算结果并输出显示。

在 Access 中，利用计算型控件进行统计运算并输出结果，有两种操作形式：

（1）针对一条记录的横向计算。对一条记录的若干字段求和或计算平均值时，可以在主体节内添加计算型控件，并设置计算型控件的"控件来源"属性为相应字段的运算表达式。

（2）针对多条记录的纵向计算。多数情况下，报表统计计算是针对一组记录或所有记录来完成的。要对一组记录进行计算，可以在该组的组页眉或组页脚节中创建一个计算型控件。要对整个报表的所有记录进行计算，可以在该报表的报表页眉节或报表页脚节中创建一个计算型控件。

Access 提供了多个内置聚合函数来支持相应的统计汇总。表 6-2 所示为常用的聚合函数。

表 6-2　常用的聚合函数及说明

函 数 名 称	函 数 功 能
Avg(expr)	列中所有值的平均值，该列只能包含数值数据，Null 值将被忽略
Count(expr)	列中值的个数，或者统计所有行的数目
Max(expr)	列中的最大值，忽略控制
Min(expr)	列中的最小值，忽略控制
Sum(expr)	列中值的综合，列中只能包含数值数据

6.4.1　计算控件

报表设计过程中，除了在报表上使用绑定控件直接显示字段数据外，还经常需要进行各种运算并将结果显示出来，即在报表中添加计算控件进行横向计算（在主体节内添加计算控件）。

【例 6-8】在"销售管理"数据库中创建一个雇员信息报表，信息包括雇员姓名、雇员性别、雇员年龄、雇用日期、地址。

具体操作步骤如下：

（1）打开"销售管理"数据库，单击"创建"选项卡→"报表"选项组→"报表设计"按钮，打开报表设计视图，包含"页面页眉""主体"和"页面页脚"3 部分。

（2）打开报表"属性表"窗格，设置报表的"记录源（RecordSource）"属性为"雇员"表。

（3）单击"报表设计工具 | 设计"选项卡→"工具"选项组→"添加现有字段"按钮，将字段列表中的"姓氏""尊称""出生日期""雇用日期"和地址 5 个字段拖动到报表主体节区，在报表上分别创建了 5 对绑定型控件，将它们对应的标签控件移动到页面页眉中，文本框控件不变。在页面页眉底部，添加一个直线控件，设置其边框样式为"实线"，边框宽度为 3 磅，宽度为 19 cm，打印预览效果如图 6-39 所示。

（4）从图 6-39 中可以看出，没有达到报表制作的预期效果，不能直接显示"姓氏""尊称"和出生日期，需要进一步进行计算，切换报表到设计视图模式，对姓氏、尊称和出生日期 3 个计算控件进行重新设置：姓氏计算控件的控件来源为=[姓氏] & [名字]；尊称计算控件的控件来源为=Iif([尊称]="先生","男","女");出生日期计算控件的控件来源为=Year(Date())–Year([出生日期])。

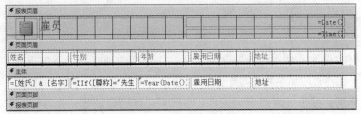

雇员				2018年12月28日 22:27:23
姓氏	尊称	出生日期	雇用日期	地址
张	女士	1968/12/08	1992/05/01	复兴门 245 号
王	先生	1962/02/19	1992/08/14	罗马花园 890 号
李	女士	1973/08/30	1992/04/01	芍药园小区 78 号
郑	先生	1968/09/19	1993/05/03	前门大街 789 号
赵	先生	1965/03/04	1993/10/17	学院路 78 号
孙	先生	1967/07/02	1993/10/17	阜外大街 110 号
金	先生	1960/05/29	1994/01/02	成府路 119 号
刘	女士	1969/01/09	1994/03/05	建国门 76 号
张	女士	1969/07/02	1994/11/15	永安路 678 号

图 6-39　打印效果预览图

报表设计视图如图 6-40 所示，报表打印预览视图如图 6-41 所示。

图 6-40　报表设计视图

雇员				2018年12月28日 22:37:28
姓名	性别	年龄	雇用日期	地址
张颖	女	50	1992/05/01	复兴门 245 号
王伟	男	56	1992/08/14	罗马花园 890 号
李芳	女	45	1992/04/01	芍药园小区 78 号
郑建杰	男	50	1993/05/03	前门大街 789 号
赵军	男	53	1993/10/17	学院路 78 号
孙林	男	51	1993/10/17	阜外大街 110 号
金士鹏	男	58	1994/01/02	成府路 119 号
刘英玫	女	49	1994/03/05	建国门 76 号
张雪眉	女	49	1994/11/15	永安路 678 号

图 6-41　报表打印预览效果图

6.4.2　统计计算

报表设计中，可以根据需要进行各种类型统计计算并输出显示，操作方法就是将计算控件的控件来源设置为统计计算表达式，即在报表中添加计算控件进行纵向统计计算，通常放置在组页脚和报表页脚处，即统计组内数据或整个报表的数据。

【例 6-9】在"销售管理"数据库中创建一个报表，按产品类别统计显示产品的种类、各类产品价格的平均值和库存总金额。

具体操作步骤如下：

（1）打开"销售管理"数据库，单击"创建"选项卡→"报表"选项组→"报表设计"按钮，打开报表设计视图，包含"页面页眉""主体""页面页脚"3 部分。

（2）打开报表"属性表"窗格，设置报表的"记录源（RecordSource）"属性为 SQL 查询语句，设置查询效果如图 6-42 所示。

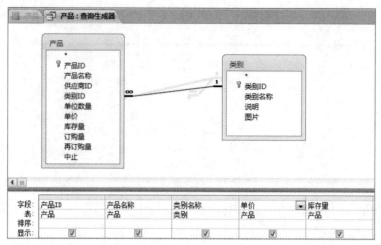

图 6-42 查询效果图

（3）单击"报表设计工具｜设计"选项卡→"工具"选项组→"添加现有字段"按钮，将字段列表中的"产品 ID""产品名称""类别""单价"和"库存量"5 个字段拖动到报表主体节区，这样就在报表上分别创建了 5 对绑定型控件，在报表主体区域放置一个计算控件（文本框），将其控件来源属性设置为：=[单价]*[库存量]，并在页面页眉区域设置提示性标签，内容为"库存总金额"，设计视图效果如图 6-43 所示。

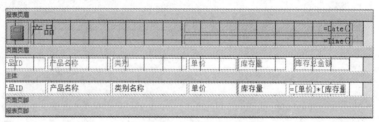

图 6-43 设计视图效果图

（4）单击"报表设计工具｜设计"选项卡→"分组和汇总"选项组→"分组和排序"按钮，在报表设计视图下方打开一个"分组、排序和汇总"窗格，单击"添加组"按钮，弹出"分组形式"工具栏，设置分组依据为"类别名称"字段，设置将整个组在同一页上显示，如图 6-44 所示。

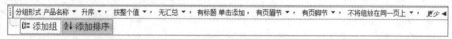

图 6-44 报表分组设置

（5）在产品名称组页脚中添加一个文本框，设置和文本框一起创建的标签控件的标题属性为"单价平均值:"，设置该文本框控件来源属性为：=avg([单价])；同样的步骤继续添加一个文本框，标签内容显示为"库存总值:"，文本框控件来源为：=sum([单价]*[库存量])。

（6）在报表页脚处重复第（5）步骤的操作。思考一下：在组页脚和页眉页脚的计算控件的控件来源一样设置，那么显示的内容是否会相同？

报表设计视图如图 6-45 所示，报表打印预览视图如图 6-46 所示。

图 6-45 报表设计视图

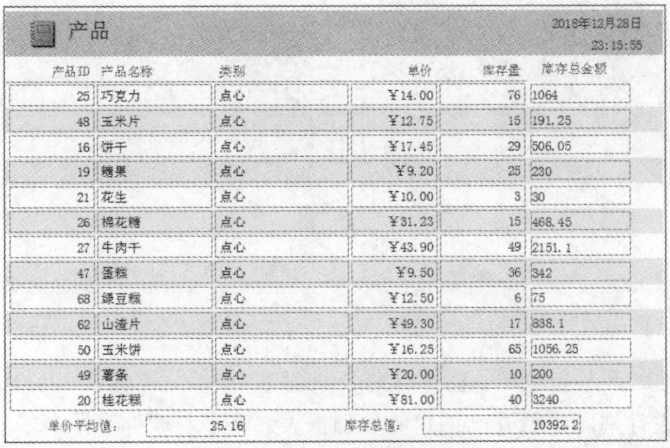

产品				2018年12月28日 23:15:55	
产品ID	产品名称	类别	单价	库存量	库存总金额
25	巧克力	点心	￥14.00	76	1064
48	玉米片	点心	￥12.75	15	191.25
16	饼干	点心	￥17.45	29	506.05
19	糖果	点心	￥9.20	25	230
21	花生	点心	￥10.00	3	30
26	棉花糖	点心	￥31.23	15	468.45
27	牛肉干	点心	￥43.90	49	2151.1
47	蛋糕	点心	￥9.50	36	342
68	绿豆糕	点心	￥12.50	6	75
62	山楂片	点心	￥49.30	17	838.1
50	玉米饼	点心	￥16.25	65	1056.25
49	薯条	点心	￥20.00	10	200
20	桂花糕	点心	￥81.00	40	3240
单价平均值:		25.16	库存总值:		10392.2

图 6-46 报表打印预览视图

6.4 报表的编辑

1. 应用报表主题格式设定报表外观

Access 2010 提供了许多主题格式,用户可以直接在报表上套用某个主题格式,操作与窗体主题相同。

在"报表设计工具│设计"选项卡→"主题"选项组中包含 3 个按钮:主题、颜色、字体。在报表设计视图中,单击"主题"下拉按钮,从下拉列表中选择一个主题单击即可,如图 6-47 所示。

图 6-47 主题效果图

设置完成后，主题的样式将应用到报表上，主要影响报表以及报表控件的字体、颜色以及边框属性。设定主题格式之后，还可以继续在"属性表"窗格中修改报表的格式属性。

2．使用条件格式突出显示指定数据

选择要设置条件格式的控件，单击"报表设计工具｜格式"选项卡→"控件格式"选项组→"条件格式"按钮，弹出"条件格式规则管理器"对话框，如图 6-48 所示，单击"新建规则"按钮，弹出"新建格式规则"对话框，如图 6-49 所示，设置条件规则和格式，单击"确定"按钮，再单击"条件格式规则管理器"对话框中的"确定"按钮即可。完成后，将指定格式应用到符合条件规则的控件数据上。

图 6-48　"条件格式规则管理器"对话框

图 6-49　"新建格式规则"对话框

例如，在已创建的产品报表中，将库存总金额超过 1 000 元（包含 1 000 元）的内容加粗，并红色字体显示。在设计视图中打开已创建的教师报表，选中与职称字段绑定的文本框，单击"报表设计工具｜格式"选项卡→"控件格式"选项组→"条件格式"按钮，弹出"条件格式规则管理器"对话框，单击"新建规则"按钮，弹出"新建格式规则"对话框，设置规则："字段值"等于"教授"，格式：加粗、红色（见图 6-49），报表打印预览视图如图 6-50 所示。

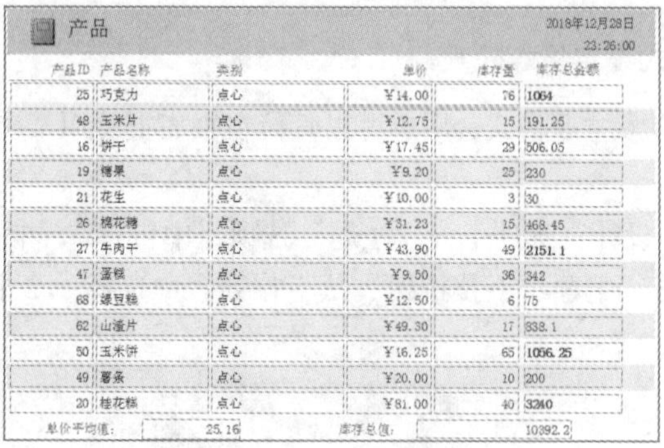

图 6-50　打印预览效果图

3．给报表添加背景图片

给报表添加背景图片的操作与窗体相同，有如下两种方法：

（1）打开报表"属性表"窗格，设置报表"图片"属性，选择要作为背景的图像，还可以根据需要设置背景图片的其他属性，包括"图片类型""图片缩放模式""图片对齐方式""图片平铺"等属性。

（2）单击"报表设计工具｜格式"选项卡→"控件格式"选项组→"背景图像"按钮，选择要作为背景的图像，报表背景将显示该图片。

4. 添加分页符

在报表中，可以在某一节中使用分页符来控制分页显示。在报表中添加分页符的方法与窗体相同，即在报表中添加一个分页符控件，分页符会以短虚线形式标记在报表的左边界上，再设置分页符在报表中的位置。

6.5　报表的输出

报表设计完成后，在打印之前还需要合理设置报表的页面，直到预览效果满意。

打开一个报表，切换到"打印预览"视图后，功能区只保留"文件""打印预览"两个选项卡，如图 6-51 所示。

图 6-51　"打印预览"选项卡

"打印预览"选项卡包括"打印""页面大小""页面布局""显示比例""数据""关闭预览"6个组。

"数据"组的作用是把报表导出为其他文件格式：Excel、文本文件、PDF、电子邮件等格式。

"显示比例"组中，有"单页""双页""多页"显示方式，通过单击不同的按钮，以不同方式预览报表。单击"其他页面"按钮，可以设置四页、八页和十二页等多种预览方式。

"页面布局"组中的"页面设置"内容包含：打印纸的尺寸、打印方向、页边距、列的设置等。

习　　题

选择题

1. 下列关于报表的叙述中正确的是（　　　）。

　　A. 报表只能输入数据　　　　　　　　B. 报表只能输出数据

　　C. 报表可以输入和输出数据　　　　　D. 报表不能输入和输出数据

2. 报表的作用不包括（　　　）。

　　A. 分组数据　　　B. 汇总数据　　　C. 格式化数据　　　D. 输入数据

3. 图 6-52 所示为报表设计视图，由此可判断该报表的分组字段是（　　　）。

图 6-52　第 3 题图

　　A. 课程名称　　　　B. 学分　　　　　　C. 成绩　　　　　　D. 姓名

4. 报表的数据源不包括（　　　）。

　　A. 表　　　　　　　B. 查询　　　　　　C. SQL 语句　　　　D. 窗体

5. 在报表中要显示格式为"共 N 页，第 N 页"的页码，正确的页码格式设置是（　　　）。

　　A. ＝"共" ＋ Pages ＋ "页，第" ＋ Page ＋ "页"

　　B. ＝"共" ＋ [Pages] ＋ "页，第" ＋ [Page] ＋ "页"

　　C. ＝"共" & Pages & "页，第" & Page & "页"

　　D. ＝"共" & [Pages] & "页，第" & [Page] & "页"

6. 要求在页面页脚中显示"第 X 页，共 Y 页"，则页脚中的页码"控件来源"应设置为（　　　）。

　　A. ＝"第" & [pages] & "页，共" & [page] & "页"

　　B. ＝"共" & [pages] & "页，第" & [page] & "页"

　　C. ＝"第" & [page] & "页，共" & [pages] & "页"

　　D. ＝"共" & [page] & "页，第" & [pages] & "页"

7. 要实现报表按某字段分组统计输出，需要设置的是（　　　）。

　　A. 报表页脚　　　　　　　　　　　B. 该字段的组页脚

　　C. 主体　　　　　　　　　　　　　D. 页面页脚

8. 在报表设计过程中，不适合添加的控件是（　　　）。

　　A. 标签控件　　　　B. 图形控件　　　　C. 文本框控件　　　　D. 选项组控件

9. 在报表中，要计算"数学"字段的最低分，应将控件的"控件来源"属性设置为（　　　）。

　　A. ＝Min([数学])　　B. ＝Min(数学)　　C. ＝Min[数学]　　D. Min(数学)

10. 如果要改变窗体或报表的标题，需要设置的属性是（　　　）。

　　A. Name　　　　　　B. Caption　　　　C. BackColor　　　　D. BorderStyle

11. 在设计报表的过程中，如果要进行强制分页，应使用的工具图标是（　　　）。

　　A. 　　　　B. 　　　　C. 　　　　D.

第 7 章　宏

相比其他数据库管理系统，Access 倍受广大数据库技术初学者青睐的一个重要原因，就是简单易用，因为 Access 提供了功能强大又极其容易使用的"宏"。通过宏，用户可以不用编写程序代码就可以自动地完成大量的工作，如图 7-1 所示。

图 7-1　宏设计窗口

在 Access 数据库中，表、查询、窗体和报表这 4 个对象，各自具有强大的数据处理功能，能独立完成数据库中的特定任务，但是它们各自独立工作，无法自行相互协调相互调用。在 Access 中使用宏可以把这些对象有机地整合起来协调一致地完成特定的任务。

7.1　宏的基础知识

7.1.1　了解宏

1．宏的概念

宏是由一系列操作命令组成的集合，每个宏操作命令完成一个特定的数据库操作，通过将这些操作命令组合起来，可以自动完成某些经常重复或复杂的操作。例如，打开某个窗体或打印某个报表，当宏由多个操作命令组成时，运行时按宏操作命令的排列顺序依次执行。

通过直接执行宏或使用包含宏的用户界面可以完成许多复杂的操作，并将各种对象连接成有机的整体，为数据库应用程序添加了许多自动化的功能，而不需要编写程序代码。

2. 宏的功能

在 Access 中宏的作用主要表现在以下几个方面：

（1）使用宏可以在打开数据库时自动打开窗体和其他对象，并将几个对象联系在一起，执行一组特定的工作。

（2）自动查找和筛选记录，宏可以加快查找所需记录的速度。

（3）自动进行数据校验。使用宏可以方便地设置检验数据的条件，并可以给出相应的提示信息。

（4）设置窗体和报表属性。使用宏可以设置窗体和报表的大部分属性。

（5）为窗体制作菜单，为菜单指定一定的操作。

（6）显示警告信息窗口。

3. 宏的类型

（1）根据宏所依附的位置，可以将宏分为独立的宏、嵌入的宏和数据宏。

① 独立宏。独立宏是独立的对象，它独立于窗体、报表等对象之外。独立的宏在导航窗格中可见。

② 嵌入宏。嵌入宏嵌入在窗体、报表或控件对象的事件中。嵌入宏是它们所嵌入对象或控件的一部分。嵌入宏在导航窗格中不可见。

③ 数据宏。数据宏是 Access 2010 中新增的一项功能，该功能允许在表事件（如添加、更新或删除数据等）中自动运行。

（2）根据宏中宏操作命令的组织方式，可以将宏分为操作序列宏、子宏、宏组和条件宏。

① 操作序列宏。操作序列宏是多个宏操作命令组成的序列，每次运行该宏时，Access 都会按照操作序列中操作命令的先后顺序执行。

② 子宏。子宏相当于 Access 以前版本中的宏组。子宏是共同存储在一个宏名下的一组宏的集合，该集合可作为一个宏被独立引用。在一个宏中可以含有一个或多个子宏，每个子宏可以包含多个宏操作。子宏拥有单独的名称，并可独立运行，相当于子程序可以被调用。宏里有多个子宏时，只能运行其中一个子宏，调用子宏的语法格式为宏名.子宏名。直接运行宏对象时，只有宏对象中第 1 个子宏中的操作被执行。

③ 宏组。为了有效地管理宏，Access 2010 引入 Group 组，需要特别指出的是这个组与以前版本中的宏组意义完全不同。当一个宏中的操作比较多时，使用 Group 组可以把宏的若干操作，根据它们操作目的的相关性进行分组，其作用相当于文件夹，这样宏的结构就显得十分清晰，阅读起来更方便。在宏中加入宏组不会影响宏中操作的运行方式，即运行宏对象时，宏对象中每个宏组中的操作都要依次运行。宏对象中的宏组不能单独调用或运行。

④ 条件宏。条件宏是在宏中的某些操作前指定一个条件，如果条件成立才执行这些操作。如果条件不成立，将跳过这些操作。条件宏的条件是一个逻辑表达式，宏将根据表达式运算结果（True 或 False）来确定操作是否执行。

7.1.2　宏的构成

宏是由操作、参数、注释（Comment）、组（Group）、If（条件）、子宏等几部分组成的。Access 2010 对宏结构进行了重新设计，宏的结构与计算机程序结构在形式上十分相似，有利于用户从对宏的学习过渡到对 VBA 程序的学习。

（1）宏名。一方面指宏对象名，当用户创建了一个宏对象后，需要在保存该对象时指定宏对象名。另一方面，如果在一个宏对象中包含有宏组，需要指定宏组名；如果在一个宏对象中包含有子宏，还需要指定子宏名；如果在一个宏对象中仅仅包含一个宏，则不需要宏名，通过宏对象的名称就可以引用该宏。

（2）操作。操作是宏的最主要的组成部分。Access 提供了 60 多种宏操作，如"打开窗体（OpenForm）""打开报表（OpenReport）"等。

（3）参数。用以设定操作的相关参数。例如，在打开窗体的宏操作中，指定所要打开的窗体名称。有些参数是必需的，有些参数是可选的，也有的宏操作没有参数。

（4）注释。注释是对宏的整体或宏的一部分进行说明。注释不是必需的，但是添加注释是个好习惯，它有利于他人对宏的理解。

（5）子宏（Submacro）。可以根据需要在宏中加入若干个子宏，每个子宏相当于一个子程序。以子宏为单位独立运行。

（6）宏组（Group）。为了有效地管理宏中的操作，可以将宏中的操作分成若干组。在宏中加入宏组后，不会影响宏中操作的运行方式，运行时，宏中每个宏组中的操作都要依次运行。

（7）条件。条件是指定在执行宏操作之前必须满足的某些限制。可以使用计算结果等于 True/False 或"是/否"的任何表达式作为条件，表达式中可以包括算术、逻辑、常数、函数、控件、字段名以及属性的值。如果表达式计算结果为 False、"否"或 0（零），将不会执行此操作。如果表达式计算结果为其他任何值，将执行该操作。

7.1.3　常用宏操作

Access 2010 提供了 60 多种基本的宏操作命令，共分为 8 类，如表 7-1 所示。

表 7-1　Access 2010 中常用宏操作命令

功能分类	宏命令	说明
筛选/查询/搜索	ApplyFilter	对表、窗体或报表应用筛选、查询或 SQL 的 WHERE 子句，以便限制或排序表的记录，以及窗体或报表的基础表，或基础查询中的记录
	FindNextRecord	查找符合最近 FindRecord 操作或"查找"对话框中指定条件的下一条记录
	FindRecord	在活动的数据表、查询数据表、窗体数据表或窗体中，查找符合条件的记录
	OpenQuery	打开选择查询或交叉表查询
	Requery	通过重新查询控件的数据源来刷新活动对象指定控件中的数据
	Refresh	刷新视图中的记录
	RefreshRecord	刷新当前记录
	ShowAllRecords	删除活动表、查询结果集或窗体中已应用过的筛选
数据库对象	OpenForm	在窗体视图、窗体设计视图、数据表视图中打开窗体
	OpenReport	在设计视图或打印预览视图中打开报表或立即打印该报表
	OpenTable	在数据表视图、设计视图或打印预览中打开表
	GotoRecord	使指定记录成为打开的表、窗体或查询结果数据集中的当前记录
	GotoControl	用于将焦点转移到指定对象

续表

功能分类	宏 命 令	说　　明
数据库对象	GotoPage	将焦点转移到窗体中指定的页
	PrintObject	打印当前对象
	SetProperty	设置对象的属性
	RepaintObject	完成指定的数据库对象的任何未完成的屏幕更新
	SelectObject	选择指定的数据库对象
系统命令	CloseDatabase	关闭当前数据库
	Beep	通过计算机的扬声器发出嘟嘟声
	QuitAccess	退出 Access，效果与"文件"→"退出"命令相同
	DisplayHourglassPointer	使鼠标指针在宏执行时变成沙漏形式
用户界面命令	MessageBox	显示包含警告信息或其他信息的消息框
	AddMenu	用于将菜单添加到自定义的菜单栏上，菜单栏中每个菜单都需要一个独立的 AddMenu 操作
	SetMenuItem	设置活动窗口的自定义菜单栏或全局菜单栏上的菜单项状态（启用或禁用，选取或不选取）
	UndoRecord	撤销最近用户操作
	Redo	重复最近用户操作
窗口管理	CloseWindow	关闭指定的窗口，若无指定窗口，则关闭激活窗口
	MaximizeWindow	放大活动窗口，使其充满 Access 主窗口。该操作不能应用于 Visual Basic 编辑器中的代码窗口
	MinimizeWindow	将活动窗口缩小为 Access 主窗口底部的小标题栏。该操作不能应用于 Visual Basic 编辑器中的代码窗口
	MoveSizeWindow	能移动活动窗口或调整其大小
	RestoreWindow	将已最大化或最小化的窗口恢复为原来大小
宏命令	CancelEvent	取消当前事件
	ClearMacroError	清除宏对象中上一个错误
	OnError	指定宏出现错误时如何处理
	RunCode	调用 VB 的 Function 过程
	RunDataMacro	运行数据宏
	RunMacro	执行一个宏
	RunMenuCommand	运行 Access 菜单命令
	SetLocalVar	将本地变量设置为给定值
	SingleStep	暂停宏的执行并打开"单步执行宏"对话框
	StopAllMacro	终止所有正在运行的宏
	StopMacro	终止当前正在运行的宏

续表

功能分类	宏 命 令	说　明
数据输入操作	DeleteRecord	删除当前记录
	SaveRecord	保存当前记录
	EditListItems	编辑查阅列表中的项
数据导入/导出	ExportWithFormating	将指定数据库对象的数据输出为某种格式文件
	WordMailMerge	执行邮件合并操作

7.2　宏 的 创 建

宏的创建方法与其他对象的创建方法稍有不同，宏只能通过设计视图创建。

7.2.1　宏的设计界面

要创建宏首先要了解"宏工具/设计"选项卡和宏设计器。

单击"创建"选项卡→"宏与代码"选项组→"宏"按钮，将进入宏的操作界面，其中包括"宏工具/设计"选项卡、"操作目录"窗格和宏设计窗口 3 部分，如图 7-2 所示。

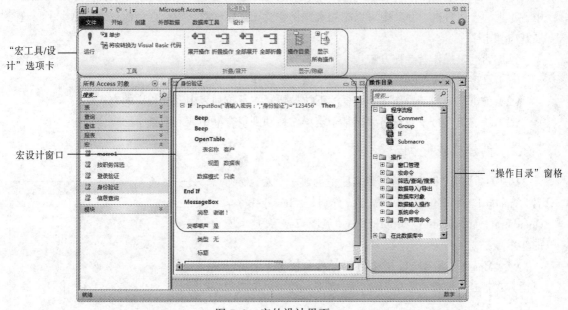

图 7-2　宏的设计界面

1．"宏工具/设计"选项卡

"宏工具/设计"选项卡中有 3 个组，分别是"工具""折叠/展开""显示/隐藏"。

"工具"组包括运行、单步（调试宏）、将宏转换为 Visual Basic 代码 3 个按钮。

"折叠/展开"组提供浏览宏代码的几种方式：展开操作、折叠操作、全部展开和全部折叠。展开操作可以详细地阅读每个操作的细节，包括每个参数的具体内容。折叠操作可以把宏操作收缩起来，不显示操作的参数，只显示操作的名称。

"显示/隐藏"组主要是对操作目录隐藏和显示。

2. "操作目录"窗格

"操作目录"窗格分类列出了所有宏操作命令，用户可以根据需要从中选择。当选择一个宏操作命令后，在窗格下半部分会显示相应命令的说明信息。操作目录窗格由 3 部分组成，上方是程序流程部分，中间是操作部分，下方是此数据库中包含的宏对象。

（1）程序流程。包括注释（Comment）、组（Group）、条件（If）和子宏。

（2）操作。操作部分把宏操作按操作性质分成 8 组。分别是"窗口管理""宏命令""筛选/查询/搜索""数据导入/导出""数据库对象""数据输入操作""系统命令""用户界面命令"，Access 2010 以这种结构清晰的方式管理宏，使得用户创建宏更为方便和容易。当进一步展开每个组时，可以显示出该组中的所有宏操作命令。

（3）此数据库中包含的宏对象。在这部分列出了当前数据库中的所有宏，以便用户可以重复使用所创建的宏和事件过程代码。展开"在此数据库中"，通常显示下一级列表"报表""窗体""宏"，如果表中包含数据宏，则显示中还会包含表对象。进一步展开报表、窗体和宏后，显示出在报表、窗体和宏中的事件过程或宏。

3. 宏设计窗口

Access 2010 重新设计了宏设计窗口，使得开发宏更为方便。当创建一个宏后，在宏设计窗口中，出现一个组合框，在其中可以添加宏操作并设置操作参数，组合框前面有个绿色十字，这是展开/折叠按钮。

添加新的宏操作有 3 种方法：

（1）直接在"添加新操作"组合框中输入宏操作名称。

（2）单击"添加新操作"组合框的下拉按钮，在下拉列表中选择相应的宏操作。

（3）从"操作目录"窗格中把某个宏操作拖动到组合框中或双击某个宏操作。

7.2.2　创建操作序列宏

【例 7-1】在"销售管理"数据库中创建一个宏，宏命名为 macro1，宏中包含 4 个操作，分别是 MessageBox、OpenForm、MessageBox、ApplyFilter（见图 7-3），这个宏的作用是：

（1）MessageBox 弹出一个提示对话框，提示下面将以只读方式打开"雇员信息"窗体，发嘟嘟声提示，类型为"信息"，标题为"打开窗体"。

（2）OpenForm 打开"雇员信息"窗体，数据模式为只读。

（3）MessageBox 弹出一个提示对话框，提示下面将从"雇员信息"窗体中筛选出"销售代表"职务的雇员，发嘟嘟声提示，类型为"重要"，标题为"应用筛选"。

（4）ApplyFilter 在窗体中应用筛选，筛选条件为[雇员].[职务]="销售代表"。

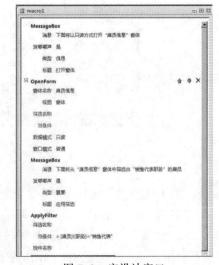

图 7-3　宏设计窗口

具体操作步骤如下：

（1）打开"销售管理"数据库，单击"创建"选项卡→"宏与代码"选项组→"宏"按钮，在打开的宏设计窗口中依次添加 MessageBox、OpenForm、MessageBox、ApplyFilter 四个宏操作，并按照题目要求设置各个宏操作的相关参数（见图 7-3）。

（2）在快速访问工具栏中单击"保存"按钮，弹出"另存为"对话框，在"宏名"文本框中输入宏的名称 macro1，单击"确定"按钮。

7.2.3　创建宏组

创建宏组有两种方法

方法 1：对创建好的宏操作进行分组。

在宏设计窗口中选中要分组的一个或多个宏操作（按住【Ctrl】键或【Shift】键选中多个宏操作）并右击，在弹出的快捷菜单中选择"生成分组程序块"命令，即可将选中的宏操作加入到一个分组中，在生成的"Group"块顶部框中，输入宏组的名称。

方法 2：先创建分组，然后在分组中添加宏操作。

先在宏设计窗口中添加"Group"块，在生成的"Group"块顶部框中输入宏组的名称。然后在"Group"块中添加宏操作。

【例 7-2】将例 7.1 创建的宏中的 4 个宏操作进行分组，前两个作为一组，后两个作为一组。

具体操作步骤如下：

（1）在宏设计窗口中选中前两个宏操作 MessageBox、OpenForm 并右击，在弹出的快捷菜单中选择"生成分组程序块"命令，即可将选中的宏操作加入到一个分组中，在生成的"Group"块顶部框中，输入宏组的名称"1"。

（2）使用同样的方法将后两个操作加入到一个分组中，输入宏组的名称"2"，如图 7-4 所示。

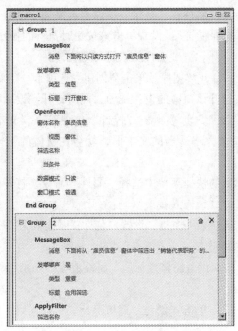

图 7-4　宏设计窗口

也可以先创建宏组，再将宏操作拖动到宏组中。若需要将某个宏操作退出宏组，只需要将该操作用鼠标拖动到"Group"块外面即可。

7.2.4 创建条件宏

如果希望当满足指定条件时才执行宏的一个或多个操作，可以使用"操作目录"窗格中的"If"流程控制，通过设置条件来控制宏的执行流程，形成条件操作宏。

这里的条件是一个逻辑表达式，返回值是真（True）或假（False）。运行时将根据条件的结果，决定是否执行对应的操作。如果条件结果为 True，则执行此行中的操作；若条件结果为 False，则不执行其后的操作。

在编辑条件表达式时，可能会引用窗体或报表上的控件值，需遵循下列语法格式：

引用窗体/报表属性：

Forms![窗体名].属性名
Reports![报表名].属性名

引用窗体/报表上控件的属性：

Forms![窗体名]![控件名].属性名
Reports![报表名]![控件名].属性名

其中，".属性名"有时可以省略。

创建条件宏的方法：先创建"if"程序块，设置条件表达式，然后在"if"程序块中添加宏操作。

【例 7-3】在"销售管理"数据库中，创建一个"登录"窗体，在窗体上添加一个文本框控件、一个标签控件，设置文本框"名称"属性为"密码"，设置文本框"输入掩码"属性为"密码"，设置标签标题属性为"请输入登录密码:"。创建一个"登录验证"宏，对用户所输入的密码进行验证，只有输入的密码为"Access2010"才能打开"销售管理系统主窗体"，否则，弹出消息框，提示用户输入的系统密码错误。然后在"登录"窗体上再添加一个命令按钮，根据"命令按钮向导"提示，设置其标题为"登录验证"，设置单击该按钮时执行的操作为运行"登录验证"宏。

具体操作步骤如下：

（1）创建"登录"窗体。打开数据库，单击"创建"选项卡→"窗体"选项组→"窗体设计"按钮，创建一个新的窗体，打开该窗体的设计视图，同时打开"设计"选项卡。

单击"窗体设计工具 | 设计"选项卡→"控件"选项组→"文本框"按钮，在窗体主体节区按住鼠标左键拖动画出一个大小适当的文本框，就会在窗体的主体节区创建一个标签和一个文本框控件。

右击该标签控件，在弹出的快捷菜单中选择"属性"命令，打开该标签的"属性表"窗口，设置标签的"标题"属性值为"请输入登录密码:"。

同样打开该文本框的"属性表"窗格，设置"名称"属性值为"密码"，设置"数据"选项卡中的"输入掩码"属性为"密码"。

打开窗体"属性表"窗格，设置窗体"标题"属性值为"登录"，保存窗体，命名为"登录"。窗体设计视图如图 7-5 所示。

（2）创建"登录验证"宏。单击"创建"选项卡→"宏与代码"选项组→"宏"按钮，打开"宏设计器"。

在添加新操作组合框中，输入"If"，单击条件表达式文本框右侧的按钮，打开"表达式生成器"对话框，在"表达式元素"窗格中展开"教学管理／Forms/所有窗体"，选中"登录"窗体。在"表达式类别"窗格中单击"密码"，在表达式值中输入"Forms![登录]![密码]="Access2010""，单击"确定"按钮，返回到"宏设计器"中。

在"添加新操作"下拉列表框中选择"CloseWindows"，并设置其参数，对象类型为"窗体"，对象名称为"登录"，保存为"否"。

再添加一个新操作，选择"OpenForm"，并设置其参数，窗体名称为"销售管理系统主窗体"，视图为"窗体"，窗口模式为"普通"。

然后单击"添加 Else"，在"Else"下的"添加新操作"下拉列表框中选择"MessageBox"，并设置其参数，消息为"密码错误！请重新输入系统密码！"，类型为"警告！"。

保存宏，命名为"登录验证"，宏设计视图如图 7-6 所示。

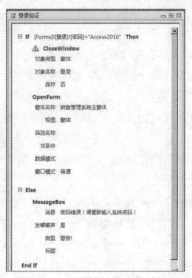

图 7-5 "登录"窗体设计视图 　　　　　图 7-6 "登录验证"宏设计视图

（3）在"登录"窗体上再添加一个命令按钮，根据"命令按钮向导"提示，设置单击该按钮时执行的操作为"杂项"→"运行宏"；单击"下一步"按钮，选择"登录验证"；单击"下一步"按钮，设置命令按钮标题为"文本"→"登录验证"；单击"下一步"按钮，设置命令按钮名称为command0，单击"完成"按钮，如图 7-7～图 7-10 所示。

图 7-7 "命令按钮向导"对话框 1 　　　　图 7-8 "命令按钮向导"对话框 2

图 7-9　"命令按钮向导"对话框 3　　　　图 7-10　"命令按钮向导"对话框 4

这样在打开"登录"窗体时，需要用户输入密码，单击"登录验证"按钮，如果密码是"Access2010"，则关闭"登录"窗体，打开"教学管理系统主窗体"；如果密码不是"Access2010"，则弹出提示框，显示"密码错误！请重新输入系统密码！"。

7.2.5　创建子宏

【例 7-4】在"销售管理"数据库中，创建一个"信息查询"窗体，在窗体上添加 4 个命令按钮，设置各命令按钮的标题属性分别为"打开雇员信息窗体""运行产品基本信息查询""打开订单表""退出系统"。创建一个"信息查询"宏，在宏中分别创建 4 个子宏：submacro1（弹出消息提示：以只读方式打开"雇员信息"窗体，然后打开"雇员信息"窗体）、submacro2（打开"产品基本信息"查询，并使计算机的小喇叭发出"嘟嘟"声）、submacro3（以只读方式打开"订单"表，并弹出消息提示"是否关闭"，用户单击"确定"按钮后关闭表）、submacro4（保存所有修改后，退出系统）。

具体操作步骤如下：

（1）创建"信息查询"窗体：打开数据库，单击"创建"选项卡→"窗体"选项组→"窗体设计"按钮，创建一个新的窗体，打开该窗体的设计视图，同时打开"设计"选项卡。

单击"窗体设计工具｜设计"选项卡→"控件"选项组→"命令按钮"按钮，在窗体主体节区按住鼠标左键拖动画出一个大小适当的命令按钮控件，重复操作，再添加 3 个命令按钮控件，分别设置各命令按钮的标题属性为"打开雇员信息窗体""运行产品基本信息查询""打开订单表""退出系统"。

打开窗体"属性表"窗格，设置窗体"标题"属性为"信息查询"，保存窗体，名称为"信息查询"。窗体设计视图如图 7-11 所示。

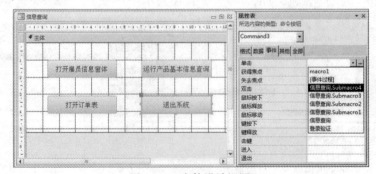

图 7-11　窗体设计视图

（2）创建"信息查询"宏。单击"创建"选项卡→"宏与代码"选项组→"宏"按钮，打开"宏设计器"。

在"添加新操作"组合框中输入"Submacro"，在生成的"子宏"块顶部框中输入子宏的名称：submacro1。然后在"子宏"块中添加宏操作。在"添加新操作"下拉列表框中选择"MessageBox"，并设置其参数，消息为：以只读方式打开"学生信息"窗体，发嘟嘟声提示；类型为"重要"，标题为"提示"；再添加一个操作"OpenForm"，并设置其参数，窗体名称为"雇员信息"，视图为"窗体"，数据模式为"只读"，窗口模式为"普通"。

然后在"End Submacro"下方的"添加新操作"组合框中输入"Submacro"，在生成的"子宏"块顶部框中输入子宏的名称 submacro2。然后在"子宏"块中添加宏操作。在下拉列表框中选择"OpenQuery"，并设置其参数，查询名称为"产品基本信息查询"，视图为"数据表"，数据模式为"只读"；再添加一个操作"Beep"。

在"End Submacro"下方的"添加新操作"组合框中输入"Submacro"，在生成的"子宏"块顶部框中输入子宏的名称 submacro3。然后在"子宏"块中添加宏操作。在下拉列表框中选择"OpenTable"，并设置其参数，表名称为"订单"，视图为"数据表"，数据模式为"只读"；再添加一个操作"MessageBox"，并设置其参数，消息为：阅览完后，是否关闭"订单"表，发嘟嘟声提示；类型为"信息"，标题为"关闭"；再添加一个操作"CloseWindows"，并设置其参数，对象类型为"表"，对象名称为"订单"，保存为"否"。

在"End Submacro"下方的"添加新操作"组合框中输入"Submacro"，在生成的"子宏"块顶部框中输入子宏的名称 submacro4。然后在"子宏"块中添加宏操作。在下拉表框中选择"QuitAccess"，并设置其选项参数为"全部保存"。

保存宏，名称为"信息查询"，宏设计视图如图 7-12 所示。

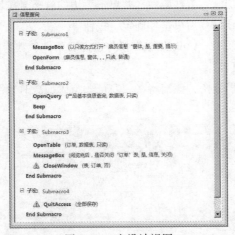

图 7-12　宏设计视图

（3）在"信息查询"窗体中选中"打开雇员信息窗体"按钮，打开其"属性表"窗格，在"事件"选项卡的"单击"下拉列表框中选择"信息查询.Submacro1"，即在单击该按钮时，运行子宏：信息查询.Submacro1。使用同样的方法设置单击"运行产品基本信息查询"按钮时，运行子宏：信息查询.Submacro2；单击"打开订单表"按钮时，运行子宏：信息查询.Submacro3；单击"退出系统"按钮时，运行子宏：信息查询.Submacro4，如图 7-11 所示。

7.2.6 创建嵌入的宏

嵌入的宏与独立的宏的不同之处在于，嵌入的宏存储在窗体、报表或控件的事件属性中，它们并不作为对象显示在导航窗格中的"宏"对象下面，而是成为窗体、报表或控件的一部分。创建嵌入的宏与创建宏对象的方法略有不同，嵌入的宏必须先选择要嵌入的事件，然后再编辑嵌入的宏。

使用控件向导在窗体中添加命令按钮，也会自动在按钮单击事件中生成嵌入的宏。例如，在例 7-3 的"登录"窗体中，使用向导创建"登录验证"按钮用来检验密码是否正确，其嵌入的宏如图 7-13 所示。

图 7-13　嵌入的宏

嵌入的宏不仅可以应用在窗体中，也可以应用在报表中，操作方法和窗体中的嵌入的宏一样。

【例 7-5】在"销售管理"数据库中，为"雇员"窗体的"加载"事件创建嵌入的宏，用于在打开"雇员"窗体时筛选出城市为"北京"的雇员信息（见图 7-14）。

具体操作步骤如下：

（1）打开"销售管理"数据库，打开"雇员"窗体设计视图，打开窗体的"属性表"窗格。在"事件"选项卡中选择"加载"事件属性，并单击旁边的省略号按钮，在"选择生成器"对话框中，选择"宏生成器"选项，然后单击"确定"按钮。

（2）进入宏设计窗口，添加"ApplyFilter"操作，设置条件参数为[雇员].[城市]="北京"。单击"保存"按钮，关闭宏设计窗口。

（3）进入窗体视图或布局视图，该宏将在"雇员"窗体加载时触发运行，在窗体中只显示城市为"北京"的雇员信息。

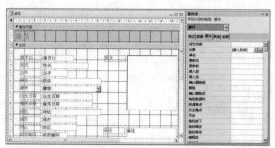

图 7-14　窗体加载嵌入的宏

7.2.7 创建数据宏

Access 2010 中有两种类型的数据宏：一种是由表事件触发的数据宏（又称"事件驱动"的数据宏），另一种是为响应按名称调用而运行的数据宏（又称"已命名"的数据宏）。

1．创建事件驱动的数据宏

每当在表中添加、更新或删除数据时，都会发生表事件。数据宏是在发生这 3 种事件中的任何一种事件之后，或发生删除或更改事件之前运行的。数据宏是一种触发器，可以用来检验在数据表中输入的数据是否合理。当在数据表中输入的数据超出限定的范围时，数据宏则给出提示信息。

【例 7-6】在"销售学管理"数据库中，创建数据宏，当输入"雇员"表的"尊称"字段时，在修改前进行数据验证，并给出错误提示。

具体操作步骤如下：

（1）打开"销售管理"数据库，打开"雇员"表设计视图，单击"表格工具 | 设计"选项卡→"字段、记录和表格事件"选项组→"创建数据宏"下拉按钮，在下拉列表中选择"更改前"选项，如图 7-15 所示，即可打开宏设计窗口。

图 7-15　创建数据宏

（2）在"添加新操作"组合框中输入"If"，在"If"右边的条件表达式文本框中输入"[尊称] not in("博士","先生","女士","夫人","小姐")"，在"If"程序块中的"添加新操作"下拉列表框中选择"RaiseError"，并设置其参数，错误号为"101"，错误描述为"尊称输入有误!"。单击"保存"按钮，再单击"保存"按钮，如图 7-16 所示，返回"雇员"表设计视图。

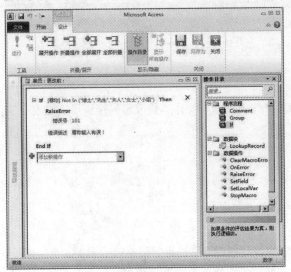

图 7-16　数据宏设计窗口

这样在修改"雇员"表中的尊称字段的值时，就会运行该数据宏，如果尊称字段的值为"博士""先生""女士""夫人""小姐"之外的值时，就会弹出错误提示框，显示"尊称输入有误！"，如图 7-17 所示。

图 7-17　运行事件驱动的数据宏

2．创建已命名的数据宏

已命名的数据宏与特定表有关，但不是与特定事件相关。可以在其他数据宏或标准宏中调用已命名的数据宏。

创建已命名的数据宏的操作步骤如下：打开数据库，在导航窗格中双击要向其中添加数据宏的表，打开表设计视图，单击"表格工具｜设计"选项卡→"字段、记录和表格事件"选项组→"创建数据宏"下拉按钮，在下拉列表中选择"创建已命名的宏"选项，就会打开宏设计窗口，然后在其中添加宏操作。

要在其他数据宏或标准宏中调用运行已命名的数据宏，使用"RunDataMacro"操作。

3．管理数据宏

导航窗格的"宏"对象中不显示数据宏，必须使用表的设计视图中的功能区命令，才能创建、编辑、重命名和删除数据宏。打开表设计视图，单击"表格工具｜设计"选项卡→"字段、记录和表格事件"选项组→"重命名/删除宏"按钮，弹出"数据宏管理器"对话框，如图 7-18 所示，可在其中重命名/删除宏。

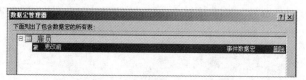

图 7-18　"数据宏管理器"对话框

7.2.8　宏的编辑

宏的编辑包括添加宏操作、删除宏操作、更改宏操作顺序、修改宏的操作和参数、添加注释等。

1．添加宏操作

操作步骤：①打开宏的设计视图；②在"添加新操作"组合框中输入宏操作命令；③设置参数。

2．删除宏操作

操作步骤：①打开宏的设计视图；②选择需要删除的宏；③单击宏操作右边的"删除"按钮；或者右击要删除的宏，在弹出的快捷菜单中选择"删除"命令；或者按【Delete】键。

3．更改宏操作顺序

操作步骤：①打开宏的设计视图；②选择需要改变顺序的宏操作，单击"向上"或"向下"按钮，或者直接用鼠标拖动宏到指定位置。

4．添加注释

操作步骤：①打开宏的设计视图；②把"操作目录"窗格中的"Comment"拖放在"添加新操作"组合框中，或者在"添加新操作"下拉列表框中选择"Comment"。

7.2.9　将宏转换为 Visual Basic 程序代码

Access 中宏的操作，都可以在模块对象中通过编写 VBA 语句来达到相同的功能。在 Access 中提供了将宏转换为等价的 VBA 事件过程或模块的功能。

将宏转换为 VBA 代码的具体操作步骤如下：

（1）在导航窗格中右击宏对象，在弹出的快捷菜单中选择"设计视图"命令。

（2）在"宏工具｜设计"选项卡→"工具"选项组→"将宏转换为 Visual Basic 代码"按钮，弹出"转换宏"对话框，在"转换宏"对话框中指定是否要将错误处理代码和注释添加到 VBA 模块，如图 7-19 所示，单击"转换"按钮；转换完毕后弹出提示信息框，如图 7-20 所示，单击"确定"按钮，将打开 Visual Basic 编辑器，在"项目"窗格中双击被转换的宏，以查看和编辑模块，如图 7-21 所示。

图 7-19　"转换宏"对话框

图 7-20　转换完毕信息框

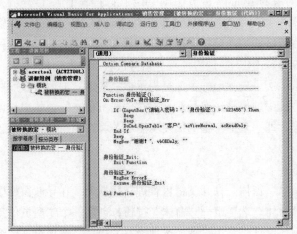

图 7-21　宏转换过来的模块

注意：嵌入的宏无法转换为 VBA 代码。

7.3　宏的运行和调试

设计完成一个宏对象或嵌入的宏后即可运行它，调试其中的各个操作。

7.3.1　宏的运行

宏有多种运行方式，主要有直接运行宏、运行宏中的子宏、通过响应对象的事件运行宏、自动运行宏、在其他宏中运行宏等。

1．直接运行宏

直接运行宏有以下 3 种方法：

（1）在导航窗格中选择"宏"对象，然后双击宏名。

（2）单击"数据库工具"选项卡→"宏"选项组→"运行宏"按钮，弹出"执行宏"对话框，在"宏名称"下拉列表框中选择要执行的宏，然后单击"确定"按钮。

（3）在宏的设计视图中，单击"宏工具｜设计"选项卡→"工具"选项组→"运行"按钮。

2．运行宏中的子宏

运行宏中的子宏有以下两种方法：

（1）单击"数据库工具"选项卡→"宏"选项组→"运行宏"按钮，弹出"执行宏"对话框，在"宏名称"下拉列表框中选择要执行的宏中的子宏，其格式为宏名.子宏名，然后单击"确定"按钮。

（2）在导航窗格中选择"宏"对象，然后双击宏名，将运行宏中的第一个子宏。

3．通过响应对象的事件运行宏

在实际的应用系统中，设计好的宏更多的是通过窗体、报表或控件上发生的"事件"触发相应的宏，使之投入运行。通过响应对象的事件运行宏，有以下两种方法：

（1）设置窗体或报表的事件属性为宏或宏中的子宏。

（2）使用 DoCmd 对象的 RunMacro 方法在 VBA 代码过程中运行宏或宏中的子宏。

【例 7-7】在"销售管理"数据库中，创建一个"雇员信息"窗体，在窗体上显示表中的若干字段。然后在窗体页眉节区添加一个组合框控件，设置其对应的标签控件标题为"雇员职务:"，设置组合框中的值为副总裁(销售)、销售经理、销售代表、内部销售协调员，并与职务字段绑定。创建一个"按职务筛选"宏，先弹出一个消息提示框，提示：下面将按照职务筛选雇员信息；然后应用筛选：按照组合框中的值筛选雇员信息。在"雇员信息"窗体中，设置组合框更改事件属性为"按职务筛选"宏，即一旦组合框的值发生变化，将按照组合框中的新值筛选出指定职务的雇员信息。

具体操作步骤如下：

（1）创建"雇员信息"窗体。打开"销售管理"数据库，在导航窗格中单击"雇员"表，单击"创建"选项卡→"窗体"选项组→"窗体"按钮，创建一个"雇员信息"窗体，打开该窗体的设计视图，单击"窗体设计工具｜设计"选项卡→"控件"选项组→"组合框"按钮，在窗体页眉节区按住鼠标左键拖动画出一个大小适当的组合框，弹出"组合框向导"对话框，如图 7-22 所示，选择"自行键入所需的值"单选按钮，单击"下一步"按钮；在弹出的对话框中输入列表中所需的列数"1"以及组合框中的值：副总裁(销售)、销售经理、销售代表、内部销售协调员，如图 7-23 所示，单击"下一步"按钮；在弹出的对话框中设置保存组合框值的字段"职务"，即组合框的控件来源，如图 7-24 所示，单击"下一步"按钮；在弹出的对话框中设置组合框对应的标签的标题为"雇员职务",如图 7-25 所示,单击"完成"按钮,打开组合框"属性表"窗格,设置组合框名称属性为 Combo1,保存窗体,名称为"雇员信息"。窗体设计视图如图 7-26 所示。

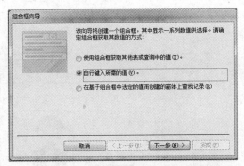

图 7-22 "组合框向导"对话框 1

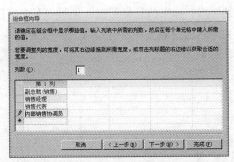

图 7-23 "组合框向导"对话框 2

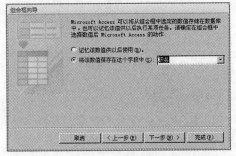

图 7-24 "组合框向导"选项组 3

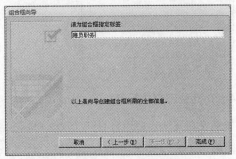

图 7-25 "组合框向导"选项组 4

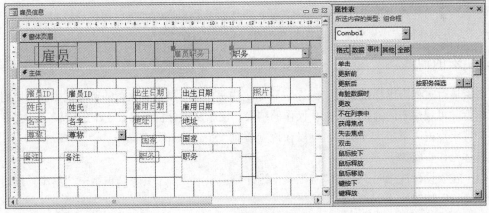

图 7-26 窗体设计视图

(2)创建"按职务筛选"宏。单击"创建"选项卡→"宏与代码"选项组→"宏"按钮,打开"宏设计器"。在"添加新操作"下拉列表框中选择"MessageBox",并设置其参数,消息为"下面将按照职务筛选雇员信息",发嘟嘟声提示;类型为"重要",标题为"提示";在"添加新操作"下拉列表框中选择"ApplyFilter",设置筛选条件为[雇员].[职务]=[Forms]![雇员信息]![combo1]。宏设计视图如图 7-27 所示。

(3)设置通过响应对象的事件运行宏:在"雇员信息"窗体设计视图中,选中窗体页眉上的组合框，打开其"属性表"窗格，选择"事件"选项卡，在"更新后"下拉列表框中选择"按职务筛选"宏，单击"保存"按钮，如图 7-26 所示。

双击运行"雇员信息"窗体，单击组合框下拉按钮，选择一个"职务"值，就会运行"按职务筛选"宏，弹出信息提示框，显示"下面将按照职务筛选雇员信息"，单击"确定"按钮后，在窗体中显示指定职务的雇员信息，如图 7-28 所示。

图 7-27　宏设计视图

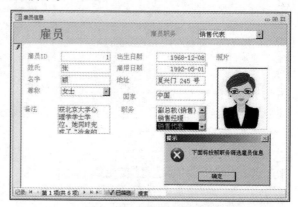

图 7-28　窗体运行效果

4．在其他宏中执行宏

如果要在其他宏中运行另一个宏，可以在宏中使用 RunMacro 宏操作命令，其操作参数为要运行的另一个宏的宏名。

5．自动执行宏

将宏对象的名称设置为"AutoExec"，则在每次打开数据库时，将自动执行该宏，称为"自动执行宏"，可以在该宏中设置数据库初始化的相关操作。

7.3.2　宏的调试

当宏运行过程中出现错误时，在 Access 系统中提供了"单步"执行的宏调试工具，使用单步跟踪执行，可观察宏的流程和每一个操作的结果，便于从中分析和修改宏中的错误。若要在宏中的某个特定点进入单步执行模式，可以在该点添加"SingleStep"宏操作。

具体操作步骤如下：

（1）在宏设计视图中，单击"宏工具｜设计"选项卡→"工具"选项组→"单步"按钮，再单击"运行"按钮。

（2）弹出"单步执行宏"对话框，如图 7-29 所示，并在该对话框中显示宏中的第一个操作的相关信息：宏名称、条件、操作名称、错误号（错误号0 表示没有发生错误）。单击"单步执行"按钮，将执行当前宏操作，并在对话框中显示宏中的下一个操作的信息，每单击该按钮一次，就执行宏中的一个操作命令。单击"停止所有宏"按钮，将停止当前正在运行的所有宏，并关闭对话框窗口。单击"继续"按钮，将退出单步执行模式，继续运行该宏，并关闭对话框。

图 7-29　"单步执行宏"对话框

习 题

一、选择题

1. 在下列关于宏和模块的叙述中正确的是（   ）。

    A. 模块是能够被程序调用的函数

    B. 通过定义宏可以选择或更新数据

    C. 宏或模块都不能是窗体或报表上的事件代码

    D. 宏可以是独立的数据库对象，可以提供独立的操作动作

2. 下列操作中，适宜使用宏的是（   ）。

    A. 修改数据表结构   B. 创建自定义过程

    C. 打开或关闭报表对象   D. 处理报表中错误

3. 下列叙述中错误的是（   ）。

    A. 宏能够一次完成多个操作   B. 可以将多个宏组成一个宏组

    C. 可以用编程的方法实现宏   D. 宏命令一般由动作名和操作参数组成

4. 在宏的参数中，若要引用窗体 F1 上的 Text1 文本框的值，应该使用的表达式是（   ）。

    A. [Forms]! [F1]! [Text1]   B. Text1

    C. [F1].[Text1]   D. [Forms]_[F1]_[Text1]

5. 在设计条件宏时，对于连续重复的条件，要代替重复条件表达式可以使用符号（   ）。

    A. …   B. :   C. !   D. =

6. 在宏表达式中要引用 Form1 窗体中的 txt1 控件的值，正确的引用方法是（   ）。

    A. Form1! txt1   B. txt1

    C. Forms! Form1! txt1   D. Forms! txt1

7. 要限制宏命令的操作范围，在创建宏时应定义（   ）。

    A. 宏操作对象   B. 宏操作目标

    C. 宏条件表达式   D. 窗体或报表控件属性

8. 对象可以识别和响应的行为称为（   ）。

    A. 属性   B. 方法   C. 继承   D. 事件

9. 在运行宏的过程中，宏不能修改的是（   ）。

    A. 窗体   B. 宏本身   C. 表   D. 报表

10. 下列属于通知或警告用户的命令是（   ）。

    A. PrintOut   B. OutputTo   C. MsgBox   D. RunWarnings

11. 为窗体或报表的控件设置属性值的正确宏操作命令是（   ）。

    A. Set   B. SetData   C. SetValue   D. SetWarnings

二、操作题

依次完成例 7-1 至例 7-7 中的所有操作。

第 8 章 │ 模块与 VBA 程序设计

通过前面的学习，可以快速查询、利用 SQL 语言检索数据、创建界面漂亮的窗体、设置完美的报表、利用宏和向导完成事件的响应出来，如打开和关闭窗体、报表等。但是宏的局限性比较大，宏只能处理一些简单的操作，对于复杂条件和循环等结构无法处理，宏对数据库对的处理能力也比较弱。Access 是面向对象的数据库，它支持面向对象的程序开发技术，VBA 语言是 Access 开发应用程序的核心，本章主要介绍数据库的模块类型及创建、VBA 程序设计的基础知识。

8.1　VBA 的编程环境

VB（Visual Basic）是 Microsoft 公司开发的并得到广泛应用的可视化编程语言，VBA（Visual Basic for Applications）是在 VB 的基础上集成在 Microsoft Office 系列软件中用来实现一些复杂和自动化操作的可视化编程组件，VBA 的语法与独立运行的 Visual Basic 编程语言互相兼容。当某个特定的任务不能用其他 Access 对象实现，或实现起来较为困难时，可以利用 VBA 语言编写代码，完成这些特殊的、复杂的操作。

Visual Basic 编辑器（Visual Basic Editor，VBE）是编辑 VBA 代码时使用的界面。VBE 提供了完整的开发和调试工具，可用于创建和编辑 VBA 程序。

8.1.1　VBA 编程环境

在 Access 2010 中，进入 VBA 编程环境（即，打开 VBE 窗口）有以下几种方法：

（1）直接进入 VBA。在数据库中，单击"数据库工具"选项卡→"宏"选项组→"Visual Basic"按钮，如图 8-1 所示。

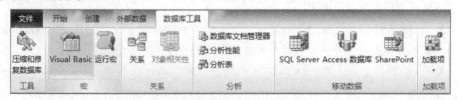

图 8-1　直接进入 VBA 编程环境

（2）创建模块进入 VBA。在数据库中，单击"创建"选项卡→"宏与代码"选项组→"Visual Basic""模块"和"类模块"中的任一按钮，如图 8-2 所示。

图 8-2 创建模块进入 VBA

（3）通过窗体或报表对象进入 VBA。在窗体或报表的设计视图模式下，单击"属性表"窗格"事件"选项卡中某个事件框右侧的"生成器"按钮 **⋯**，弹出"选择生成器"对话框，选择其中的"代码生成器"选项，单击"确定"按钮即可，如图 8-3 所示。

图 8-3 "选择生成器"对话框

8.1.2 VBE 编程环境简介

VBE 窗口由 VBE 工具栏、"工程"窗口、"属性"窗口和代码窗口组成，如图 8-4 所示。

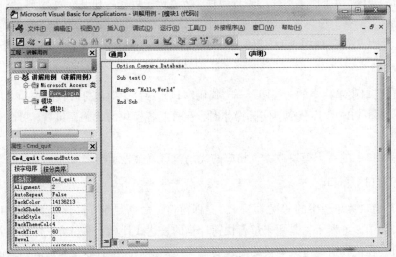

图 8-4 VBE 窗口

1. VBE 工具栏

VBE 工具栏如图 8-5 所示。

图 8-5 VBE 工具栏

工具栏上的按钮名称及功能如表 8-1 所示。

表 8-1　工具栏上的按钮名称及功能

按　　钮	名　　称	功　　能
	视图 Microsoft Office Access	切换到 Access 的数据库窗口
	插入模块	用于插入新模块
	运行子过程/用户窗体	运行模块中的程序
	中断	中断正在运行的程序
	重新设置	结束正在运行的程序
	设计模式	在设计模式和非设计模式之间切换
	工程资源管理器	用于打开工程资源管理器
	属性窗口	用于打开属性窗口
	对象浏览器	用于打开对象浏览器
行 4，列 1	行列	代码窗口中光标所在的行号和列号

2．"工程"窗口

"工程"窗口又称工程资源管理器窗口，其中的列表框中列出了在应用程序中用到的所有资源文件。可单击"查看代码"按钮显示相应的代码窗口，或单击"查看对象"按钮显示相应的对象窗口，也可单击"切换文件夹"按钮隐藏或显示对象文件夹。

3．"属性"窗口

"属性"窗口中列出了所选对象的各种属性，分"按字母序"和"按分类序"两种格式查看属性。可以直接在"属性"窗口中编辑对象的属性，这种设置对象属性方法称为"静态"设置方法；此外，还可以在代码窗口内用 VBA 代码编辑对象的属性，这属于对象属性的"动态"设置方法。

4．代码窗口

单击 VBE 窗口菜单栏中的"视图"→"代码窗口"命令，即可打开代码窗口。可以使用代码窗口来编写、显示 VBA 程序代码。实际操作时，在打开各模块的代码窗口后，可以查看不同窗体或模块中的代码。

双击工程窗口上的一个模块或类，相应的代码窗口就会显示出来。

5．"立即窗口"窗口

单击 VBE 窗口菜单栏中的"视图"→"立即窗口"命令，即可打开"立即窗口"窗口。"立即窗口"窗口如图 8-6 所示，是用来进行快速计算的表达式计算、简单方法的操作及进行程序测试的工作窗口。在代码窗口中编写代码时，要在"立即窗口"中打印变量或表达式的值，可以使用 Debug.Print 语句。在"立即窗口"窗口中使用"？"或"Debug.Print"语句显示表达式的值。

图 8-6 "立即窗口"窗口

6."本地窗口"窗口

单击 VBE 窗口菜单栏中的"视图"→"本地窗口"命令,即可打开"本地窗口"窗口,如图 8-7 所示。在"本地窗口"中,可自动显示出所有在当前过程中的变量声明及变量值。

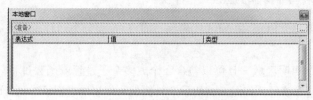

图 8-7 "本地窗口"窗口

7."监视窗口"窗口

单击 VBE 窗口菜单栏中的"视图"→"监视窗口"命令,即可打开"监视窗口"窗口,如图 8-8 所示,用于调试 Visual Basic 过程,通过在"监视窗口"中增添监视表达式的方法,程序可以动态了解一些变量或表达式的值的变化情况,进而对代码的正确与否有清楚的判断。

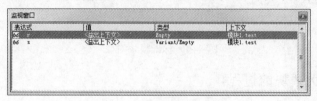

图 8-8 "监视窗口"窗口

8.2　VBA 模块简介

在 Access 中,模块是数据库中的一个对象,它以 VBA 语言为基础编写,是将声明和过程作为一个单元进行保存的集合体。通过模块的组织和代码设计,可以提高 Access 数据库应用的处理能力和解决问题的能力。模块基本上是由声明、语句和(Sub 和 Function)过程组成的集合,它们作为一个已命名的单元存储在一起,对 VBA 程序代码进行组织。

8.2.1　模块的类型

Access 有两种类型的模块:标准模块和类模块。

1. 标准模块

标准模块一般用于存放供其他程序或其他对象调用的公共过程。这些过程不与 Access 数据库文件中的任何对象相关联。在各个标准模块内部,变量和函数方法默认为 Public,应用程序的其他对象均可调用;如果使用 Private 关键字来定义私有变量和私有过程,那么其他对象就不能调用,仅供本模块内部使用。

2. 类模块

类模块是以类的形式封装的模块,是面向对象编程的基本单位。类模块是包含类的定义的模块及其属性和方法的定义。类模块有 3 种基本形式:窗体类模块、报表类模块和自定义类模块,它们各自与某一窗体或报表相关联。为窗体(或报表)创建第一个事件过程时,Access 将自动创建与之关联的窗体或报表模块。选择窗体（或报表）设计视图中"工具"选项组→"查看代码"命令，可以查看窗体（或报表）的模块。

8.2.2 VBA 代码编写模块的过程

过程是模块的主要单元组成，由 VBA 代码编写而成。过程分为两种类型：Sub 子过程和 Function 函数过程

一个模块包含一个声明区域，且可以包含一个或多个子过程或函数过程。模块的声明区域用来声明模块使用的变量等项目，如图 8-9 所示。具体编写模块的过程请参见 8.6.2 和 8.6.3 节。

图 8-9　标准模块对象

8.2.3 将宏转换为模块的过程

使用 Access 2010 自动将宏转换为 VBA 模块或类模块，可以转换附加到窗体或报表的宏，而不管它们是作为单独的对象存在还是作为嵌入的宏存在，还可以转换未附加到特定窗体或报表的全局宏。

1．转换附加到窗体或报表的宏

此过程将窗体或报表（或者其中的任意控件）引用（或嵌入在其中）的任意宏转换为 VBA，并向窗体或报表的类模块中添加 VBA 代码。该类模块将成为窗体或报表的组成部分，并且如果窗体或报表被移动或复制，它也随之移动。

将附加到窗体或报表的宏转换成 VBA 代码的操作步骤如下：

（1）在"导航窗格"中右击窗体或报表，然后单击"设计视图"。

（2）单击"设计"选项卡→"工具"选项组→"将窗体的宏转换为 Visual Basic 代码"或"将报表的宏转换为 Visual Basic 代码"按钮。

（3）在弹出的"转换窗体宏"或"转换报表宏"对话框中，选择是否希望 Access 向它生成的函数中添加错误处理代码。此外，如果宏内有注释，请选择是否希望将它们作为注释包括在函数中。单击"转换"按钮继续。

如果该窗体或报表没有相应的类模块，Access 将创建一个类模块，并为与该窗体或报表关联的每个宏向该模块中添加一个过程。Access 还会更改该窗体或报表的事件属性，以便它们运行新的 VBA 过程，而不是宏。

（4）查看和编辑 VBA 代码。

2．转换全局宏

将全局宏转换成 VBA 代码的操作步骤如下：

（1）在"导航窗格"中右击要转换的宏，然后单击"设计视图"。

（2）单击"设计"选项卡→"工具"选项组→"将宏转换为 Visual Basic 代码"按钮。

（3）在弹出的"转换宏"对话框中，选择所需的选项，然后单击"转换"按钮。Access 将转换宏并打开 Visual Basic 编辑器。

（4）查看和编辑 VBA 代码。

8.2.4　在模块中执行宏

在模块的定义过程中，使用 Docmd 对象的 RunMacro 方法，可以执行设计好的宏。其调用格式为：

```
Docmd.RunMacro MacroName[,RepeatCount][,RepeatExpression]
```

其中，MacroName 表示当前数据库中宏的有效名称；RepeatCount 为可选项，用于计算宏运行次数的整数值；RepeatExpression 为可选项，是数值表达式，在每一次运行宏时进行计算，结果为 False 时，停止运行宏。

8.3　VBA 程序设计基础

在 Access 程序设计中，一条语句是能够执行一定任务的一个命令，程序中的功能是靠一连串语句的执行累积起来实现的。VBA 中的一条语句是一个完整的命令，它可以包含关键字、运算符、变量、常量和表达式。

8.3.1　程序书写原则

1. 程序书写规定

通常将一个语句写在一行中，但当语句较长，一行写不下时，也可以利用续行符（下画线）"_"将语句接续到下一行中。有时需要在一行中写几句代码，这时需要用冒号":"将不同的几个语句分开。

例如，一行写一条语句：

```
mycount=10*x+7*y+z/5
```

一条语句一行写不下，写成两行：

```
mycount=10*x+7*y_
          +z/5
```

两条语句写在一行：

```
Text1.Value="Hello" : Text1.ForeColor=255
```

如果在输入一行代码并按【Enter】键后，该行代码以红色文本显示，同时也可能显示一个出错信息，此时就必须找出语句中的错误并更正它。

2. 注释语句

注释语句用于对程序或语句的功能给出解释和说明。通常一个好的程序都会有注释语句，这对程序的维护有很大的好处。

在 VBA 程序中，注释的内容被显示成绿色文本。可以通过以下两种方式添加注释：

（1）使用"'"，格式如下：

```
' 注释语句
```

这种注释语句可以直接放在其他语句之后而无须分隔符。

（2）使用 Rem 语句，格式如下：

```
Rem 注释语句
```

这种注释语句需要另起一行书写，也可以放在其他语句之后，但需要用冒号隔开。

3．书写格式

利用空格、空行、缩进使得程序层次分明。

8.3.2　数据类型

VBA 一般用变量保存计算的结果，进行属性的设置，指定方法的参数以及在过程间传递数值。为了高效率地执行，VBA 为变量定义了一个数据类型的集合。在 Access 2010 中，很多地方都要指定数据类型，包括过程中的变量、定义表和函数的参数等。

1．标准的数据类型

VBA 支持多种数据类型，表 8-2 列出了 VBA 程序中的标准数据类型，以及它们所占用的存储空间和取值范围。

表 8-2　VBA 的标准数据类型

数据类型	类型标识	符号	所占字节数	范　围
字符型	Byte	无	1B	0～255
布尔型	Boolean	无	2B	True 或 False
整型	Integer	%	2B	–32768～32767
长整型	Long	&	4B	–2147483648～2147483647
单精度	Single	!	4B	负数：–3.402823E38～–1.401298E-45 正数：1.401298E-45～3.402823E38
双精度	Doubie	#	8B	负数：–1.79769313486232E3～–4.94065645841247E?324 正数：4.94065645841247E-324～1.7976931 3486232E308
货币型	Currency	@	8B	–922 337 203 685 477.5808～922 337 203 685 477.5807
日期型	Date	无	8B	1000 年 1 月 1 日到 9999 年 12 月 31 日
字符串型	String	$	与字符串长有关	0～65 535 个字符
对象性	Object	无	4B	任何对象引用
变体型	Variant	无	根据分配确定	

2．用户自定义的数据类型

当需要使用一个变量来保存包含不同数据类型字段的数据表的一条或多条记录时，用户自定义数据类型就特别有用。

用户自定义数据类型可以在 Type…End Type 关键字间定义，定义格式如下：

```
Type 自定义类型名
    元素名 As 类型
    …
    [ 元素名 As 类型]
End Type
```

例如，定义一个学生信息的数据类型如下：

```
Type Student
    SNo As String
    SName As String
    SAge As Integer
End Type
```

上述例子定义了由 SNo（学号）、SName（姓名）、SAge（年龄）3 个分量组成的名为 Student 的数据类型。

一般用户定义数据类型时，首先要在模块区域中定义用户数据类型，然后用 Dim、Public 或 Static 关键字来定义此用户类型变量。声明变量的方法参见 8.3.3 节。

用户定义类型变量的取值，可以指明变量名及分量名，两者之间用句点分隔。

【例 8-1】声明一个学生信息类型的变量 Stu，并操作分量。

```
Dim Stu As Student            '定义一个学生信息类型变量 Stu
Stu.SNo="201109001"
Stu.SName=" 张丽"
Stu.SAge=18
```

可以用关键字 With 简化程序中的重复部分。例如，为上面 Stu 变量赋值：

```
With Stu
    .SNo="201109001"          '注意分量名前用的英文句点
    .SName="张丽"
    .SAge=18
End With
```

8.3.3 变量与常量

变量是指在程序运行过程期间取值可以变化的量。可以在 VBA 代码中声明和使用指定的变量来存储值、计算结果或操作数据库中的任意对象。

1. 变量的命名规则

变量命名时应遵循以下准则：

（1）变量名必须以英文字母开头，可以包含字母、数字或下画线字符 "_"。

（2）变量名不能包含空格、句点等字符。

（3）变量名的长度不能超过 255 个字符，且变量名不区分大小写。

（4）不能在某一范围内的相同层次中使用重复的变量名。

（5）变量的名字不能是 VBA 的关键字。

2. 变量的声明

变量一般应先声明再使用，变量声明有两个作用：一是指定变量的数据类型，二是指定变量的适用范围。VBA 应用程序并不要求在过程中使用变量以前明确地进行声明。如果使用一个没有明确声明的变量，Visual Basic 会默认地将它声明为 Variant 数据类型。

变量声明语句：

```
Dim < 变量名> [As < 数据类型>]
```

其中，Dim 是关键字，说明这个语句是变量的声明语句，给出变量名并指定这个变量对应的数据类型。该语句的功能是：变量声明，并为其分配存储空间。如果没有 As 子句，则默认该变量为

Variant 类型。

说明：在 VBA 语句格式中，通常方括号表示可选项，尖括号表示必选项（其中内容由用户给定）。

【例 8-2】声明字符串变量，并为之赋值。

```
Dim Student Name As String
```

该语句声明了一个名为 StudentName 的 String（字符串）型变量，声明之后，就可以给它赋值：

```
StudentName="张丽"
```

赋值之后，还可以再改变它的值：

```
StudentName="吴薇"
```

VBA 允许在同一行内声明多个变量，变量间用英文逗号分隔。

【例 8-3】在一个语句中声明 3 个不同类型的变量，其中 aaa 为布尔型变量，bbb 为变体型变量，ccc 为日期型变量。

```
Dim aaa As Boolean,bbb,ccc As Date
```

其中，bbb 的类型为 Variant，因为声明时没有指定它的类型。

如果要求在过程中使用变量前必须进行声明，其操作步骤如下：

（1）在 VBE 窗口中，选择"工具"→"选项"命令，弹出"选项"对话框。

（2）在"编辑器"选项卡下，选择"代码设置"栏中的"要求变量声明"复选框，如图 8-10 所示。

当"要求变量声明"复选框被选中时，Access 将自动在数据库所有新模块（包括与窗体或报表相关的新建模块）的声明节中生成一个 Option Explicit 语句。也可以直接将该语句写到模块的通用节。该语句的功能是：在模块级别中强制对模块中的所有变量进行显式声明。

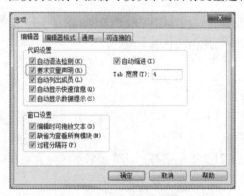

图 8-10 "选项"对话框

3．变量的作用域

变量的作用域确定了能够使用该变量的那部分代码。一旦超出了作用范围，就不能引用它的内容。变量的作用范围是在模块中声明确定的。声明变量时可以使用 3 种不同的作用范围：Public、Private、Static 或 Dim。

变量的作用域决定了这个变量是被一个过程使用还是一个模块中的所有过程使用，或被数据库中的所有过程使用。

1）过程内部使用的变量

过程级变量只有在声明它们的过程中才能被识别，也称它们为局部变量。用 Dim 或者 Static

关键字来声明它们。例如：

```
Dim V1 As Integer
```

或

```
Static V1 As Integer
```

在过程结束之前，Dim 语句一直保存着变量的值，也就是说，使用 Dim 语句声明的变量在过程之间调用时会丢失数据。而用 Static 语句声明的变量则在模块内一直保留其值，直到模块被复位或重新启动。在非静态过程中，用 Static 语句来显式声明只在过程中可见的变量，但其生存期与定义了该过程的模块一样长。

在过程中，对在过程之间调用时保留值的变量，要用关键字 Static 来声明它的数据类型。

在过程结束之前，清除静态变量的方法是单击"运行"→"重新设置"命令。

2）模块内部使用的变量

模块级变量对该模块的所有过程都可用，但对其他模块的代码不可用。可在模块顶部的声明段用 Private 关键字声明变量，从而建立模块级变量。例如：

```
Private V1 As Integer
```

在模块级，Private 和 Dim 之间没有区别，但 Private 更好些，因为很容易把它和 Public 区别开来，使代码更容易理解。

3）所有模块使用的变量

为了使模块级的变量在其他模块中也有效，可用 Public 关键字声明变量。公用变量中的值可用于应用程序的所有过程。和所有模块级变量一样，也在模块顶部的声明中来声明公用变量。例如：

```
Public V1 As Integer
```

用户不能在过程中声明公用变量，而在模块中声明的变量可用于所有模块。

也可以用 Static 关键字来声明函数和子程序，以便在模块的生存期内保留函数和子程序内的所有局部变量。

4. 数据库对象变量

Access 建立的数据库对象及其属性，均可被看成是 VBA 程序代码中的变量及其指定的值来加以引用。例如，Access 中窗体与报表对象的引用格式为：

```
Forms! 窗体名称! 控件名称[. 属性名称]
Reports! 报表名称! 控件名称[. 属性名称]
```

关键字 Forms 或 Reports 分别表示窗体或报表对象集合。感叹号分隔开对象名称和控件名称。

5. 数组

数组是在有规则的结构中包含一种数据类型的一组数据，也称数组元素变量。数组变量由变量名和数组下标构成，通常用 Dim 语句来定义数组。

1）一维数组

定义格式如下：

```
Dim < 数组名>([< 下标下限> to] < 下标上限>)[As < 数据类型>]
```

默认情况下，下标下限为 0。

【例 8-4】定义一维数组。

```
Dim y(10) As Integer
```

该语句声明数组变量为 y，该数组元素从 y(0)～y(10)共有 11 个元素。

数组的下标也可以不从 0 开始定义，模块的顶部使用 Option Base 语句，将第一个元素的默认索引值从 0 改为其他值。

【例 8-5】声明一个有 10 个元素的数组变量 y，类型为整型，其下标起始值设置成 1。

```
Option Base 1
Dim y(10) As Integer
```

声明的数组变量 y 有 10 个元素。因为 Option Base 语句将数组下标的起始值变成了 1。

也可以利用 To 子句来对数组下标进行显式声明。

【例 8-6】用 To 子句在定义一维数组时对数组下标进行显式声明。

```
Dim y(1 To 10) As Integer
Dim y(10 To 50) As String
```

两语句分别指定数组的下标从 1 开始到 10 结束和 10 开始到 50 结束。

2）多维数组

多维维数指有多个下标的数组。在 VBA 中可以声明变量最多到 60 维。

【例 8-7】定义二维数组。

```
Dim T(3，2) As Integer
```

定义了一个二维数组，数组名为 T，类型为 Integer，该数组有 4 行（0～3）3 列（0～2），占据 12（4×3）个整型变量的空间，如图 8-11 所示。

	第 0 列	第 1 列	第 2 列
第 0 行	T(0,0)	T(0,1)	T(0,2)
第 1 行	T(1,0)	T(1,1)	T(1,2)
第 2 行	T(2,0)	T(2,1)	T(2,2)
第 3 行	T(3,0)	T(3,1)	T(3,2)

图 8-11　二维数组 T(3,2)的 12 个元素

6．变量标识命名法则

在编写 VBA 程序代码时，会用到大量的变量名称和不同的数据类型。对于控件对象，可以用 VBA 的 Set 关键字将每个命名的控件对象指定为一个变量名称。

目前，VB 和 VBA 均推荐使用 Hungarian 符号法作为命名法则。该方法也被广泛应用在 C 和 C++等一些程序中。Hungarian 符号法使用一组代表数据类型的码。用小写字母作为变量的第一个字符。例如，代表文本框的字首码是 txt，那么文本框变量名为 txtName。

7．符号常量

对于程序中经常出现的常量，以及难以记忆且无明确意义的数值，使用符号常量可使代码更容易读取与维护。常量是指在程序运行过程中始终固定不变的量。VBA 的常量包括数值常量、字符常量、日期常量、符号常量、固有常量和系统定义常量等。符号常量是需要声明的常量，用 Const 语句来声明并设置其值。格式如下：

```
Const 符号常量名称=常量值
```

例如：

```
Const PI=3.1415926
```

若是在模块的声明区中定义符号常量，则建立一个所有模块都可使用的全局符号常量。一般是 Const 前加上 Global 或 Public 关键字。例如：

```
Global Const PI=3.1415926
```

这一符号常量会涵盖全局或模块级的范围。

8．系统常量

Access 系统内部包含若干个启动时就建立的系统常量，有 True、False、Yes、No、On、Off 和 Null 等，在编码时可以直接使用。

8.3.4　常用的标准函数

在 VBA 中，除在模块创建中可以定义子过程与函数过程完成特定功能外，又提供了近百个内置的标准函数，可以方便完成许多操作。

标准函数一般用于表达式中，有的能和语句一样使用。其使用形式如下：

```
函数名（ ＜参数 1 ＞＜，参数 2 ＞ [，参数 3][，参数 4][，参数 5]…）
```

其中，函数名必不可少，函数的参数放在函数名后的圆括号中，参数可以是常量、变量或表达式，可以有一个或多个，少数函数为无参函数。

8.3.5　运算符和表达式

在 VBA 编程语言中，提供了许多运算符来完成各种形式的运算和处理。根据运算的不同，可以分成 4 种类型的运算符：算术运算符、关系运算符、逻辑运算符和连接运算符。表达式是各种数据、运算符、函数、控件和属性的组合，其运算结果是某个确定数据类型的值。表达式能实现数据计算、条件判断、数据类型转换等许多作用。

8.4　VBA 程序流程控制语句

一个语句是能够完成某项操作的一条命令。VBA 程序的功能就是由大量的语句串命令构成的。

VBA 程序语句按照其功能不同分成两大类型：一是声明语句，用于给变量、常量或过程定义命名；二是执行语句，用于执行赋值操作，调用过程，实现各种流程控制。

在 VBA 程序中，按语句代码执行的顺序可分为顺序结构、选择结构和循环结构。

顺序结构：按照语句顺序顺次执行，如赋值语句、过程调用语句。

选择结构：又称分支结构，根据条件选择执行路径。

循环结构：重复执行某一段程序语句。

顺序流程的控制比较简单，只是按照程序中的代码顺序依次执行，而对程序走向的控制则需要通过控制语句来实现。在 VBA 中，可以使用选择结构语句和循环结构语句来控制程序的走向。

8.4.1　赋值语句

赋值语句指定一个值或表达式给变量。赋值语句通常会包含一个等号"="。

语法形式如下：

```
Let ＜变量名＞=＜值或表达式＞
```

说明：赋值语句用于指定变量为某个值或某个表达式。用 Let 语句赋值，对应的数据类型为字符、数值类型等。Let 通常可以省略。

【例 8-8】赋值语句示例。

```
Dim y As Integer                    '定义一个变量为整型
y=18                                '给 y 赋值 18
```

8.4.2 选择结构语句

在解决一些实际问题时，往往需要按照给定的条件进行分析和判断，然后根据判断结果的不同执行程序中不同部分的代码，这就是选择结构。

1. If 条件语句

If 条件语句是常用的一种选择结构语句，它有以下 3 种语法形式：

1）单分支结构

格式：

```
If <条件> Then <语句块 1>
```

功能：若<条件>为真时，执行<语句块 1>；否则，执行 If 语句后的语句。

单分支结构流程图如图 8-12 所示。

【例 8-9】单分支结构示例。

```
If x<y Then t=x:x=y:y=t             '如果 x 小于 y，就把 x 和 y 交换
```

2）双分支结构

格式：

```
If <条件> Then
    <语句块 1>
[ Else
    <语句块 2>]
End If
```

功能：若<条件>为真时，执行<语句块 1>，然后转向执行 End If 后的语句；若<条件>为假时，由 Else 语句执行<语句块 2>，没有 Else 语句，执行 End If 后的语句。

双分支结构流程图如图 8-13 所示。

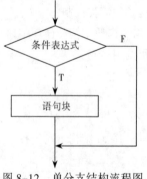

图 8-12　单分支结构流程图

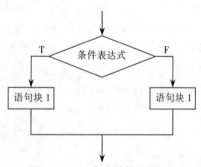

图 8-13　双分支结构流程图

【例 8-10】电费的收费标准是 100 度（1 度=1 kW·h）以内（包括 100 度）0.48 元/度，超过部分 0.96 元/度。编写程序，要求根据输入的任意用电量（度），计算出应收的电费。电费收费程序窗体如图 8-14 所示。

窗体中"计算"按钮的鼠标单击事件代码设计如下：

```
Private Sub cmd1_Click()
```

```
    Dim y As Single              '定义一个变量用于表示用电量
    Dim p As Single              '定义一个变量用于表示费用
    y=Val(Txt1.Value)            'Txt1 为第一个文本框的名称，用来输入用电量
    If y>100 Then
        p=(y-100)*0.96+100*0.48
Else
        p=y*0.48
End If
Txt2.Value=p                     'Txt2 为第二个文本框的名称，用来显示金额
End Sub
```

图 8-14　电费收费程序窗体

3）多分支结构

格式：

```
If <条件 1> Then
    <语句块 1>
Else If < 条件 2> Then
    <语句块 2>
…
ElseIf <条件 n> Then
    <语句块 n>
[Else
    <语句块 n+1> ]
End If
```

功能：若<条件 1>为真，则执行<语句块 1>，然后转向执行 End If 后的语句；否则，再判断<条件 2>，为真时，执行<语句块 2>……依此类推，当所有的条件都不满足时，执行<语句块 n+1>。

多分支结构流程图如图 8-15 所示。

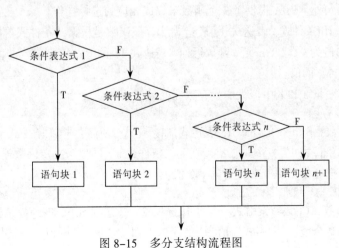

图 8-15　多分支结构流程图

【**例 8-11**】成绩等级鉴定窗体如图 8-16 所示，要求如下：

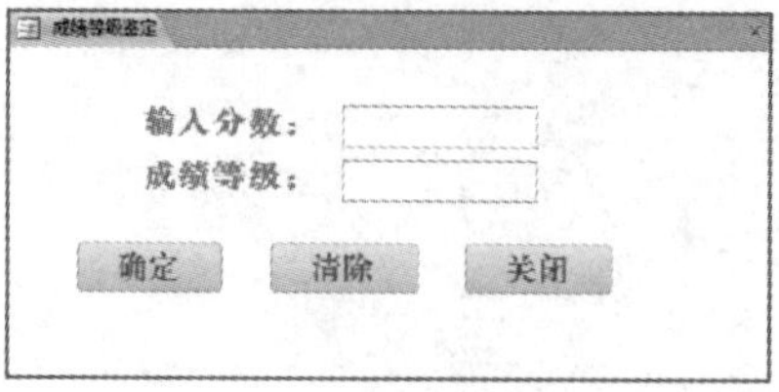

图 8-16 "成绩等级鉴定"窗体

输入一个学生的一门课分数 x（百分制），并根据成绩划分等级。

当 x≥90 时，输出"优秀"；

当 80≤x<90 时，输出"良好"；

当 70≤x<80 时，输出"中"；

当 60≤x<70 时，输出"及格"，

当 x<60 时，输出"不及格"。

其中，"确定"按钮的鼠标单击事件代码如下：

```
Private Sub Cmd1_Click()          '确定命令按钮单击事件
    Dim score As Single
    score=val(Txt1.Value)         'Txt1 为第一个文本框的名称，用来输入学生分数
    If score>=90 Then
        Txt2.Value="优秀"          'Txt2 为第二个文本框的名称，用来显示等级
    ElseIf score>=80 Then
        Txt2.Value="良好"
    ElseIf score>=70 Then
        Txt2.Value="中"
    ElseIf score>=60 Then
        Txt2.Value="及格"
    Else
        Txt2.Value="不及格"
    End If
End Sub
```

除上述条件语句外，VBA 提供了 3 个函数来完成相应的选择操作。

（1）IIf 函数：IIf(条件式, 表达式 1, 表达式 2)，该函数是根据"条件式"的值来决定函数返回值。"条件式"的值为"真（True）"，函数返回"表达式 1"的值；"条件式"的值为"假（False）"，函数返回"表达式 2"的值。

【**例 8-12**】将变量 a 和 b 中值大的量存放在变量 Max 中。

```
Max=IIf(a>b,a,b)
```

（2）Switch 函数：Switch(条件式 1, 表达式 1,[条件式 2, 表达式 2[,条件式 n, 表达式 n]])，该函数是分别根据"条件式 1""条件式 2"，直至"条件式 n"的值来决定函数返回值。

【**例 8-13**】根据变量 x 的值来为变量 y 赋值。

```
y=Switch(x>0,1,x=0,0,x<0,-1)
```

（3）Choose 函数：Choose(索引式, 选项 1[,选项 2,…,[,选项 n]])，该函数是根据"索引项"的值来返回列表中的某个值。"索引式"值为 1，函数返回"选项 1"的值；"索引式"值为 2，函数返回"选项 2"的值；依此类推。

【**例 8-14**】根据变量 x 的值来为变量 y 赋值。

```
x=2:m=5
y=Choose(x,5,m+1,n)
```

程序运行后，y 的值为 6。

2. Select Case 语句

从上面的例子可以看出，如果条件复杂，分支太多，使用 If 语句就会显得累赘，而且使程序变得不易阅读。这时可使用 Select Case 语句来写出结构清晰的程序。

Select Case 语句可根据表达式的求值结果，选择几个分支中的一个执行。其语法形式如下：

```
Select Case <表达式>
    Case <值 1>
        <语句 1>
        …
    Case <值 n>
        <语句 n>
    Case Else
        <语句 n+1>
End Select
```

Select Case 语句具有以下几个部分：

（1）表达式：必要参数。可为任何数值表达式或字符串表达式。

（2）值 1～n：可以为单值或一列值（用逗号隔开），与表达式的值进行匹配。

如果"值"中含有关键字 To，如 2 To 8，则前一个值必须是小的值（如果是数值，指的是数值大小；如果是字符串，则指字符排序），且<表达式>的值必须介于两个值之间。如果<值>中含有关键字 is，则<表达式>的值必须为真。

（3）语句 1～n+1：都可包含一条或多条语句。

如果有一个以上的 Case 子句与<表达式>匹配，则 VBA 只执行第一个匹配的 Case 后面的语句。如果前面的 Case 子句与<表达式>都不匹配，则执行 Case Else 子句中的<语句 n+1>。

可将另一个 Select Case 语句放在 Case 子句后的语句中，形成 Select Case 语句的嵌套。

【**例 8-15**】用 Select Case 语句实现分数划分等级输出。

```
Select Case score
    Case 90 To 100
        Debug.Print "优秀"
    Case 80 To 89
        Debug.Print "良"
    Case 70 To 79
        Debug.Print "中"
    Case 60 To 69
        Debug.Print "及格"
    Case Else
        Debug.Print "不及格"
End Select
```

8.4.3　循环结构语句

在解决一些实际问题时，往往需要重复某些相同的操作，即对某一语句或语句序列执行多次，解决这类问题要用到循环结构。

1. For...Next 语句

For...Next 循环语句能够重复执行程序代码区域特定次数，使用格式如下：

```
For 循环变量=初值 To 终值 [Step 步长]
    循环体
    [ 条件语句序列
        Exit For
    结束条件语句序列]
Next [ 循环变量]
```

其执行步骤如下：

（1）循环变量赋初值。

（2）循环变量与终值比较，确定循环是否进行。

① 步长>0时：若循环变量值<=终值，循环继续，执行步骤（3）；若循环变量值>终值，循环结束，退出循环。

② 步长=0时：若循环变量值<=终值，死循环；若循环变量值>终值，一次也不执行循环。

③ 步长<0时：若循环变量值>=终值，循环继续，执行步骤（3）；若循环变量值<终值，循环结束，退出循环。

（3）执行循环体。

（4）循环变量值增加步长（循环变量=循环变量+步长），程序跳转至步骤（2）。

For 语句的流程如图 8-17 所示。

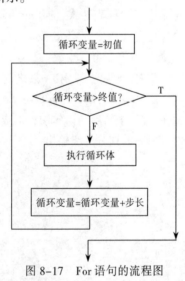

图 8-17 For 语句的流程图

【例 8-16】利用 For...Next 循环语句，求 1+2+...+100 之和。

```
Dim n As Integer,s As Integer
s=0
For n=1 To 100
    s=s+n
Next n
Debug.Print s                        '在立即窗口中打印 s 的值
```

2．Do...Loop 语句

用 Do...Loop 语句可以定义要多次执行的语句块。也可以定义一个条件，当这个条件为假时，就结束这个循环。Do...Loop 语句有以下两种格式：

格式一：

```
Do [{While|Until}<条件>]       '语句中的竖线表示两边任选其一，以下同
    [< 语句>]
    [Exit Do]
    [< 语句>]
Loop
```

格式一中的 Do While...Loop 循环语句，当条件结果为真时，执行循环体，并持续到条件结果为假或执行到选择 Exit Do 语句，结束循环。程序流程图如图 8-18 所示。

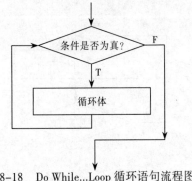

图 8-18　Do While...Loop 循环语句流程图

【例 8-17】Do While...Loop 循环语句示例。

```
k=0
Do While k<=5
    k=k+1
Loop
```

以上循环的执行次数是 6 次。

格式一中 Do Until...Loop 循环语句，当条件结果为假时，执行循环体，并持续到条件结果为真或执行到选择 Exit Do 语句，结束循环。程序流程图如图 8-19 所示。

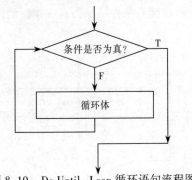

图 8-19　Do Until...Loop 循环语句流程图

【例 8-18】Do Until...Loop 循环语句示例。

```
k=0
Do Until k<=5
```

```
    k=k+1
Loop
```

以上循环的执行次数是 0 次。

格式二：

```
Do
    [< 语句>]
    [Exit Do]
    [< 语句>]
Loop [{While|Until}< 条件>]
```

格式二中的 Do...Loop While 循环语句，程序执行时，首先执行循环体，然后再判断条件。当条件结果为真时，执行循环体，并持续到条件结果为假或执行到选择 Exit Do 语句，结束循环。程序流程图如图 8-20 所示。

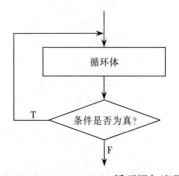

图 8-20　Do...Loop While 循环语句流程图

【例 8-19】Do...Loop While 循环语句示例。

```
num=0
Do
    num=num+1
    Debug.Print num
Loop While num>3
```

运行程序，结果是 1。

格式二中的 Do...Loop Until 循环语句，程序执行时，首先执行循环体，然后再判断条件。当条件结果为假时，执行循环体，并持续到条件结果为真或执行到选择 Exit Do 语句，结束循环。程序流程图如图 8-21 所示。

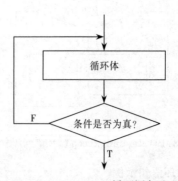

图 8-21　Do...Loop Until 循环语句流程图

【例 8-20】Do...Loop Until 循环语句示例。

```
num=0
Do
    num=num+1
    Debug.Print num
Loop Until num>4
```

运行结果：

```
1  2  3  4  5
```

3. While...Wend 语句

For...Next 循环适合于解决循环次数事先能够确定的问题。对于只知道控制条件，但不能预先确定需要执行多少次循环体的情况，可以使用 While 循环。

While 语句格式如下：

```
While 条件
    [ 循环体]
Wend
```

程序流程图如图 8-22 所示。

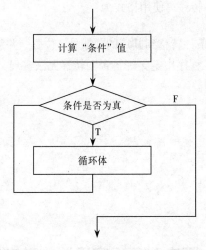

图 8-22　While...Wend 循环语句流程图

1）While 语句说明

"条件"可以是关系表达式或逻辑表达式。While 循环就是当给定的"条件"为 True 时，执行循环体，为 False 时不执行循环体。因此 While 循环又称当型循环。

2）执行过程

（1）执行 While 语句，判断条件是否成立。

（2）如果条件成立，就执行循环体；否则，转到步骤（4）执行。

（3）执行 Wend 语句，转到步骤（1）执行。

（4）执行 Wend 语句下面的语句。

3）While 循环的几点说明

（1）While 循环语句本身不能修改循环条件，所以必须在 While…Wend 语句的循环体内设置相应语句，使得整个循环趋于结束，以避免死循环。

（2）While 循环语句先对条件进行判断，然后才决定是否执行循环体。如果开始条件就不成立，则循环体一次也不执行。

（3）凡是用 For...Next 循环编写的程序，都可以用 While...Wend 语句实现；反之，则不能。

（4）While...Wend 结构主要是为了兼容 QBasic 和 QuickBASIC 而提供的。由于 VBA 中已有 Do...Loop 循环结构，所有尽量不要使用 While...Wend 循环。

【例 8-21】While...Wend 语句示例。

```
x=1
While x<4
    Debug.Print x,
    x=x+1
Wend
```

该程序段的执行结果：

```
1  2  3
```

8.4.4 其他语句——标号和 GoTo 语句

GoTo 语句用于实现无条件转移。使用格式为：

```
GoTo 标号
```

程序运行到此结构，会无条件转移到其后的"标号"位置，并从那里继续执行。GoTo 语句使用时，"标号"位置必须首先在程序中定义好，否则转移无法实现。

【例 8-22】GoTo 语句示例。

```
s=0
For i=1 To 100
    s=s+i
    If s>=500 Then GoTo Mline
Next i
Mline:Debug.Print s
```

在立即窗口中显示结果为：

```
528
```

8.5 面向对象程序设计的基本概念

VBA 程序设计是一种面向对象的程序设计。面向对象程序设计是一种系统化的程序设计方法，它基于面向对象模型，采用面向对象的程序设计语言编程实现。

在 VBA 编程中，首先必须理解对象、属性、方法和事件。

8.5.1 对象

对象：对于任何可操作实体，如数据表，窗体、查询、报表、宏、文本框、列表框、对话框和命令按钮等都视为对象。

Access 根对象有 6 个，如表 8-3 所示。

表 8-3 Access 根对象及说明

对 象 名	说 明
Application	应用程序，即 Access 环境
DBEngine	数据库管理系统，表对象、查询对象、记录对象、字段对象等都是它的子对象
Debug	立即窗口对象，在调试阶段可用其 Print 方法在立即窗口显示输出信息
Forms	所有处于打开状态的窗体所构成的对象
Reports	所有处于打开状态的报表所构成的对象
Screen	屏幕对象

8.5.2 属性

属性：每个对象都有自己的固有特征。对象的特征通过数据来描述，这称为对象的"属性"。在程序代码中，通过赋值的方式来设置对象的属性，其格式为：

```
对象.属性=属性值
```

【例 8-23】使用属性示例。

```
Label1.Caption="教师基本情况"          '设置标签 Label1 的标题属性为"教师基本情况"
```

8.5.3 方法

方法：每个对象都有自己的若干方法，从而构成该对象的方法集。可以把方法理解为内部函数，用来完成某种特定的功能。对象方法的调用格式为：

```
[对象.] 方法 [参数名表]
```

说明：方括号内的内容是可选的。

【例 8-24】使用 Debug 对象的 Print 方法，输出表达式"2+3"的结果。

```
Debug.Print 2+3                        '输出 2+3 的结果
```

Access 提供一个重要的对象：DoCmd 对象。它的主要功能是通过调用包含在内部的方法实现 VBA 编程中对 Access 的操作。例如，利用 DoCmd 对象的 OpenForm 方法可以打开窗体"教师"，语句格式为：

```
DoCmd.OpenForm  "教师"
```

DoCmd 对象的方法大都需要参数，有些是必需的，有些是可选的，被忽略的参数默认值。例如，上述 OpenForm 方法有 4 个参数，见下面调用格式：

```
DoCmd.OpenForm formname [,view][,filtername][,wherecondition]
```

其中，只有 formname（窗体名称）参数是必须的。

DoCmd 对象还有很多方法，可以通过帮助文件查询使用。另外，对窗体、控件来说，还有 SetFocus（获得控制焦点）、Requery（更新数据）等方法。

8.5.4 事件

事件：对于对象而言，事件就是发生在该对象上的事情或消息。在 Access 系统中，不同的对象可以触发的事件不同。总体来说，Access 中的事件主要有键盘事件、鼠标事件、窗口事件、对象事件和操作事件等。

1）键盘事件

键盘事件是操作键盘所引发的事件，像"键按下"（KeyDown）、"键释放"（KeyUp）和"击键"

（KeyPress）等都属于键盘事件。

2）鼠标事件

鼠标事件即操作鼠标所引发的事件。鼠标事件的应用较广，特别是"单击"（Click）事件。除"单击"事件外，鼠标事件还有"双击"（DblClick）、"鼠标移动"（MouseMove）、"鼠标按下"（MouseDown）和"鼠标释放"（MouseUp）等。

【例 8-25】鼠标单击 Command1 命令按钮时，使标签 label0 的字体颜色变为红色。

```
'鼠标的单击事件
Private Sub Command1_Click()
    label0.ForeColor=255                    '标签 label0 的字体颜色设置为红色
End Sub
```

3）窗口事件

窗口事件是指操作窗口时所引发的事件。常用的窗体窗口事件有打开事件（Open）、加载事件（Load）、调整大小（Resize）、激活事件（Activate）、成为当前事件（Current）、卸载事件（Unload）、停用事件（Deactivate）和关闭事件（Close）。其中在窗体已打开，但第一条记录尚未显示时，Open 事件发生。对于报表，事件发生在报表被预览或被打印之前。窗体打开并显示其中记录时，Load 事件发生。Open 事件发生在 Load 事件之前，在窗体打开并显示其记录时触发该事件。首次打开窗体时，下列事件将按如下顺序发生：Open→Load→Resize→Activate→Current。Close 事件发生在 Unload 事件之后，在窗体关闭之后但在从屏幕上删除之前触发该事件。关闭窗体时，事件按照以下顺序发生：Unload→Deactivate→Close。

【例 8-26】窗体加载时，窗体的标题设置为当前的系统日期。

```
Private Sub Form_Load()
    Me.Caption=Date()                       '窗体加载时，窗体的标题设置为当前的系统日期
End Sub
```

4）对象事件

对象事件主要是指对象进行操作时所引发的事件。常用的对象事件有"获得焦点"（GetFocus）、"失去焦点"（LostFocus）、"更新前"（BeforeUpdate）、"更新后"（AfterUpdate）和"更改"（Change）等。

5）操作事件

操作事件是指与操作数据有关的事件。常用的操作事件有"删除"（Delete）、"插入前"（BeforeInsert）、"插入后"（AfterInsert）、"成为当前"（Current）、"不在列表中"（NotInList）、"确认删除前"（BeforeDelConfirm）和"确认删除后"（AfterDelConfirm）等。

8.6 VBA 模块的创建

模块将数据库中的 VBA 过程和函数放在一起，作为一个整体来保存。利用 VBA 模块可以开发十分复杂的应用程序。

过程是用 VBA 语言的声明和语句组成的单元，作为一个命名单位的程序段，它可以包含一系列执行操作或计算值的语句和方法。一般使用的过程有两种类型：Sub（子程序）过程和 Function（函数）过程。

8.6.1　VBA 标准模块

1. 创建模块

操作步骤如下：

（1）在数据库窗口中，单击"创建"选项卡→"宏与代码"选项组→"模块"按钮，在 VBE 编辑器中创建一个空白模块。

（2）在模块代码窗口中输入模块程序代码。

2. 确定数据访问模型

Access 支持两种数据访问模型：传统的数据库访问对象 DAO 和 ActiveX 数据对象 ADO。DAO 的目标是使数据库引擎能够快速和简单地开发。ADO 使用了一种通用程序设计模型来访问一般数据，而不是基于某一种数据引擎，它需要 OLEDB 提供对低层数据源的链接。OLEDB 技术最终将取代以前的 ODBC，就像 ADO 取代 DAO 一样。

ADOX 对象集是在 ADO 基础上的扩展，这种扩展包括对象的创建、修改和删除等方面的内容。ADOX 还包括有关安全的对象，它可以管理数据库中的用户（Users）和组（Groups）及其权限。

设置数据访问模型的操作步骤如下：

（1）在数据库窗口中，单击"创建"选项卡→"宏与代码"选项组→"模块"按钮，则在 VBE 编辑器中创建一个空白模块。

（2）单击"工具"选项组→"引用"按钮，弹出"引用"对话框，在"可使用的引用"列表框中，选择需要的引用，如果在模块中需要定义 DataBase 等类型对象，则应该选择"MicrosoftDAO 3.6 Object Library"，并单击"确定"按钮，如图 8-23 所示。

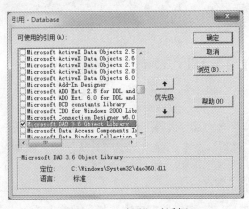

图 8-23　"引用"对话框

3. 模块的调用

模块的调用是对其中过程的使用。创建模块后，就可以在数据库中使用该模块中的过程。模块的调用有以下两种方式：

（1）直接调用。对于所建立的模块对象，可以直接通过模块名进行调用。

（2）事件过程调用。事件过程的调用是将过程与发生在对象（如窗体或控件）上的事件联系起来，当事件发生后，相应的过程即被执行。

8.6.2　Sub 子过程的创建和调用

1．子过程的定义

Sub 过程是执行一系列操作的过程，在执行完成后不返回任何值，是能执行特定功能的语句块。Sub 过程可以被置于标准模块和类模块中。

声明 Sub 过程的语法形式如下：

```
[Public|Private][Static] Sub 子程序名([< 参数>][As 数据类型]])
    [<一组语句>]
    [Exit Sub]
    [<一组语句>]
End Sub
```

说明：尖括号"<>"中为必有内容，方括号"[]"中为可选内容，竖线"|"两边的内容任选其一。

使用 Public 关键字表示在程序的任何地方都可以调用这些过程；用 Private 关键字可以使该子程序只适用于同一模块中的其他过程；使用 Static 关键字时，只要含有这个过程的模块是打开的，则所有在这个过程中的变量值都将被保留。若不使用以上关键字，默认为 Public。其中，<参数>表示调用过程所接受的参数；Exit Sub 语句的功能是跳出过程。

【例 8-27】定义一个过程 swap，该过程的功能为将给定的两个参数 x 和 y 互换。

```
Public Sub swap(x As Integer,y As Integer)
    Dim z As Integer
    z=x
    x=y
    y=z
End Sub
```

2．子过程的创建

下面以创建子过程 swap 为例介绍子过程的创建。

操作步骤如下：

（1）打开数据库。

（2）单击"创建"选项卡→"宏与代码"选项组→"模块"按钮。

（3）单击"插入"→"过程"命令，弹出图 8-24 所示的"添加过程"对话框，并按照对话框输入相应信息。

（4）单击"确定"按钮。

（5）此时在弹出的 Visual Basic 编辑器窗口中添加了一个名为 swap 的过程，并在该过程中输入图 8-25 所示的代码。

图 8-24　"添加过程"对话框

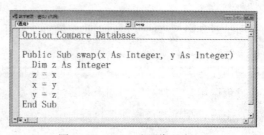

图 8-25　swap 过程代码窗口

（6）单击工具栏上的"保存"按钮，保存模块。

3．子过程的调用

子过程调用的语法形式如下：

子过程名 [参数列表]

或

Call 子过程名(参数列表)

说明：

（1）参数列表称为实参或实元，它必须与形参保持个数相同，位置与类型一一对应。

（2）调用时把实参值传递给对应的形参。其中值传递（形参前有 ByVal 说明）时实参的值不随形参的值变化而改变，而地址传递时实参的值随形参值的改变而改变。

（3）当参数是数组时，形参与实参在参数声明时应省略其维数，但括号不能省。

（4）调用子过程的形式有两种，用 Call 关键字时，实参必须用圆括号括起；反之则实参之间用","分隔。

【例 8-28】调用上面定义的 swap 子过程。

操作过程如下：

（1）添加过程 Data_In_Out，实现数据的输入/输出，如图 8-26 所示。

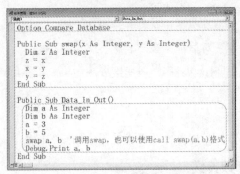

图 8-26　Data_In_Out 过程代码窗口

（2）单击工具栏上的"保存"按钮，保存模块。

（3）将光标位于 Data_In_Out 过程的任何位置，单击工具栏上的"运行子过程/用户窗体"按钮，在"立即窗口"窗口中显示排序结果，如图 8-27 所示。

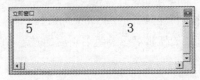

图 8-27　Data_In_Out 过程运行结果

8.6.3　Function 函数过程的创建和调用

1．Function 函数过程的定义

Function 过程又称函数，也是能执行特定功能的语句块。函数也是一种过程。VBA 中提供了大量的内置函数，编程时可以直接引用。但有时需要按自己的要求定义函数，不过它是一种特殊

的、能够返回值的 Function 过程。有没有返回值，是 Sub 过程和 Function 过程之间最大的区别。

声明函数的语法形式如下：

```
[Public | Private] [Static] Function 函数名([<参数>[As 数据类型]])[As 返回值数据类型]
    [<一组语句>]
    [函数名=<表达式>]
    [Exit Function]
    [<一组语句>]
    [函数名=<表达式>]
End Function
```

说明：使用 Public、Private 和 Static 关键字的意义与 Sub 过程相同。

可以在函数名末尾使用一个类型声明字符或使用 As 子句来声明被这个函数返回的变量的数据类型。如果没有，则 VBA 将自动赋给该变量一个最合适的数据类型。

【例 8-29】自定义一个函数 A，功能为求圆面积。

```
Public Function A(R As Single) As Single
    A=3.14*R^2                  '求半径为 R 的圆的面积 A
End Function
```

这样，一个面积函数就完成了。

2．函数过程的创建

在工程资源管理器窗口双击某个模块名打开该模块，然后单击"插入"→"过程"命令，弹出图 8-24 所示的"添加过程"对话框，在"名称"文本框中输入名称，在"类型"选项组中选择"函数"，单击"确定"按钮。VBE 代码窗口中即添加了一个新的函数过程，输入相应代码后保存模块。

3．函数过程的调用

调用 Function 函数非常方便。如果要计算半径为 5 的圆的面积，只要调用函数 A(5)。

8.6.4　过程调用中的参数传递

1．形式参数与实际参数

形式参数是指在定义通用过程时，出现在 Sub 或 Function 语句中的变量名后面圆括号内的数，是用来接收传送给子过程的数据，形参表中的各个变量之间用逗号分隔。

实际参数是指在调用 Sub 或 Function 过程时，写入子过程名或函数名后括号内的参数，其作用是将它们的数据（数值或地址）传送给 Sub 或 Function 过程与其对应的形参变量。

实参可由常量、表达式、有效的变量名、数组名（后加左、右括号，如 A()）组成，实参表中各参数用逗号分隔。

2．参数传递

参数传递（虚实结合）指主调过程的实参（调用时已有确定值和内存地址的参数）传递给被调过程的形参，参数的传递有两种方式：按值传递、按地址传递。形参前加 ByVal 关键字的是按值传递，默认或加 ByRef 关键字的为按地址传递。

1）传址调用

传址的参数传递过程是：调用过程时，将实参的地址传给形参。因此如果在被调用过程和函数中修改了形参的值，则主调用过程或函数中的值也跟着变化。

【例 8-30】传址调用（ByRef）示例。

子过程 S1：

```
Private Sub S1(ByRef x As Integer)
    x=x+2
End Sub
```

主过程：

```
Private Sub Command1_Click()
    Dim J As Integer
    J=5
    Call S1(J)
    MsgBox J
End Sub
```

主过程执行后 J 的值变为 7。

2）传值调用

传值的参数传递过程是：主调用过程将实参的值复制后传给被调过程的形参，因此如果在被调用过程和函数中修改了形参的值，则主调用过程或函数中的值不会跟着变化。

【例 8-31】传值调用（ByVal）示例。

子过程 S2：

```
Private Sub S2(ByVal x As Integer)
    x=x+2
End Sub
```

主过程：

```
Private Sub Command2_Click()
    Dim J As Integer
    J=5
    Call S2(J)
    MsgBox J
End Sub
```

主过程执行后 J 的值仍然为 5。

8.7 VBA 常用操作

在 VBA 编程过程中会经常用到一些操作，如打开或关闭某个窗体和报表，给某个量输入一个值，根据需要显示一些提示信息等，可以使用 VBA 的输入框、消息框等来完成。

8.7.1 打开和关闭操作

1. 打开窗体操作

一个程序中往往包含多个窗体，可以用代码的形式关联这些窗体，从而形成完整的程序结构。命令格式为：

```
Docmd.OpenForm FormName,View,FilterName,WhereCondition,DataMode,WindowMode
```

部分参数含义如下：

● FormName：必须，Variant 型。字符串表达式，表示当前数据库中窗体的有效名称。

- View：可选，AcFormView。AcFormView 可以是下列 AcFormView 常量之一（见表 8-4）。

表 8-4　AcFormView 常量及说明

常　量	说　明
AcDesign	在"设计视图"中打开窗体
AcNormal	默认，在"窗体视图"中打开窗体
AcPreview	在"打印预览"视图中打开窗体

如果将该参数留空，将假定为默认常量（AcNormal）。

提示：语法中的可选参数可以留空，但是必须包含参数的逗号。如果位于末端的参数留空，则在指定的最后一个参数后面不必使用逗号。

【例 8-32】在"窗体视图"中打开"学生"窗体，并只显示"姓名"字段为"张丽"的记录。可以编辑显示的记录，也可以添加新记录。

```
DoCmd.OpenForm "学生", , ," 姓名 = '张丽'"
```

2. 打开报表操作

命令格式为：

```
Docmd.OpenReport ReportName,View,FilterName,WhereCondition,WindowMode
```

部分参数含义如下：

- ReportName：Variant 型，必须。字符串表达式，代表当前数据库中报表的有效名称。
- View：可选，AcView。该视图应用于指定报表。AcView 可以是下列 AcCurrentView 常量之一（见表 8-5）。

表 8-5　AcCurrentView 常量及说明

常　量	说　明
AcViewDesign	以"设计视图"方式显示
AcViewNormal	默认，立即打印报表
AcViewPreview	以"打印预览"方式显示

【例 8-33】以打印预览方式打开"学生"报表。

```
DoCmd.OpenReport "学生",acViewPreview
```

3. 关闭操作

命令格式为：

```
Docmd.Close ObjectType,ObjectName,Save
```

各参数含义如下：

- ObjectType：可选，AcObjectType 常量。AcObjectType 可以是下列 AcObjectType 常量之一（见表 8-6）。

表 8-6　ObjectType 常量及说明

常　量	说　明
AcDefault	默认值
AcTable	表
AcQuery	查询

续表

常　量	说　明
AcReport	报表
AcMacro	宏
AcModule	模块

- ObjectName：可选，Variant 型。字符串表达式，ObjectType 参数所选类型的对象的有效名称。
- Save：可选，AcCloseSave 常量。AcCloseSave 可以是下列 AcCloseSave 常量之一（见表 8-7）。

表 8-7　AcCloseSave 常量及说明

常　量	说　明
AcSaveNo	不保存
AcSavePrompt	默认值。如果正在关闭 Visual Basic 模块，该值将被忽略。模块将关闭，但不会保存对模块的更改
AcSaveYes	保存

如果将该参数留空，将采用默认常量（acSavePrompt）。

说明：有关该操作及其参数如何使用的详细信息，请参阅该操作的主题。

如果将 ObjectType 和 ObjectName 参数留空（默认常量 acDefault 用作 ObjectType 值），则 Microsoft Access 将关闭活动窗口。如果指定 Save 参数并将 ObjectType 和 ObjectName 参数留空，则必须包含 ObjectType 和 ObjectName 参数的逗号。

【例 8-34】使用 Close 方法关闭"学生"窗体，在不进行提示的情况下，保存所有对窗体的更改。

```
DoCmd.Close acForm, "学生", acSaveYes
```

8.7.2　输入框函数

在输入框函数（InputBox）对话框中显示提示，等待用户输入文本或单击按钮，并返回字符串，其中包含文本框的内容。InputBox( )函数示例如图 8-28 所示。

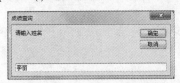

图 8-28　输入框函数示例

语法：

```
InputBox(prompt[,title] [,default] [,xpos] [,ypos] [,helpfile,context])
```

InputBox 语法具有命名参数，如表 8-8 所示。

表 8-8　InputBox 语法命名参数

部　分	说　明
prompt	必选。作为消息在对话框中显示的字符串表达式。prompt 的最大长度大约为 1 024 个字符，这取决于使用的字符的宽度。如果 prompt 包含多行，则可以在行间使用回车符（Chr（13））、换行符（Chr（10））或回车-换行符组合（Chr（13）&Chr（10））来分隔行

部　分	说　明
title	可选。在对话框的标题栏中显示的字符串表达式。如果忽略 title，应用程序名称会放在标题栏中
default	可选。在没有提供其他输入的情况下作为默认响应显示在文本框中的字符串表达式。如果忽略 default，则文本框显示为空
xpos	可选。指定对话框左边缘距屏幕左边缘的水平距离的数值表达式，以缇为单位。如果忽略 xpos，则对话框水平居中
ypos	可选。指定对话框上边缘距屏幕顶部的垂直距离的数值表达式，以缇为单位。如果忽略 ypos，对话框会垂直放置在距屏幕上端大约 1/3 的位置
helpfile	可选。字符串表达式，标识用于为对话框提供上下文相关帮助的帮助文件。如果提供了 helpfile，还必须提供 context
context	可选。数值表达式，帮助作者为适当的帮助主题指定的帮助上下文编号。如果提供了 context，还必须提供 helpfile

说明：当同时提供 helpfile 和 context 时，可以按【F1】键（Windows）或【Help】键（Macintosh）来查看与 context 对应的帮助主题。一些宿主应用程序（如 Microsoft Excel）还会自动将"帮助"按钮添加到对话框上。如果单击"确定"按钮或按【Enter】键，InputBox()函数会返回文本框中的任何内容。如果单击"取消"按钮，该函数会返回长度为零的字符串（""）。

提示：若要指定除第一个命名参数外的其他参数，必须在表达式中使用 InputBox。若要忽略一些定位参数，必须包括相应的逗号分隔符。

【例 8-35】在窗体中有一个名为 Command1 的命令按钮，Click 事件的代码如下。该事件所完成的功能是：某次大赛有 7 个评委同时为一位选手打分，去掉一个最高分和一个最低分，其余 5 个分数的平均值为该名参赛者的最后得分。

```
Sub Command1_Click()
    Dim mark!, aver!,i%,max1!,min1!
    aver=0
    For i=1 To 7
        mark=InputBox(" 请输入第" & i & " 位评委的打分")
        If i=1 Then
            max1=mark
            min1=mark
        Else
            If mark<min1 Then
                min1=mark
            ElseIf mark>max1 Then
                max1=mark
            End If
        End If
        aver=aver+mark
    Next i
    aver=(aver-max1-min1)/5
    MsgBox aver
End Sub
```

8.7.3 消息框

在消息框（MsgBox）对话框中显示消息，并等待用户单击按钮，然后返回一个 Integer 值，该值指示用户单击了哪个按钮。

语法：

```
MsgBox(prompt[,buttons] [,title] [,helpfile,context])
```

MsgBox 语法具有命名参数，如表 8-9 所示。

表 8-9 MsgBox 语法命名参数

部　　分	说　　明
prompt	必选。这是在对话框中作为消息显示的字符串表达式。prompt 的最大长度大约为 1 024 个字符，这取决于所使用的字符的宽度。如果 prompt 包含多行，则可在行与行之间使用回车符（Chr（13））、换行符（Chr（10））或回车符换行符组合（Chr（13）& Chr（10））来分隔这些行
buttons	可选。数值表达式，它是用于指定要显示的按钮数和类型、要使用的图标样式、默认按钮的标识，以及消息框的形态等各项值的总和。如果省略，则 buttons 的默认值为 0
title	可选。在对话框的标题栏中显示的字符串表达式。如果省略 title，将把应用程序名放在标题栏中
helpfile	可选。这是标识帮助文件的字符串表达式，帮助文件用于提供对话框的上下文相关帮助。如果提供了 helpfile，还必须提供 context
context	可选。表示帮助的上下文编号的数值表达式，此数字由帮助的作者分配给适当的帮助主题。如果提供了 context，还必须提供 helpfile

buttons 参数的设置如表 8-10 所示。

表 8-10 buttons 参数的设置

	常　　量	值	说　　明
第一组	vbOKOnly	0	只显示"确定"按钮
	vbOKCancel	1	显示"确定"和"取消"按钮
	vbAbortRetryIgnore	2	显示"终止""重试"和"忽略"按钮
	vbYesNoCancel	3	显示"是""否"和"取消"按钮
	vbYesNo	4	显示"是"和"否"按钮
	vbRetryCancel	5	显示"重试"和"取消"按钮
第二组	vbCritical	16	显示重要消息图标
	vbQuestion	32	显示警告询问图标
	vbExclamation	48	显示警告消息图标
	vbInformation	64	显示通知消息图标
第三组	vbDefaultButton1	0	第一个按钮为默认值
	vbDefaultButton2	256	第二个按钮为默认值
	vbDefaultButton3	512	第三个按钮为默认值
第四组	vbApplicationModal	0	应用程序模式；用户必须响应消息框后才能继续进行在当前应用程序中的工作
	vbSystemModal	4096	系统模式；所有应用程序都将挂起，直到用户响应了消息框
	vbMsgBoxHelpButton	16384	将"帮助"按钮添加到消息框

第一组值（0～5）描述了在对话框中显示的按钮数目和类型；第二组（16、32、48、64）描述了图标样式；第三组（0、256、512）决定哪个按钮为默认按钮。第四组（0、4096）决定消息框的模式。将这些数字相加以生成buttons参数的最终值时，只能使用每个组中的一个值。例如，语句"MsgBox "AAAA",1+32,"BBBB""和语句"MsgBox "AAAA",33,"BBBB""以及语句"MsgBox "AAAA",vbOKCancel+vbQuestion,"BBBB""是等效的。

消息框的使用一般有两种形式：子过程调用形式和函数过程调用形式。当以函数调用时会有返回值，MsgBox()函数的返回值表示单击操作所对应的按钮，如表8-11所示。

表8-11　MsgBox()函数返回值的含义

值	常　　量	单击操作所对应的按钮	值	常　　量	单击操作所对应的按钮
1	vbOK	确定	5	vbIgnore	忽略
2	vbCancel	取消	6	vbYes	是
3	vbAbort	终止	7	vbNo	否
4	vbRetry	重试			

【例8-36】MsgBox子过程使用示例。

在"立即窗口"窗口中输入语句：

```
MsgBox " 这里是提示信息",vbYesNoCancel+vbCritical, " 这里是标题信息"
```

按【Enter】键后将弹出图8-29所示的消息框。

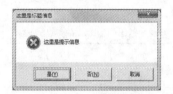

图8-29　MsgBox消息框外观样式

【例8-37】MsgBox()函数过程使用示例。

在"教学管理数据库中，创建一个窗体，命名为"MsgBox使用示例"。窗体上的控件如表8-12所示，窗体界面如图8-30所示。单击窗体上的"测试"按钮，实现的功能是：打开图8-31所示的对话框，如果单击"是（Y）"按钮，弹出"您单击了Yes按钮"消息，如果单击"否（N）"按钮，弹出"您单击了No按钮"消息。

表8-12　窗体上的控件

控 件 类 型	控 件 名 称	控 件 标 题
标签	lbl1	MsgBox使用示例
命令按钮	cmd1	测试

图8-30　"MsgBox使用示例"窗体

图8-31　单击"测试"按钮效果

操作步骤如下：

（1）创建一个窗体，在窗体上创建 1 个标签和 1 个命令按钮（不用控件向导）。

（2）修改控件的名称和标题，如表 8-12 所示。

（3）修改窗体的属性，使其不显示记录选择器、导航按钮、分隔线和滚动条，并设置窗体的标题为 "MsgBox 使用示例"。

（4）在 cmd1 命令按钮 "属性表" 窗格中，选择 "事件" 选项卡中的 "单击" 事件，单击右侧的按钮，在弹出的 "选择生成器" 对话框中选择 "代码生成器"，进入 VBE 编程窗口。

（5）在代码窗口中，自动显示 cmd1 的 Click 事件的第一句代码 Private Sub cmd1_Click() 和最后一句代码 End Sub。在这两句之间，输入代码如下：

```
Dim Msg,Style,Title,Response

Msg="DO you want to continue ?"
Style=vbYesNo+vbCritical+vbDefaultButton2
Title="MsgBox 演示"

Response=MsgBox(Msg,Style,Title)
If Response=vbYes Then
    MsgBox " 您单击了 Yes 按钮"
Else
    MsgBox " 您单击了 No 按钮"
End If
```

（6）在代码窗口中，单击左上角的 "视图 Microsoft Office Access" 按钮，切换到数据库窗口。

（7）切换至窗体视图，单击窗体上的命令按钮，查看运行结果。

（8）保存窗体，命名为 "MsgBox 使用示例"。

8.7.4　VBA 编程验证数据

使用窗体，每当保存记录数据时，所做的更改便会保存到数据源表中。在控件中的数据被改变之前或记录数据被更新之前会发生 BeforeUpdate 事件。通过创建窗体或控件的 BeforeUpdate 事件过程，可以实现对输入到窗体控件中的数据进行各种验证。例如，数据类型验证、数据范围验证等。

【例 8-38】对窗体上文本框控件 txtScore 中输入学生分数数据进行验证。要求：该文本框中只接受大于等于 0 且小于等于 100 的数值数据，若输入超出范围则给出提示信息。

提示：本例窗体请读者自行创建。

该文本控件的 BeforeUpdate 事件过程代码如下：

```
Private Sub txtScore_BeforeUpdate(Cancel As Integer)
    If Me!txtScore="" Or IsNull(Me!txtScore) Then
        '数据为空时的验证
        MsgBox "成绩不能为空! ",vbCritical," 警告"
        Cancel=True                     '取消 BeforeUpdate 事件
    ElseIf IsNumeric(Me!txtScore)=False Then
        '非数值型数据输入的验证
        MsgBox "成绩必须输入数值数据! ", vbCritical, "警告"
        Cancel=True                     '取消 BeforeUpdate 事件
    ElseIf Me!txtScore<0 and Me!txtScore>100 Then
```

```
            '非法范围数据的验证
       MsgBox "分数为 0 ～ 100 范围数据！ ",vbCritical,"警告"
       Cancel=True                    '取消 BeforeUpdate 事件
    Else
       MsgBox " 数据验证OK ！ ",vbInformation,"通告"
    End If
End Sub
```

说明：控件的 BeforeUpdate 事件过程是有参过程。通过设置其参数 Cancel，可以确定 BeforeUpdate 事件是否会发生。将 Cancel 参数设置为 True，将取消 BeforeUpdate 事件。

此外，在进行控件输入数据验证时，VBA 提供了一些相关函数来帮助进行验证。例如，上面过程代码中用到 IsNumeric()函数来判断输入数据是否为数值。下面将常用的一些验证函数列举出来，如表 8-13 所示。

表 8-13 VBA 常用验证函数

函 数 名 称	返 回 值	说 明
IsNumeric	Boolean 值	指出表达式的运算结果是否为数值。返回 True，为数值
IsDate	Boolean 值	指出一个表达式是否可以转换成日期。返回 True，可转换
IsEmpty	Boolean 值	指出变量是否已经初始化。返回 True，未初始化
IsError	Boolean 值	指出表达式是否为一个错误值。返回 True，有错误
IsArray	Boolean 值	指出变量是否为一个数组。返回 True，为数组
IsNull	Boolean 值	指出表达式是否为无效数据（Null）。返回 True，为无效数据
IsObject	Boolean 值	指出标识符是否表示对象变量。返回 True，为对象

8.7.5　计时事件 Timer

VBA 中提供 Timer 时间控件可以实现"计时"功能。但 VBA 并没有直接提供 Timer 时间控件，而是通过设置窗体的"计时器间隔（TimerInterval）"属性与添加"计时器触发（Timer）"事件来完成类似的"计时"功能。

其处理过程是：Timer 事件每隔 TimerInterval 时间间隔就会被激发一次，并运行 Timer 事件过程来响应。这样不断重复，即实现"计时"处理功能。"计时器间隔"属性值是以毫秒（ms）为计量单位，1 s 等于 1000 ms。

【例 8-39】在窗体上有一个文本框控件，名称为 Text1。同时，窗体加载时设置其计时器间隔为 1 s，计时器触发事件过程则实现在 Text1 文本框中动态显示当前日期和时间。

注意：本例窗体请读者自行创建。

程序代码如下：

```
Private Sub Form_Load()
    Me.TimerInterval=1000
End Sub
Private Sub Form_Timer()
    Me!Text1=Now()
End Sub
```

在利用窗体的 Timer 事件进行动画效果设计时，只须将相应代码添加进 Form_Timer()事件模板中即可。

此外,"计时器间隔"属性值（如 Me.TimerInterval=1000）也可以安排在代码中进行动态设置,而且可以通过设置"计时器间隔"属性值为零（Me.TimerInterval=0）来终止 Timer 事件继续发生。

8.8　VBA 的数据库编程技术

前面介绍的是 Access 数据库对象处理数据的方法和形式,要开发出更具有实际应用价值的 Access 数据库应用程序,还应当了解和掌握 VBA 的数据库编程方法。

8.8.1　数据库引擎及其接口

VBA 通过 Microsoftet 数据库引擎工具来支持对数据库的访问。所谓数据库引擎,实际上是一组动态链接库（DLL）,当程序运行时被链接到 VBA 程序而实现对数据库的数据访问功能。数据库引擎是应用程序与物理数据之间的桥梁,它以一种通用接口的方式,使各种类型的物理数据库对用户而言都具有统一的形式和相同的数据访问与处理方法。

在 Microsoft Office VBA 中主要提供了 3 种数据库访问接口:开放数据库互连应用编程接口（Open DataBase Connectivity API, ODBC API）、数据访问对象（Data Access Object, DAO）和 ActiveX 数据对象（ActiveX Data Objects, ADO）。

（1）开放数据库互连应用编程接口（ODBC API）。目前 Windows 提供的 32 位 ODBC 驱动程序对每一种客户机/服务器 RDBMS、最流行的索引顺序访问方法（ISAM）数据库（Jet、dBase 和 FoxPro）、扩展表（Excel）和划界文本文件都可以操作。在 Access 应用中,直接使用 ODBC API 需要大量 VBA 函数原型声明（Declare）和一些烦琐、低级的编程,因此,在实际编程中很少直接进行 ODBC API 的访问。

（2）数据访问对象（DAO）。DAO 提供了一个访问数据库的对象模型。利用其中定义的一系列数据访问对象,如 DataBase、Querydef、Recordset 等对象,实现对数据库的各种操作。这是 Office 早期版本提供的编程模型,用来支持 Microsoft Jet 数据库引擎,并允许开发者通过 ODBC 直接连接到 Access 数据。DAO 最适合单系统应用程序或在小范围本地分布使用,其内部已经对 Jet 数据库的访问进行了加速优化,而且使用起来也比较方便。所以,如果数据库是 Access 数据库,而且是本地使用,可以使用这种访问方式。

（3）Active 数据对象（ADO）。ADO 是基于组件的数据库编程接口,是一个和编程语言无关的 COM 组件系统。使用它可以方便地连接任何符合 ODBC 标准的数据库。

8.8.2　VBA 访问的数据库类型

VBA 通过数据库引擎可以访问的数据库有以下 3 种类型:

（1）本地数据库:即 Access 数据库。

（2）外部数据库:指所有的索引顺序访问方法（ISAM）数据库,如 dBase、FoxPro。

（3）ODBC 数据库:符合开放数据库连接（ODBC）标准的 C/S 数据库,如 Microsoft SQLServer、Oracle 等。

8.8.3　数据访问对象

数据访问对象（DAO）包含了很多对象和集合,通过 Jet 数据库来连接 Access 数据库和其他

ODBC 数据库。利用 DAO 可以完成对数据库的创建、修改、删除和对记录的定位、查询等。

通过 DAO 编程实现数据库的访问时，首先要创建对象变量，然后通过对象方法和属性进行操作。下面给出数据库操作的一般语句和步骤：

```
'定义对象变量
Dim ws As Workspace
Dim db As Database
Dim rs RecordSet
'通过 Set 语句设置各个对象变量的值
Set ws=DBEngine.Workspace(0)                     '打开默认工作区
Set db=ws.OpenDatabase(〈数据库文件名〉)             '打开数据库文件
Set rs=db.OpenRecordSet(〈表名、查询名或 SQL 语句〉)   '打开数据记录集
Do While Not rs.EOF                              '利用循环结构遍历整个记录集直至末尾
…                                                '安排字段数据的各种操作
rs.MoveNext                                      '记录指针移至下一条
Loop
rs.close                                         '关闭记录集
db.close                                         '关闭数据库
Set rs=Nothing                                   '回收记录集对象变量的内存占有
Set db=Nothing                                   '回收数据库对象变量的内存占有
…
```

实际上，在 Access 的 VBA 中提供了一种 DAO 数据库打开的快捷方式，即 SetdbName=CurrentDB()，用以绕过模型层次开关的两层集合并打开当前数据库，但在 Office 其他套件(如 Word、Excel、PowerPoint 等) 的 VBA 及 Visual Basic 6.0 的代码中则不支持 CurrentDB()的用法。

【例 8-40】在"教学管理"数据库中，"学生"表包括"姓名"和"政治面貌"等字段，现分别统计团员、群众、预备党员和其他人员的数量。DAO 应用举例窗体如图 8-32 所示。

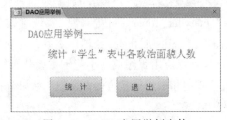

图 8-32　DAO 应用举例窗体

注意：本例窗体请读者自行创建。

其中"统计"按钮的单击事件代码如下：

```
Private Sub Command0_Click()
    Dim db As DAO.Database
    Dim rs As DAO.Recordset
    Dim zc As DAO.Field

    Dim Count1 As Integer,Count2 As Integer,Count3 As Integer,Count4 As Integer

    Set db=CurrentDb()
    Set rs=db.OpenRecordset("学生")
    Set zc=rs.Fields("政治面貌")
```

```
    Count1=0:Count2=0:Count3=0:Count4=0
    Do While Not rs.Eof
        Select Case zc
            Case Is="团员"
                Count1=Count1+1
            Case Is="群众"
                Count2=Count2+1
            Case Is="预备党员"
                Count3=Count3+1
            Case Else
                Count4=Count4+1
        End Select
        rs.MoveNext
    Loop
    rs.Close
    Set rs=Nothing
    Set db=Nothing
    MsgBox "团员:" & Count1 & ", 群众:" & Count2 & ", 预备党员:" & Count3&", 其
他:" & Count4
End Sub
```

单击"统计"按钮后，效果如图 8-33 所示。

图 8-33　统计结果

8.8.4　ActiveX 数据对象

ActiveX 数据对象（ADO）是基于组件的数据库编程接口，它是一个和编程语言无关的 COM 组件系统，可以对来自多种数据提供者的数据进行读取和写入操作。

通过 ADO 编程实现数据库访问时，首先要创建对象变量，然后通过对象方法和属性进行操作。下面给出数据库操作一般语句和步骤。

程序段 1：在 Connection 对象上打开 RecordSet。

```
...
'创建对象引用
Dim cn As ADODB.Connection              '创建一个连接对象
Dim rs As ADODB.RecordSet               '创建一个记录集对象

cn.Open〈连接串等参数〉                    '打开一个连接
rs.Open〈查询串等参数〉                    '打开一个记录集

Do While Not rs.EOF                     '利用循环结构遍历整个记录集直至末尾
...                                     '安排字段数据的各种操作
rs.MoveNext                             '记录指针移至下一条
```

```
Loop
rs.close                            '关闭记录集
cn.close                            '关闭连接
Set rs=Nothing                      '回收记录集对象变量的内存占有
Set cn=Nothing                      '回收连接对象变量的内存占有
...
```

程序段 2：在 Command 对象上打开 RecordSet。

```
...
'创建对象引用
Dim cm As new ADODB.Command         '创建一命令对象
Dim rs As new ADODB.RecordSet       '创建一记录集对象

'设置命令对象的活动连接、类型及查询等属性
With cm
    .ActiveConnection=〈连接串〉
    .CommandType=〈命令类型参数〉
    .CommandText=〈查询命令串〉
End With
Rs.Open cm,〈其他参数〉               '设定 rs 的 ActiveConnection 属性
Do While Not rs.EOF                 '利用循环结构遍历整个记录集直至末尾
    ...                             '安排字段数据的各类操作
    rs.MoveNext                     '记录指针移至下一条
Loop
rs.close                            '关闭记录集
Set rs=Nothing                      '回收记录集对象变量的内存占有
```

　　Access 的 VBA 中为 ADO 提供了类似 DAO 的数据库打开快捷方式，即 CurrentProject.Connection，它指向一个默认的 ADODB.Connection 对象，该对象与当前数据库的 Jet OLE DB 服务提供者一起工作。不像 CurrentDB() 是可选的，用户必须使用 CurrentProject.Connection 作为当前打开数据库的 ADODB.Connection 对象。如果试图为当前数据库打开一个新的 ADODB.Connection 对象，会收到一个运行时错误，指明该数据库已被锁定。

　　【例 8-41】在"教学管理"数据库中，表"院系"存储院系的基本信息，包括院系编号、院系名称、院长姓名、院办电话和院系网址。下面程序的功能是：通过图 8-34 所示的窗体向"院系"表中添加院系记录，对应"院系编号""院系名称""院长姓名""院办电话"和"院系网址"的 5 个文本框的名称分别为 tNo、tDep、tName、tTel 和 tWeb。单击窗体中的"添加"按钮（名称为 command1）时，首先判断院系编号是否重复，如果不重复则向"院系"表中添加新院系记录；如果院系编号重复，则给出提示信息。

图 8-34　添加院系窗体

```
Private Sub Form_Load()
'打开窗口时，连接 Access 数据库
    Set ADOcn=CurrentProject.Connection
End Sub



Dim ADOcn As New ADODB.Connection



Private Sub Command1_Click()
    '增加院系记录
    Dim strSQL As String
    Dim ADOrs As New ADODB.Recordset
    Set ADOrs.ActiveConnection=ADOcn
    ADOrs.Open "select 院系编号 From 院系 Where 院系编号='"+tNo+"'"
    If Not ADOrs.EOF Then '如果该院系记录已经存在，则显示提示信息
        MsgBox "你输入的院系已存在，不能增加！ "
    Else
        '增加新院系的记录
        strSQL="Insert Into 院系(院系编号,院系名称,院长姓名,院办电话,院系网址)"
        strSQL=strSQL+"Values('"+tNo+"','"+tDept+"','"+tName+"','"+tTel+"',
        '"+tWeb+"')"
        ADOcn.Execute strSQL
        MsgBox "添加成功，请继续！"
    End If
    ADOrs.Close
    Set ADOrs=Nothing
End Sub
```

8.9　VBA 程序调试

编写程序时出错是不可避免的，在程序中查找并修改错误的过程称为调试。为了方便编程人员修改程序中的错误，几乎所有程序设计语言编辑器都提供了程序调试手段。

8.9.1　错误类型

程序中的错误主要有编译错误、运行错误和程序逻辑错误。

编译错误是程序编写过程中出现的，主要是由于使用语句错误引起的，如命令拼写错误、括号不匹配、变量未被声明和数据类型不匹配等。这类错误一般在编写程序时就会被 Access 检查出来，只须按照提示将有问题的地方修改正确即可。编译错误示例如图 8-35 所示。

运行错误是在程序运行过程中发生的，包括企图执行非法运算，例如分母为 0 或向不存在的文件中写入数据。运行错误示例如图 8-36 所示。

程序逻辑错误是程序的逻辑错误引起的，是运行结果与期望不符的问题，也是最难以处理的错误，需要对程序进行具体分析。只有通过反复设计不同的运行条件来测试程序的运行状况，才能逐步改正逻辑错误。

图 8-35　编译错误示例　　　　　　　　　　图 8-36　运行错误示例

8.9.2　调试错误

为了发现代码中的错误并及时改正，VBA 提供了调试工具。使用调试工具不仅能帮助用户处理错误，而且还可以观察无错代码的运行状况。

1．调试工具

在 VBE 窗口中，单击"视图"→"工具栏"→"调试"命令，打开"调试"工具栏，如图 8-37 所示。

图 8-37　"调试"工具栏

2．添加断点以挂起 Microsoft Visual Basic 代码的执行

（1）挂起 Microsoft Visual Basic 代码的执行时，代码仍在运行当中，只是在运行语句间暂停下来。当挂起代码时，可以进行调试工作，例如检查当前的变量值或单步运行每行代码。若要使 Microsoft Visual Basic 暂停代码，可以设置断点。

（2）在"Visual Basic 编辑器"中，将插入点移到一个非断点、非声明语句行。

（3）单击"调试"工具栏上的"切换断点"按钮。若要清除断点，可以将插入点移到设有断点的代码行，然后单击"调试"工具栏上的"切换断点"按钮。若要恢复运行代码，请单击"运行"→"运行子过程/用户窗体"命令。

3．单步执行 Visual Basic 代码

（1）挂起代码的执行。Microsoft Access 显示挂起执行时所处的代码行。

（2）请执行下列操作之一：

① 若要单步执行每一行代码，包括被调用过程中的代码，请单击"调试"工具栏上的"逐语句"按钮。

② 若要单步执行每一行代码，但将被调用的过程视为一个单元运行，请单击"调试"工具栏上的"逐过程"按钮。

③ 若要运行当前代码行之前的代码，然后中断，以便后面单步执行每一行代码，请单击"调试"→"运行到光标处"命令。

④ 若要运行当前过程中的剩余代码，然后返回调用过程中前一个过程的下一行代码，可单击"调试"工具栏上的"跳出"按钮。

（3）在以上这些单步执行的类型中，可根据要分析哪一部分的代码进行相应的选择。

4．调试 Visual Basic 代码的同时执行快速监视

（1）挂起 Visual Basic 代码的执行。

（2）选择要查看其值的表达式。

（3）单击"调试"工具栏上的"快速监视"按钮，Microsoft Access 将弹出"快速监视"对话框，从中可以查看表达式及表达式的当前值。单击对话框中的"添加"按钮，可以将表达式添加到"Visual Basic 编辑器"的"监视"窗口中的监视表达式列表中。

5．在调试 Visual Basic 代码时，跟踪 Visual Basic 的过程调用

调试代码期间，当挂起 Visual Basic 代码执行时，可以使用"调用"对话框查看一系列已经开始执行但还没有完成的过程。

（1）挂起 Visual Basic 代码的执行。

（2）单击"调试"工具栏上的"调用堆栈"按钮。

（3）Microsoft Access 将在列表的顶端显示最近调用的过程，接着是倒数第二个最近调用的过程，依此类推。若要在列表中显示调用下一个过程的语句，请单击"显示"按钮。

8.10 错 误 处 理

利用以上介绍的程序调试的方法，可以查出程序中的运行错误和逻辑错误，在程序出错时，VBA 按照所遇到的错误，停止程序执行并显示出相应的出错信息。除此之外，还可以在程序中加入专门用于错误处理的子程序，对可能出现的错误做出响应。当发生错误时，程序应能捕捉到这一错误，并知道如何处理。错误处理子程序由设置错误陷阱和处理错误两部分组成。

8.10.1 设置错误陷阱

设置错误陷阱是在代码中使用 On Error 语句，当运行错误发生时，将错误拦截下来。要实现错误捕捉，可使用 On Error 语句。其格式有如下 3 种：

（1）On Error Resume Next：从发生错误的语句的下一个语句处继续执行。

（2）On Error GoTo 语句标号：当错误发生时，直接跳转到语句标号位置所示的错误代码。

（3）On Error GoTo 0：当错误发生时，不使用错误处理程序块。

8.10.2 编写错误处理代码

错误处理代码是由程序设计者编写的，根据可预知的错误类型决定采取哪种措施。

【例 8-42】窗体中"报表输出"（名称为"bt1"）和"退出"（名称为"bt2"）按钮的功能是：单击"报表输出"按钮后，首先将"退出"按钮标题变为红色（255），然后以打印预览方式打开报表"rEmp"。考虑适当的错误处理。

注意： 本例窗体请读者自行创建。

"bt1"命令按钮的单击事件代码如下：

```
Private Sub bt1_Click()
    On Error GoTo ErrHanle              '设置错误陷阱

    bt2.ForeColor=255                   '设置窗体"退出"按钮标题为红色显示
```

```
    DoCmd.OpenReport "rEmp",acViewPreview        '预览方式输出报表 rEmp

    Exit Sub                                     '正常结束

    '错误处理
    ErrHanle:
    MsgBox Err.Description,vbCritical+vbOKOnly,"Error"
End Sub
```

习 题

一、选择题

1. 在 Access 数据库中，如果要处理具有复杂条件或循环结构的操作，则应该使用的对象是（   ）。

    A. 窗体　　　　　　B. 模块　　　　　　C. 宏　　　　　　D. 报表

2. 能被"对象所识别的动作"和"对象可执行的活动"分别称为对象的（   ）。

    A. 方法和事件　　　B. 事件和方法　　　C. 事件和属性　　　D. 过程和方法

3. 发生在控件接收焦点之前的事件是（   ）。

    A. Enter　　　　　　B. Exit　　　　　　C. GetFocus　　　　D. LostFocus

4. 在 VBA 中，如果没有显式声明或用符号来定义变量的数据类型，变量的默认数据类型为（   ）。

    A. Boolean　　　　　B. Int　　　　　　C. String　　　　　D. Variant

5. 下列数据类型中，不属于 VBA 的是（   ）。

    A. 长整型　　　　　B. 布尔型　　　　　C. 变体型　　　　　D. 指针型

6. 下列变量名中，合法的是（   ）。

    A. 4A　　　　　　　B. A?1　　　　　　C. ABC_1　　　　　D. private

7. VBA 中定义符号常量使用的关键字是（   ）。

    A. Const　　　　　　B. Dim　　　　　　C. Public　　　　　D. Static

8. 使用 Dim 语句定义数组时，在默认情况下数组下标的下限为（   ）。

    A. 0　　　　　　　　B. 1　　　　　　　C. 2　　　　　　　D. 3

9. 语句 Dim S(10) As Integer 的含义是（   ）。

    A. 定义了一个整型变量且初值为 10　　　B. 定义了 10 个整数构成的数组

    C. 定义了 11 个整数构成的数组　　　　　D. 将数组的第 10 个元素设置为整型

10. 定义了二维数组 A(2 To 5,5)，该数组的元素个数为（   ）。

    A. 20　　　　　　　B. 24　　　　　　　C. 25　　　　　　D. 36

11. 在模块的声明部分使用 "Option Base 1" 语句，然后定义二维数组 A(2 To 5,5)，则该数组的元素个数为（   ）。

    A. 20　　　　　　　B. 24　　　　　　　C. 25　　　　　　D. 36

12. VBA 程序的多条语句可以写在一行中，其分隔符必须使用（   ）符号。

    A. :　　　　　　　　B. '　　　　　　　C. ;　　　　　　　D. ,

13. VBA 程序中，可以实现代码注释功能的是（　　　）。

    A. 方括号（[ ]）   B. 冒号（:）   C. 双引号（"）   D. 单引号（'）

14. VBA 程序流程控制的方式有（　　　）。

    A. 顺序控制和分支控制   B. 顺序控制和循环控制

    C. 循环控制和分支控制   D. 顺序、分支和循环控制

15. 假定窗体的名称为 fmTest，则把窗体的标题设置为 "Access Test" 的语句是（　　　）。

    A. Me="Access Test"   B. Me.Caption="Access Test"

    C. Me.text="Access Test"   D. Me.Name="Access Test"

16. Access 的控件对象可以设置某个属性来控制对象是否可用（不可用时显示为灰色状态）。需要设置的属性是（　　　）。

    A. Default   B. Cancel   C. Enabled   D. Visible

17. 在窗口中有 1 个标签 Label0 和 1 个命令按钮 Command1，Command1 的事件代码如下：

```
Private Sub Command1_Click()
    Label0.Left=Label0.Left+100
End Sub
```

打开窗口，单击命令按钮，结果是（　　　）。

    A. 标签向左加宽   B. 标签向右加宽   C. 标签向左移动   D. 标签向右移动

18. 下列不是分支结构的语句是（　　　）。

    A. If...Then...End If   B. While...Wend

    C. If...Then...Else...End If   D. Select...Case...End Select

19. 下列不属于 VBA 函数的是（　　　）。

    A. Choose   B. If   C. IIf   D. Switch

20. 在窗体中添加 1 个 Command1 的命令按钮，然后编写如下事件代码：

```
Private Sub Command1_Click()
    A=75
    If A>60 Then I=1
    If A>70 Then I=2
    If A>80 Then I=3
    If A>90 Then I=4
    MsgBox I
End Sub
```

窗体打开运行后，单击命令按钮，则消息框的输出结果是（　　　）。

    A. 1   B. 2   C. 3   D. 4

21. 由 "For I=1 To 16 Step 3" 决定的循环结构被执行（　　　）。

    A. 4 次   B. 5 次   C. 6 次   D. 7 次

22. 由 "For i=1 To 9 Step ?3" 决定的循环结构，其循环体将被执行（　　　）。

    A. 0 次   B. 1 次   C. 4 次   D. 5 次

23. 运行下列程序段，结果是（　　　）。

```
For m=10 To 1 Step 0
    k=k+3
Next m
```

A. 形成死循环 B. 循环体不执行即结束循环

C. 出现语法错误 D. 循环体执行一次后结束循环

24. 若有以下窗体单击事件过程：

```
Private Sub Form_Click()
    result=1
    For i=1 To 6 Step 3
        result=result*i
    Next i
    MsgBox result
End Sub
```

打开窗体运行后，单击窗体，则消息框的输出内容是（   ）。

A. 1 B. 4 C. 15 D. 120

25. 在窗体中有 1 个命令按钮 Command1 和 1 个文本框 Text1，编写事件代码如下：

```
Private Sub Command1_Click()
    For i=1 To 4
        x=3
        For j=1 To 3
            For k=1 To 2
                x=x+3
            Next k
        Next j
    Next i
    Text1.Value=Str(x)
End Sub
```

打开窗体运行后，单击命令按钮，文本框 Text1 输出的结果是（   ）。

A. 6 B. 12 C. 18 D. 21

26. 在窗体中有 1 个命令按钮 Command1 和 1 个文本框 Text1，编写事件代码如下：

```
Private Sub Command1_Click()
    x=4
    For i=1 To 4
        For j=1 To 3
            For k=1 To 2
                x=x+3
            Next k
        Next j
    Next i
    Text1.Value=Str(x)
End Sub
```

打开窗体运行后，单击命令按钮，文本框 Text1 输出的结果是（   ）。

A. 6 B. 12 C. 21 D. 76

27. 在窗体上添加 1 个命令按钮（名为 Command1），然后编写如下事件过程：

```
Private Sub Command1_Click()
    For i=1 To 4
    x=4
        For j=1 To 3
            x=3
```

```
            For k=1 To 2
                x=x+6
            Next k
        Next j
    Next i
    MsgBox x
End Sub
```

打开窗体后，单击命令按钮，消息框的输出结果是（   ）。

    A. 7   B. 15   C. 157   D. 538

28. 以下程序段运行结束后，变量 x 的值为（   ）。

```
x=2
y=4
Do
    x=x*y
    y=y+1
Loop While y<4
```

    A. 2   B. 4   C. 8   D. 20

29. 下列 Case 语句中错误的是（   ）。

    A. Case 0 To 10   B. Case Is>10

    C. Case Is>10 And Is<50   D. Case 3,5,Is>10

30. 在 Access 中，如果变量定义在模块的过程内部，当程序代码执行时才可见，则这种变量的作用域为（   ）。

    A. 程序范围   B. 全局范围   C. 模块范围   D. 局部范围

31. Sub 过程与 Function 过程最根本的区别是（   ）。

    A. Sub 过程的过程名不能返回值，而 Function 过程能通过过程名返回值

    B. Sub 过程可以使用 Call 语句或直接使用过程名调用，而 Function 过程不可以

    C. 两种过程参数的传递方式不同

    D. Function 过程可以有参数，Sub 过程不可以有参数

32. 在过程定义中有语句：

```
Private Sub GetData(ByRef f As Integer)
```

其中 ByRef 的含义是（   ）。

    A. 传值调用   B. 传址调用   C. 形式参数   D. 实际参数

33. 在过程定义中有语句

```
Private Sub GetData(ByVal data As Integer)
```

其中 ByVal 的含义是（   ）。

    A. 传值调用   B. 传址调用   C. 形式参数   D. 实际参数

34. 若要在子过程 Proc1 调用后返回两个变量的结果，下列过程定义语句中有效的是（   ）。

    A. Sub Proc1(n,m)   B. Sub Proc1(ByVal n,m)

    C. Sub Proc1(n,ByVal m)   D. Sub Proc1(ByVal n,ByVal m)

35. 在 VBA 中要打开名为"学生信息录入"的窗体，应该使用的语句是（   ）。

    A. DoCmd.OpenForm "学生信息录入"

    B. DoOpenForm "学生信息录入"

    C. DoCmd.OpenWindows "学生信息录入"

    D. OpenWindows "学生信息录入"

36. InputBox()函数的返回值类型是（   ）。

    A. 数值   B. 字符串   C. 变体   D. 视输入的数据而定

37. 在 MsgBox(prompt,buttons,title,helpfile,context)函数调用形式中必须提供的参数是（   ）。

    A. prompt   B. buttons   C. title   D. context

38. 在 Access 中，DAO 的含义是（   ）。

    A. 开放数据库互连应用编程接口   B. 数据库访问对象

    C. Active 数据对象   D. 数据库动态链接库

39. 在 Access 中，ADO 的含义是（   ）。

    A. 开放数据库互连应用程序接口   B. 数据访问对象

    C. 动态链接库   D. ActiveX 数据对象

40. 在 VBA 中，能自动检查出来的错误是（   ）。

    A. 语法错误   B. 逻辑错误   C. 运行错误   D. 注释错误

41. 要显示当前过程中的所有变量及对象的取值，可以利用的调试窗口是（   ）。

    A. 监视窗口   B. 调用堆栈   C. 立即窗口   D. 本地窗口

42. 不属于 VBA 提供的程序运行错误处理的语句结构是（   ）。

    A. On Error Then 标号   B. On Error Goto 标号

    C. On Error Resume Next   D. On Error Goto 0

二、填空题

1. 执行下面的程序段后，a 的值为_____，b 的值为_____。

```
a=5
b=7
a=a+b
b=a-b
a=a-b
```

2. 在 VBA 编程中检测字符串长度的函数名是_____。

3. 在 VBA 中，没有显式声明或使用符号来定义的变量，其数据类型默认是_____。

4. 在窗体中使用 1 个文本框（名为 num1）接收输入值，还有 1 个命令按钮 run13，事件代码如下：

```
Private Sub run13_Click()
    If Me!num1>=60 Then
        result="及格"
    ElseIf Me!num1>=70 Then
        result="通过"
    ElseIf Me!num1>=80 Then
        result="合格"
    End If
    MsgBox result
End Sub
```

打开窗体后，若通过文本框输入的值为 85，单击命令按钮，输出结果是_____。

5. 在窗体中添加 1 个命令按钮，名称为 Command1，然后编写如下程序：

```
Private Sub Command1_Click()
    Dim s,i
    For i=1 To 10
        s=s+i
    Next i
    MsgBox s
End Sub
```

窗体打开运行后，单击命令按钮，则消息框的输出结果为_____。

6. 在窗体上添加 1 个命令按钮（名为 Command1），然后编写如下事件过程：

```
Private Sub Command1_Click()
    Dim b,k
    For k=1 To 6
        b=23+k
    Next k
    MsgBox b+k
End Sub
```

打开窗体后，单击命令按钮，消息框的输出结果是_____。

7. 在窗体中使用 1 个文本框（名为 x）接收输入值，还有 1 个命令按钮 test，事件代码如下：

```
Private Sub test_Click()
    y=0
    For i=0 To Me!x
        y=y+2*i+1
    Next i
    MsgBox y
End Sub
```

打开窗体后，若通过文本框输入值为 3，单击命令按钮，输出的结果是_____。

8. 下面 VBA 程序段运行时，内层循环的循环总次数是_____。

```
For m=0 To 7 Step 3
    For n=m-1 To m+1
    Next n
Next m
```

9. 在窗体上添加 1 个命令按钮（名为 Command1），然后编写如下程序：

```
Function m(x As Integer,y As Integer) As Integer
    m=IIf(x>y,x,y)
End Function
Private Sub Command1_Click()
    Dim a As Integer,b As Integer
    a=1
    b=2
    MsgBox m(a,b)
End Sub
```

打开窗体运行后，单击命令按钮，消息框的输出结果为_____。

10. 下列子过程的功能是：当前数据库文件中的"学生表"的学生"年龄"都加 1，请在程序空白处填写适当的语句，使程序实现所需的功能。

```
Private Sub SetAgePlus1_Click()
    Dim a As DAO.Database
```

```
    Dim rs As DAO.Recordset
    Dim fd As DAO.Field
    Set db=CurrentDb()
    Set rs=db.OpenRecordset("学生表")
    Set fd=rs.Fields("年龄")
    Do While Not rs.EOF
        rs.Edit
        fd=_____
        rs.Update

    Loop
    rs.Close
    db.Close
    Set rs=Nothing
    Set db=Nothing
End Sub
```

三、操作题

依次完成例 8-1 至例 8-42 中的所有操作。

附 录 | 全国计算机等级考试二级 Access 数据库程序设计考试大纲（2016 年版）

基本要求

1. 具有数据库系统的基础知识。
2. 基本了解面向对象的概念。
3. 掌握关系数据库的基本原理。
4. 掌握数据库程序设计方法。
5. 能使用 Access 建立一个小型数据库应用系统。

考试内容

一、数据库基础知识

1. 基本概念：数据库，数据模型，数据库管理系统，类和对象，事件。
2. 关系数据库基本概念：关系模型（实体的完整性、参照的完整性、用户定义的完整性）、关系模式、关系、元组、属性、字段、域、值、主关键字等。
3. 关系运算基本概念：选择运算、投影运算、连接运算。
4. SQL 基本命令：查询命令、操作命令。
5. Access 系统简介：
（1）Access 系统的基本特点。
（2）基本对象：表、查询、窗体、报表、宏、模块。

二、数据库和表的基本操作

1. 创建数据库：
（1）创建空数据库。
（2）使用向导创建数据库。
2. 表的建立：
（1）建立表结构：使用向导、使用表设计器、使用数据表。
（2）设置字段属性。
（3）输入数据：直接输入数据，获取外部数据。
3. 表间关系的建立与修改：
（1）表间关系的概念：一对一、一对多。
（2）建立表间关系。

（3）设置参照完整性。

4. 表的维护：

（1）修改表结构：添加字段，修改字段，删除字段，重新设置主关键字。

（2）编辑表内容：添加记录，修改记录，删除记录，复制记录。

（3）调整表外观。

5. 表的其他操作：

（1）查找数据。

（2）替换数据。

（3）排序记录。

（4）筛选记录。

三、查询的基本操作

1. 查询分类：

（1）选择查询。

（2）参数查询。

（3）交叉表查询。

（4）操作查询。

（5）SQL 查询。

2. 查询准则：

（1）运算符。

（2）函数。

（3）表达式。

3. 创建查询：

（1）使用向导创建查询。

（2）使用设计器创建查询。

（3）在查询中计算。

4. 操作已创建的查询：

（1）运行已创建的查询。

（2）编辑查询中的字段。

（3）编辑查询中的数据源。

（4）排序查询的结果。

四、窗体的基本操作

1. 窗体分类：

（1）纵栏式窗体。

（2）表格式窗体。

（3）主/子窗体。

（4）数据表窗体。

（5）图表窗体。

（6）数据透视表窗体。

2．创建窗体：

（1）使用向导创建窗体。

（2）使用设计器创建窗体：控件的含义及种类，在窗体中添加和修改控件，设置控件的常见属性。

五、报表的基本操作

1．报表分类：

（1）纵栏式报表。

（2）表格式报表。

（3）图表报表。

（4）标签报表。

2．使用向导创建报表。

3．使用设计器编辑报表。

4．在报表中计算和汇总。

六、宏

1．宏的基本概念。

2．宏的基本操作：

（1）创建宏：创建一个宏，创建宏组。

（2）运行宏。

（3）在宏中使用条件。

（4）设置宏操作参数。

（5）常用的宏操作。

七、模块

1．模块的基本概念：

（1）类模块。

（2）标准模块。

（3）将宏转换为模块。

2．创建模块：

（1）创建 VBA 模块：在模块中加入过程，在模块中执行宏。

（2）编写事件过程：键盘事件，鼠标事件，窗口事件，操作事件和其他事件。

3．调用和参数传递。

4．VBA 程序设计基础：

（1）面向对象程序设计的基本概念。

（2）VBA 编程环境：进入 VBE，VBE 界面。

（3）VBA 编程基础：常量，变量，表达式。

（4）VBA 程序流程控制：顺序控制，选择控制，循环控制。

（5）VBA 程序的调试：设置断点，单步跟踪，设置监视点。

考试方式

上机考试，考试时长 120 min，满分 100 分。

1. 题型及分值

单项选择题 40 分（含公共基础知识部分 10 分）、操作题 60 分（包括基本操作题、简单应用题及综合应用题）。

2. 考试环境

Microsoft Office Access 2010。

参 考 文 献

[1] 教育部考试中心. 全国计算机等级考试二级教程：公共基础知识（2017 年版）[M]. 北京：高等教育出版社，2016.

[2] 教育部考试中心. 全国计算机等级考试二级教程 Access 数据库程序设计（2017 年版）[M]. 北京：高等教育出版社，2016.

[3] 邵敏敏. Access 2010 数据库程序设计[M]. 北京：中国铁道出版社，2016.

[4] 李禹生. 数据库技术：Access 2010 及其应用系统开发[M]. 2 版. 北京：水利水电出版社，2015.

[5] 赵洪帅. Access 2010 数据库应用技术教程[M]. 2 版. 北京：中国铁道出版社，2018.